绿色化学过程催化剂

Environmentally Benign Catalysts: For Clean Organic Reactions

[印]安贾利·帕特尔(Anjali Patel)　编
中国石化催化剂有限公司　译

中国石化出版社

著作权合同登记　图字 01-2015-8346

图书在版编目(CIP)数据

绿色化学过程催化剂/（印）安贾利·帕特尔（Anjali Patel）编；中国石化催化剂有限公司译．—北京：中国石化出版社，2021.8
ISBN 978-7-5114-6228-2

Ⅰ.①绿… Ⅱ.①安… ②中… Ⅲ.①多相催化-催化剂 Ⅳ.①TQ426.99

中国版本图书馆 CIP 数据核字（2021）第 142797 号

中国石化出版社出版发行
地址：北京市东城区安定门外大街 58 号
邮编：100011　电话：(010)57512500
发行部电话：(010)57512575
http://www.sinopec-press.com
E-mail:press@sinopec.com
北京富泰印刷有限责任公司印刷
全国各地新华书店经销
*
710×1000 毫米 16 开本 13.5 印张 249 千字
2021 年 8 月第 1 版　2021 年 8 月第 1 次印刷
定价：78.00 元

编译委员会

译者序

炼油、化工的核心技术是催化技术，而催化技术的核心是催化剂。进入21世纪后，催化技术在应对日益增多的来自经济、能源和环境保护的挑战方面，发挥着比以往更加重要的作用。中国石化催化剂有限公司是全球品种最全、规模最大的催化剂专业公司之一，产品涵盖炼油催化剂、化工催化剂和基本有机原料催化剂三大领域，是催化剂行业内举足轻重的“参与者、维护者和建设者”。为更加深入地了解国外在催化剂设计开发、合成、表征及催化剂应用方面的最新技术进展，并为有兴趣的催化剂研发人员提供有价值的参考资料，中国石化催化剂有限公司与中国石化出版社合作，选择并引进了国外新近出版的催化剂技术专业图书，由中国石化催化剂有限公司负责组织编译，中国石化出版社负责版权引进以及译稿的出版发行，《绿色化学过程催化剂》便是其中一部值得向读者推荐的佳作。

本书以基础原理与方法和实例研究编排方式，系统介绍了杂多酸(磷钨酸、磷钼酸以及过渡金属改性的杂多酸)以及不同类型载体负载型杂多酸催化剂的合成、表征以及在几个主要的化学反应中的应用，如用于氨氧化反应的杂多酸化合物，用于有机转换反应的介孔二氧化硅负载的过渡金属改性的磷钨酸，用于烯烃选择性氧化制羰基化合物的二氧化钛负载的钒改性磷钨酸，用作大宗和精细化学品合成的绿色催化剂——负载型杂多酸、负载型磷钨酸催化的甘油与低碳醇的酯化反应，不同介孔二氧化硅负载的磷钨酸催化的生物柴油合成反应，无水二氧化锆负载的磷钼酸催化的苄醇选择性氧化制苯甲醛、二氧化硅负载磷钨酸催化的萜烯烷氧化反应，用于氧化和酯化反应的高效双功能杂多酸催化剂以及应用于电化学/电催化反应的杂多酸，并研究了负载型杂多酸(12-磷钨酸)的酸性、结构和稳定性对催化反应的影响。本书是一本由浅入深介绍有关绿色催化剂——杂多酸催化剂合成、研究以及应用方面知识的好书，对催化领域研究工作者和实践者具有较高的参考价值。

本书由刘志坚、曹光伟组织编译，执笔翻译本书的人员有胡学武(第1~8章、第10~11章)，杨振钰(第9章、第12章)。全书由刘志坚、曹光伟、胡学武统稿、审校。

限于译者的水平，不妥和错误之处在所难免，敬请读者批评指正。

译者

2021年3月

前　言

杂多酸(HPAs)催化在过去20年中受到了广泛的关注。在此期间学术界和工业界在杂多酸领域都取得了极具前景的新进展。杂多酸化学方面不断地改进和应用令人振奋。多相催化是一项广受关注的技术，尤其是因为它比较符合绿色化学的原则。近年来负载型杂多酸的多相催化研究工作急剧增多，最近已成为绿色化学实践的创新方法。很多知名科学家已发表了大量有关杂多酸/多金属氧酸盐的文章。杂多酸催化，尤其是负载型杂多酸这些新兴的领域还没有相关书籍。

本书概述(第1章)和第11章由国内外著名科学家所做综述组成。Sai Prasad团队在第2章对各种磷钼酸铵盐，掺钒的磷钼酸，负载钒的磷钼酸铵盐的合成、表征以及在2-甲基吡嗪氨氧化反应中的应用进行了详细叙述。K. Parida(第3章)对磷钨酸(PTA)铯盐，负载型Cs-PTA、Fe和Pd改性的PTA的合成与表征，以及在酰化反应、Heck乙烯化反应、苯酚溴化反应、反式二苯乙烯氧化反应、邻硝基苯酚加氢反应中的应用进行了综述。

Lingaiah(第4章)展示了负载型钒取代的磷钨酸的合成、表征及其在烯烃于室温下选择性氧化裂解生成羰基化合物的反应中的应用。Halligudi团队(第5章)详细讨论了负载型HPAs(硅钨酸和磷钨酸)及其在酸催化反应中的应用，以及固载化的钒取代磷钼酸及其在氧化反应中的应用。以上内容涵盖了诸如烷基化反应、酰化反应、烯丙基化反应和氧化反应等很多工业上重要的反应类型。此外本书还报道了一种新型催化剂——负载于离子液体改性SBA-15的磷钼钒杂多酸，以及其在多种醇类氧化反应中的应用。

Nadine Essayem 在第 6 章着重介绍了负载于不同载体上的磷钼酸在甘油醚化反应中的应用。Jose Castanheiro(第 7 章)介绍了负载型磷钨酸在莰烯烷氧基化反应中的应用。

Jose Dias 在第 8 章展示了负载型磷钨酸的酸性、结构和稳定性对苯与芳族化合物的烷基转移、乙酸和乙醇的酯化、油酸和乙醇的酯化、(+)—香茅醛环化等催化反应的影响。Anjali Patel 在第 9 章叙述了使用不同介孔二氧化硅载体负载的 12-磷钨酸制取生物柴油的实验。此外，Anjali Patel 还在第 10 章介绍了最近新兴的一类催化剂——负载型缺位多金属氧酸盐基催化剂，描述了负载型单缺位磷钼酸盐上苯甲醇的无溶剂氧化反应。值得一提的是，本书所报道的催化剂都是可重复使用的环境友好型催化剂。

最后两章涵盖了 HPAs 的两个重要领域：可回收的均相催化剂和电催化剂。Marico Jose daSilva 在第 11 章中介绍了用于脂肪酸酯化和莰烯氧化的多功能可重复使用的均相磷钼酸催化剂。B. Vishwanathan(第 12 章)介绍了 HPAs 的新兴研究领域——HPAs 电催化。

综上所述，本书详细介绍了各种类型的 HPAs 基催化剂(母体、盐类、改性的、缺位的)，并涵盖了很多工业上重要的有机转化反应，但是均相催化剂不在本书介绍范围内。希望本书能够为学术研究和工业研究提供新方向，推动第三代催化剂的发展，并为多相催化领域的研究生、研究人员和化学家提供重要帮助。

最后，非常感谢所有作者的辛勤工作，感谢他们于百忙之中给予本书的支持和配合；同时感谢本研究团队的各位成员，尤其感谢 Pragati S. Joshi 博士和 Soyeb Pathan 先生在各阶段给予的帮助。

Anjali Patel

印度，古吉拉特邦，瓦尔道拉

目　录

第1章　概　述

Anjali Patel

1　前言

催化是为环境问题提供现实解决方案的关键技术[1]。催化剂的核心任务是降低化学反应的原料和能源消耗，减少副产物/废弃物产生，以及为建立健全的化学科学和技术而控制化学物质的有害影响。为了应对这些问题，开发和实施生态和环境友好新型催化剂以及能提高原子利用率、操作简单、处理流程简化的催化过程是化学家和科学家的首要目标。

因此，现代的催化剂研究主要集中在五个主要领域[2]：

1）预测和控制催化剂结构；

2）改进催化过程的集成方式；

3）能源消耗和原材料成本；

4）尽量减少废物及副产品；

5）降低过程成本。

在这种情况下，使用杂多酸(HPAs)和HPA类化合物作为催化剂已成为工业领域和学术研究中非常重要的一个研究领域[3-12]。

在过去二十年中，HPA基催化剂由于其具有较高的布朗斯特酸强度、在相当温和的条件下呈现快速可逆的多电子氧化还原转化的特性，以及对强氧化剂表现出的固有稳定性，故在酸性催化反应和氧化催化反应中起着重要作用，HPAs作为环境友好的催化剂是有希望的，因为它们具有独特的物理化学性质、固有的多功能性，以及通过调节化合物的组成以实现所定义的酸性/氧化还原性质的可能性。使用它们作为催化剂具有高活性、高选择性和高稳定性的优点。同时，它们在工业应用中变得越来越重要。它们为混合氧化物催化剂的分子设计提供了良好的基础，在实际应用中具有很高的应用性能。

HPAs的结构重组发生在溶液状态，这取决于溶液的温度、浓度和pH值等条件。这些化合物总是带负电荷，尽管根据元素组成和分子结构，负电荷密度在一个很宽的范围内是可变的。

自Berzelius[13]在1826年公布了关于12-钼酸铵研究结果后，杂多酸已被广泛认识，自从这种杂多阴离子被首次发现后，多金属氧酸盐化学领域得到显著发展[14]。

1）大约 20 年后，Svanberg 和 Struve 表明，该络合物的不溶性铵盐可用于磷酸盐质量分析[13]。

2）然而，杂多阴离子化学的研究直到 1862 年由 Marignac[15]发现钨硅酸及其盐类才开始加速。他制备并分析了 12-钨硅酸的两种异构体，即现在称为 α-和 β-异构体的钨硅酸。

3）此后，该领域发展迅速，从而在本世纪头十年末已经描述了超过 60 种不同类型的杂多酸(产生了几百种盐)。

4）1908 年，A. Miolati 基于配位理论提出了杂多化合物的结构假说。根据他的假设，杂原子被认为与 MO_4^{2-}或 $M_2O_7^{2-}$配体具有八面体配位。

5）在 20 世纪 30 年代中期，A. Rosenheim 从实验室角度对 Miolati 研究进行了合成和描述。

6）1929 年，L. C. Boing 首先解析了多金属氧酸阴离子的结构。Boing[16]基于围绕中心 XO_4四面体的 12 个 MO_6八面体的排列提出了一种 12∶1 配合物的结构。他提出了基于 WO_6八面体包围的中心 PO_4或 SiO_4四面体的 12 钨酸盐结构。为了最小化静电排斥，他提出所有的多面体连接都涉及顶点的共享而不是边的共享。结果，所得出的分子式需要 58 个氧原子，即$[(PO_4)W_{12}O_{18}(OH)_{36}]^{3-}$。

7）在 Pauling 提出的建议之后，1933 年，Keggin[17,18]通过粉末 X 射线衍射解出了$[H_3PW_{12}O_{40}]\cdot 5H_2O$ 的结构，表明阴离子确实是基于 WO_6的八面体单元。正如鲍林所建议的那样，这些八面体被共同的边缘以及角落连接起来。X 射线晶体学在多金属氧酸盐结构测定中的应用加速了多金属氧酸盐化学的发展。

8）一年后的 1934 年，Signer 和 Gross 证明 $H_4SiW_{12}O_{40}$，$H_5BW_{12}O_{40}$和 $H_6[H_2W_{12}O_{40}]$与 Keggin 结构在结构上是同晶的[19]。

9）Bradley 和 Illingworth 在 1936 年通过研究 $H_3PW_{12}O_{40}\cdot 29H_2O$ 的晶体结构，证实了 Keggin 的工作成果。

10）在 1977 年报导的 Bradley 和 Illingworth 的这些结果在很大程度上得到了 Brown 和同事们的单晶实验的支持。

各种类型杂多阴离子的一般信息和多面体展示列于表 1-1 和图 1-1。

表 1-1 不同类型的杂多阴离子家族[12]

结　构	通式[a]	电　荷	X^{n+}
Keggin	$XM_{12}O_{40}$	8-n	P^{5+}，As^{5+}，Si^{4+}，Ge^{4+}
Silverton	$XM_{12}O_{42}$	8-	Ce^{4+}，Th^{4+}

续表

结　构	通式[a]	电　荷	X^{n+}
Dawson	$X_2M_{18}O_{62}$	6−	P^{5+}，As^{5+}
Waugh	XM_9O_{32}	6−	Mn^{4+}，Ni^{4+}
Anderson(A 型)	XM_6O_{24}	12−n	Te^{6+}，I^{7+}

[a]：M 代表 $Mo^{Ⅵ}$，$W^{Ⅵ}$，$V^{Ⅴ,Ⅵ}$等。

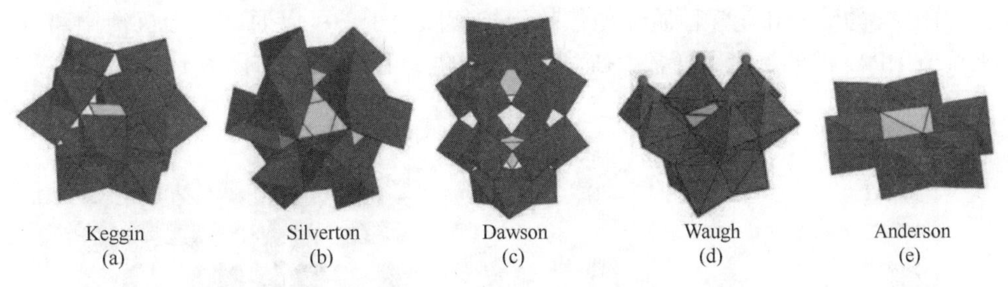

图 1-1　不同类型聚阴离子的多面体展示

游离酸或酸性形式的杂多阴离子被称为杂多酸(HPAs)。

从稳定性和酸度的观点来看，Keggin 型杂多阴离子(POMs)是最重要的，因此大部分工作都是在这个基础上进行的。但是近年来其他杂多金属也在一定程度上变得越来越重要。通常，Keggin 杂多阴离子具有通式$[X_xM_mO_y]^{q-}$，其中 X 为杂原子，通常为主族元素(例如 P，Si，Ge，As)，M 为附加原子，为处于高氧化态的 d 族元素，通常为 $V^{Ⅳ,Ⅴ}$，$Mo^{Ⅵ}$或 $W^{Ⅵ}$。

Keggin 型杂多阴离子的形成如下式所示：

$$12MO_4^{m-}+XO_4^{p-}+23H^+ \rightarrow [XM_{12}O_{40}]^{n-}+H_2O$$

HPAs 引起更多关注的原因如下[5,10,20-22]：

1）通过选择构成元素和抗衡阳离子，可以对各种介质(水溶液和有机物)中的氧化还原电位，酸度和溶解度等 POM 的化学性质进行微调；

2）与常见的有机金属配合物和酶相比，POM 是热和氧化稳定的；

3）具有“受控活性位点”的金属取代的 POM 可以容易地合成；

4）高的活性和选择性；

5）无毒性。

HPA 基催化剂由于在相当温和条件下其高的布朗斯特酸度和它们表现出的快速可逆多电子氧化还原转化的趋势以及其对强氧化剂的固有稳定性，在酸和氧化催化作用中起重要作用。在杂多阴离子的再氧化中，杂多钼酸盐和杂多钒酸盐的还原形式是稳定的，并且几乎不被分子氧再氧化，而杂多钨酸盐容易再次氧化。

尽管具有这些优点，但是 HPA 基催化剂具有以下缺点[20]：

1）极性溶剂中溶解度高；

2）低表面积；

3）低热稳定性；

4）反应结束后分离困难。

通过将它们转化成非均相催化剂可以克服上述缺点。多相的基于 HPA 的催化剂正得到重视，因为它们可以克服均相催化剂的传统问题。对于基于 HPA 的非均相催化剂的设计，主要有两个策略可以实现(图 1-2)。

HPAs 的结构和化学性质强烈依赖于抗衡阳离子。可以通过改变抗衡阳离子来调节 HPAs 的溶解度。通常，Cs 盐是不溶的，可用作催化剂(图 1-3)。

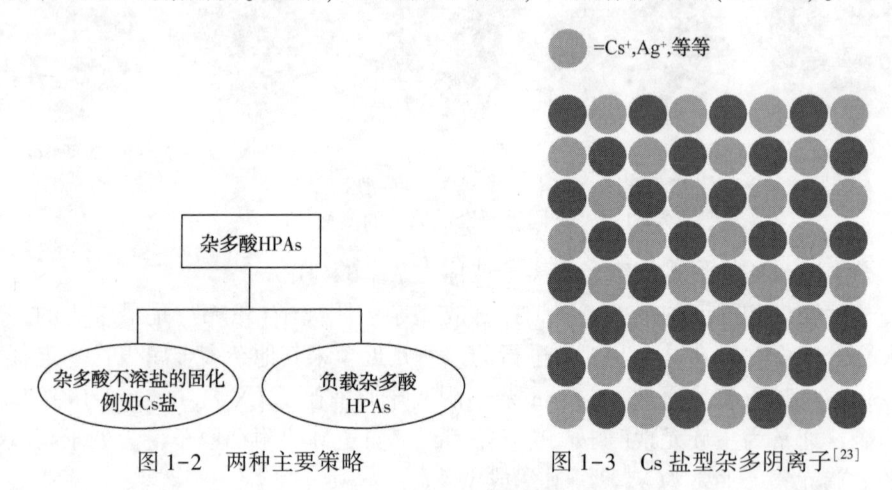

图 1-2　两种主要策略　　图 1-3　Cs 盐型杂多阴离子[23]

负载型 HPAs 可以通过使用不同的技术：“吸附”“浸渍”“共价相互作用”“离子交换”“嵌入”和“封装”来完成。制备步骤以及 HPA 基多相催化剂与经典的负载型金属催化剂大不相同。

很有趣和很重要的一点是载体并不总是仅起到机械作用，而且还可以改变 HPAs 的催化性质。该载体起到了将 HPAs 分散到大表面积上的作用，这增加了催化活性。载体可以影响催化剂活性、选择性、可回收性、材料处理和再生性。众所周知，碱性载体不能用于负载 HPAs，因为它们会被中和。因此，通常使用酸性和中性载体。

根据载体的性质和负载方式，HPAs 和载体之间的不同交互预期如下：

1）当载体是含水金属氧化物/金属氧化物时，可以进行氢键或吸附型的相互作用(图 1-4)。

2）当载体是黏土时，预计是嵌入式相互作用(图 1-5)。

3）在介孔材料的情况下，进行封装。杂多阴离子的末端氧和介孔材料的表面硅烷醇羟基之间存在强氢键型的相互作用(图 1-6)。

4）此外，如图 1-7 所示，离子交换和共价键的相互作用也是可能的。

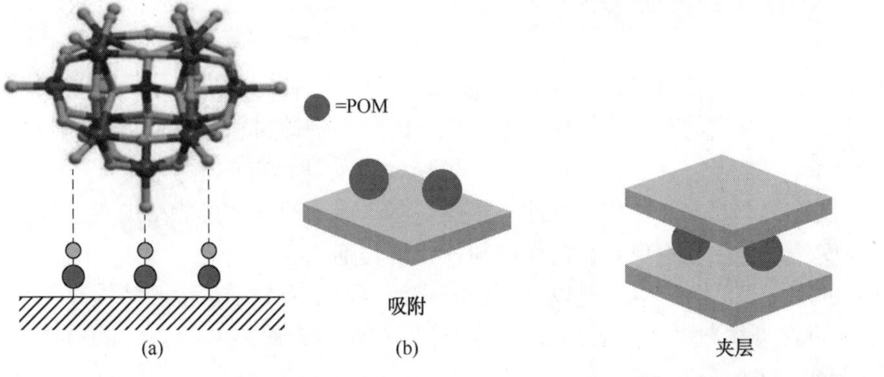

图 1-4 （a）氢键[24a]（b）吸附型[23]　　图 1-5 黏土型载体中 HPA 的嵌入[23]

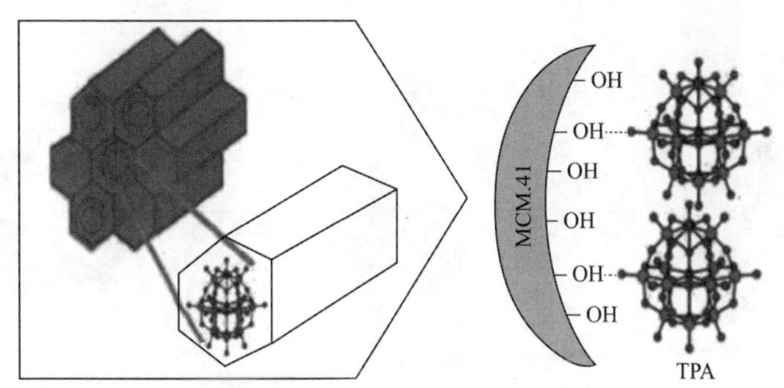

图 1-6 杂多阴离子与介孔载体的可能相互作用[24b]

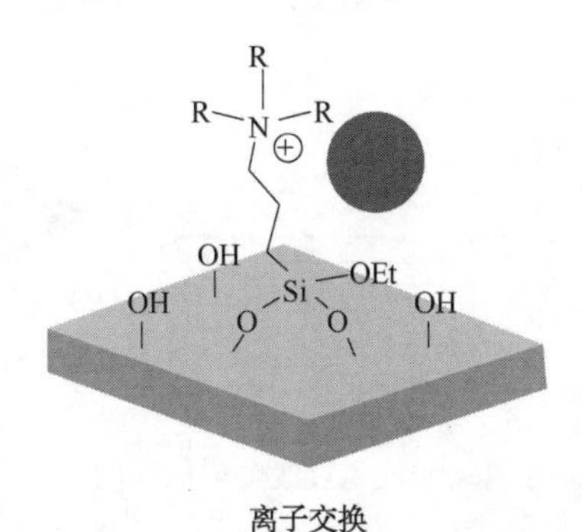

图 1-7 负载型 HPA 催化剂的离子交换型相互作用[23]

2 负载型 HPAs 的优势

1）增加热稳定性和表面面积；

2）具有很高的催化活性和选择性；

3）与反应混合物较易分离；

4）可重复使用。

此外，如前所述，杂多阴离子的酸性和氧化还原性质可以在分子水平上调节，这可以导致开发具有独特结构和电子性质的新类别的材料。改性前驱体最显著的特性之一就是能够在边缘结构重排下可逆地接受和释放的电子[25-27]。因此，预计它们在催化中起重要作用。因此，母体杂多阴离子的改性可能有助于开发具有增强酸度、氧化还原电位和稳定性的新一代催化剂。

性质的改变基本上可以通过以下两种方式调整原子或分子水平的结构性质：

1）通过在母体杂多阴离子（POM）结构（即缺陷多金属氧酸盐，LPOM）中产生缺陷（间隙）（图 1-8）；

2）过渡金属离子掺入缺陷结构（即过渡金属取代的多金属氧酸盐，TMS POMs）（图 1-9）。

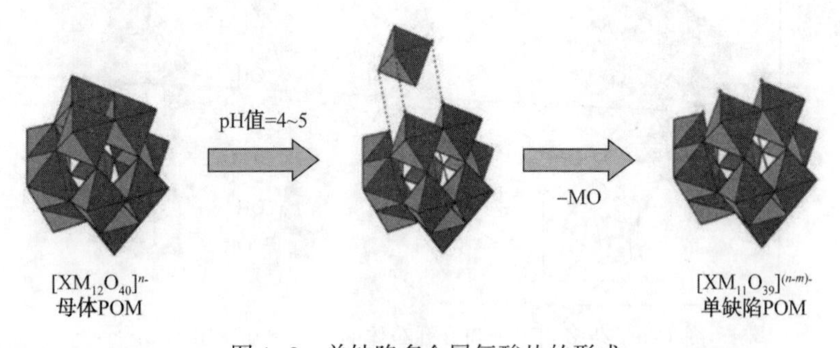

图 1-8　单缺陷多金属氧酸盐的形成

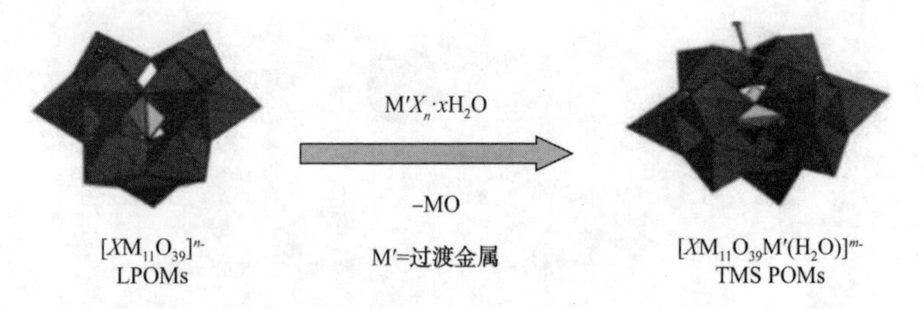

图 1-9　从缺陷多金属氧酸盐到过渡金属取代的多金属氧酸盐的形成

这些设计的 LPOM 和 TMS POM 可以用作催化剂或通过负载合适的载体。

考虑到这些方面，本书致力于开发用于各种有机转化的第三代环境友好的基于 HPA 的催化剂。本书共 11 章，其中，9 章描述了负载型 HPAs 的使用，包括 HPAs 盐、缺陷和改性的 HPAs 作为各种有机转化的催化剂，1 章讨论了可重复使用的均相催化剂，1 章讨论了电催化。

致谢

感谢 Pragati Shringarpure Joshi 博士协助编写本章。

参 考 文 献

[1] Centri G, Ciambelli P, Perathoner S, Russo P(2002)Catal Today 75: 3.
[2] Tundo P, Mammino L(2002)Green Chem Ser 5: 44.
[3] Okhuhara T, Mizuno N, Misono M(1996)Adv Catal 41: 113.
[4] Mizuno N, Misono M(1998)Chem Rev 98: 199.
[5] Neumann R(1998)Prog Inorg Chem 47: 317.
[6] Hill CL, Chrisina C, Prosser-McCartha M(1995)Coord Chem Rev 143: 407.
[7] Hill CL(2004)In: McCleverty JA, Meyer TJ(eds)Comprehensive coordination chemistry Ⅱ, vol 4. Elsevier Pergamon, Amsterdam, p 679.
[8] Kozhevnikov Ⅳ(1998)Chem Rev 98: 171.
[9] Kozhevnikov Ⅳ(2002)Catalysis by polyoxometalates. Wiley, Chichester.
[10] Mizuno N, Yamaguchi K, Kamata K(2005)Coord Chem Rev 249: 1944.
[11] Mizuno N, Hikichi S, Yamaguchi K, Uchida S, Nakagawa Y, Uehara K, Kamata K(2006)Cat Today 117: 32.
[12] Pope MT(1983)Heteropoly and isopoly oxometalates, vol 8, Inorganic chemistry concepts. Springer, Berlin.
[13] Pope MT, Muller A(2003)Polyoxometalate molecular science. Kluwer Academic Publishers, Boston/Dordrecht.
[14] Berzelius JJ(1826)Pogg Ann Phys Chem 6: 369.
[15] Marignac C(1862)Ann Chim 25: 362.
[16] Pauling LC(1929)J Am Chem Soc 51: 2868.
[17] Keggin JF(1933)Nature 131: 908.
[18] Keggin JF(1934)Proc R Soc A 144: 75.
[19] Signer R, Gross H(1934)Helv Chim Acta 17: 1076.
[20] Kozhevnikov Ⅳ(2002)Catalysts for fne chemical synthesis, catalysis by polyoxometalates, vol 2. Wiley, Chichester.
[21] Mizuno N, Kamata K, Yamaguchi K(2006)In: Richards R(ed)Surface and nanomolecular catalysis. Taylor & Francis Group, New York, p 463.
[22] Mizuno N, Kamata K, Uchida S, Yamaguchi K(2009)In: Mizuno N(ed)Modern.
[heterogeneous oxidation catalysis-design, reactions and characterization. Wiley-VCH, Weinheim, p 185.
[23] Mizuno N, Kamata K, Yamaguchi K(2011)Top Organomet Chem 37: 127.
[24] (a)Pathan S, Patel A(2011)Dalton Trans 40: 348; (b)Brahmakhatri V, Patel A(2011)Ind Eng Chem Res 50: 6096.
[25] Thouvenot R, Proust A, Gouzerh P(1837)Chem Commun 2008.
[26] Weinstock IA(1998)Chem Rev 98: 113.
[27] Sadakane M, Steckhan E(1998)Chem Rev 98: 219.

第2章　用作氨氧化催化剂的杂多酸化合物

K. Narasimha Rao, Ch. Srilakshmi, K. Mohan Reddy,
B. Hari Babu, N. Lingaiah, and P. S. Sai Prasad

1　前言

精细化学工业在过去的几十年中由于对诸如药物、杀虫剂、香料、调味品以及食品添加剂等产品的高需求而经历了巨量增长。这些产品的生产需要严格的标准，不同于一般性化学品。至今为止所遵循的化学计量有机合成会留下大量无机盐作为副产物，由于环境意识的提高和更加严格的限排标准，其处置是一个严重的问题。而且，工业竞争的加剧已经推动了研究开发更加经济有效的催化技术路线制备精细化学品。一个对环境保护有重大影响的特殊领域就是利用固体杂多酸化合物替代传统的试剂，如氢氟酸、硫酸等作为催化剂。在环境污染减少方面[1]，近年来HPCs被认为是一类非常活泼的催化剂。在溶液以及固态时HPCs表现出酸性和氧化还原性功能[2]。杂多酸是众所周知的用于氧化反应[3]和酸催化反应[4]的绿色催化剂。杂多酸盐较它们的母体酸具有更好的热稳定性[5]，并广泛用作催化剂以消除在反应过程中的溶解性影响。许多开发，如将杂多酸引入介孔材料的孔道已经被用于改善产物的选择性。但在许多方面仍然需要探索新的方法。在这个方向，共同的努力就是致力开发出用于将芳香和杂环芳香化合物氨氧化成相应的腈类化合物的更加有效的HPC基催化剂。

不同烷基芳香化合物和烷基杂环芳香化合物经单一步骤气相氨氧化反应转化为相应的腈类化合物近来由于其作为一种基本的商用方法已经成为广泛研究的主题。通过气相氨氧化反应由MP选择性合成CP尤其具有工业应用价值，因为所制备的腈类化合物是一种有价值的中间体，可用于生产一种有效的抗结核药物——吡嗪酰胺。吡嗪酰胺是一种药物前躯体，可阻止结核杆菌的生长。吡嗪酰胺一般与其他药物结合使用，如与异烟肼和利福平配合使用治疗结核病。起始，钒基固体，或单独或与其他TiO_2负载的金属如Sb、Bi和Nb结合使用[6]，用于氨氧化反应。然而，研究发现所有这些催化剂只有在高温下(>430℃)才具有活性，这种情况有利于发生不需要的和放热更大的氨的氧化反应。有效地控制放热反应温度非常关键，因为反应器极易发生飞温，此外，在氨氧化这类放热反应中，高的反应温度总会导致目标产物选择性的显著下降。人们已经做了持续的努力开发低温下活泼的催化剂。HPAs(如12-磷钼酸铵)及其铵盐被认为是最有前景的低温氨氧化催化剂[7]。但是，本体的HPCs的热稳定性低成为其应用于气相反应的主要障碍。因此，努力开发新的具有更好热稳定性的催化剂体系变得非常迫切。

1.1 杂多酸及其分类

杂多酸(HPAs)或聚氧金属盐是由中心原子或杂原子与周围的原子团连接而成，并在内部通过氧原子相互连接。这些具有精细纳米尺度结构的聚阴离子是按照整体结构中存在的多金属原子与杂原子的比率以及这些原子的排布性质进行分类的。这些排布结构形式主要为Keggin，Well-Dawson，Anderson[8]。杂多酸离子相应的结构如图2-1所示。

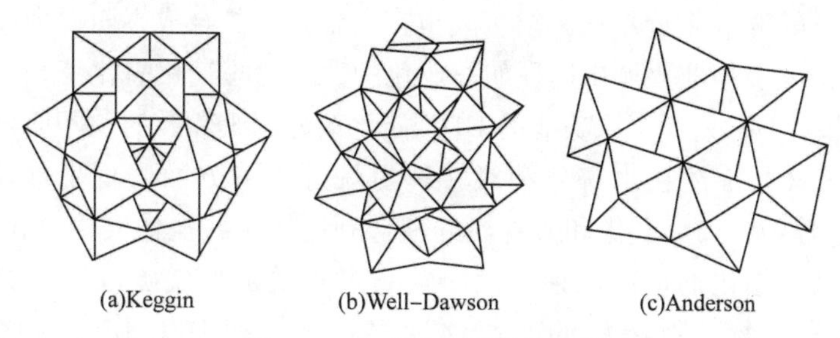

图2-1 杂多酸离子的结构[8]

在这些化合物和它们的盐中，具有Keggin结构的聚阴离子化合物得到了非常广泛的研究。通过一般式$H_nXM_{12}O_{40}$(M/X=12)描述的具有Keggin结构的化合物由于其独特的稳定性、酸性和结构上可接近性也是一种很有效的催化剂。中心原子X，通常是P^{5+}或Si^{4+}，杂原子M，通常是W^{6+}或Mo^{6+}。分子型Keggin结构由一个中心四面体(XO_4^{n-})和连接其周围的12个含杂原子八面体($M_{12}O_{36}$)组成。周期表中大约有65种以上的元素可以成为这种杂原子[9]。

之后，本章的讨论将限于Keggin结构，如图2-2所示，在Keggin结构单元中有四种氧原子：中心氧原子(O_a)，共享顶角的桥式氧原子(O_b)，共享边的桥式氧原子(O_c)以及末端氧原子(O_d)。中心氧原子连接杂原子与过渡金属原子，两种桥式氧原子将在毗邻的八面体中两个过渡金属原子间架桥[9]。最后，中心四面体的所有电荷在整个结构中非定域化。质子自身与外围的氧原子相连(O_b，O_c和O_d)，并形成酸性的羟基基团。

1.2 用作实用催化剂的杂多酸

研究发现磷钼酸和磷钨酸在催化诸如烯烃水合、甲醇转化为烃类等许多反应

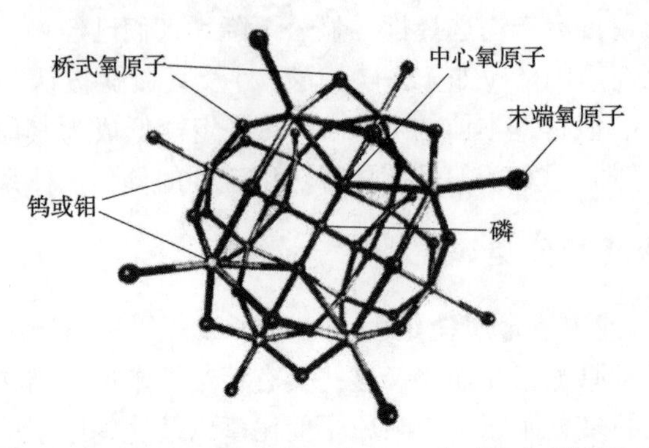

图 2-2　Keggin 结构是杂多酸的初级结构，含有 12 个过渡金属原子(通常为钨或钼)，一个中心原子(通常为磷和硅)和四种氧原子：中心氧原子，末端氧原子和两种桥式氧原子[3]

方面是非常有效的[9]。近年来，杂多酸也在精细化学品合成方面得到应用。它们也已广泛地涉入多相催化氧化过程如商业化的异丁烯醛气相氧化工艺，该工艺年产 80000t 甲基丙烯酸[10]。双功能的 HPA 催化剂能用于烯烃的顺序加氢甲酰化和氧化反应[11]。HPAs 还在水解离和氧转移至烷烃反应方面表现出催化活性[12]。在 Wacker 过程中，烯烃氧化和芳香烃的耦合利用钒钼酸盐作为再氧化剂[13]。含有聚氧钼酸盐的催化剂也广泛地应用于化石燃料的加氢脱硫过程和加氢脱氮过程[14]。乙烯直接氧化制醋酸的商业化过程利用钯和 HPC 作为催化剂，年产 100000t 醋酸产品[15]。另有一个快速成长的领域是杂多酸化合物的光化学和光催化。近来，有报导利用杂多酸氧化去木质作用以漂白木浆[16]。较之钨基杂多酸化合物，钼基杂多酸化合物对氧化反应是更好的催化剂。HPAs 的其他应用如做离子交换材料、离子选择性膜和无机抗磨材料也有报导[17]。因此，在拓展 HPCs 的应用方面已经引起了强烈的研究热潮。

1.3　杂多酸的改性

如前所述，具有 Keggin 结构的杂多酸具有独特的强酸性和氧化性质。这两种特性可进行适当地调变，如改变阳离子的组成，或在其周围阴离子中用其他过渡金属如 V、Sb、Fe 和 Ti 的原子替代一部分钼原子或钨原子[3,18]。Roch 等[19]研究认为，在 HPAs 中加入过渡金属是控制其氧化还原性质和提高其热稳定性的一种重要方法。所得的结论基于在 320℃ $H_4[PMo_{11}VO_{40}]$ 和 $VOH[PMo_{12}O_{40}]$ 催化异丁酸氧化脱氢反应所取得的研究数据。$H_4[PMo_{11}VO_{40}]$ 在 320℃ 经过热处理会导致一个复杂的混合物，其中包括 Keggin 结构中含有钒的，也有在 Keggin 结构中不含钒的。已有报道质子形式的 $H_4[PMo_{11}VO_{40}]$ 能催化低级烷烃的氧化，用 V^{5+} 替代 Mo^{6+} 能改善催化活性和选择性[12]。铁和铜也是广泛应用的改性元素，以提高 HPAs 的催化活性，如文献[20]所报道。在阳离子和阴离子位置上的过渡金属如钒、铁、锌、铬和镍等对杂多酸在气相氧化反应中催化性能的影响也有研究[21]。众所周知，对烃类的氨氧化反应，钒与这些元素搭配的催化剂是非常有效的[21]。对部分氧化反应，钒加入到杂多酸化合物中也改进了它的催化性能。

钒改性磷钼酸催化剂表现出独特的双功能性质，这源自于钒自身的氧化还原性质和磷钼酸的酸性特点[22]。钼钒磷酸基催化剂已商业化用在异丁烯醛合成过程和异丁酸转化为甲基丙烯酸过程中。Ressler[23]等研究了含钒杂多酸 $H_4[PVMo_{11}VO_{40}]\cdot 13H_2O$体相结果的演变，以钒替代 Keggin 结构中的 Mo。几位作者研究了用相应数量的钒原子取代杂多酸结构中 1~3 个 Mo 原子[24,25]。在高钒替代体系中观察的主要结果是在催化反应过程中，钒从次级结构中被挤出，形成了氧钒盐（VO^{2+}）[26]。Kozhevnikov[27]研究了 40 种 Keggin 结构的杂多酸阴离子 $PMo_{12-n}V_nO^{(3+n)-}$用作液相氧化反应催化剂的情况。

1.4 杂多酸盐及其催化性能

Berzelius[28]于 1826 年首先合成了磷钼酸铵，即众所周知的 12-磷钼酸铵。相比纯的杂多酸，杂多酸盐具有更好的热稳定性，更丰富的微孔，并在几种溶剂中不溶，HPAs 的铵盐被用作几类高温气相反应的催化剂。McGarvey 和 Moffat[29]已经研究了具有 Keggin 结构的 12-磷钼酸的铵盐（AMPA）用于异丁酸氧化脱氢制甲基丙烯酸的反应。NH_4^+离子在杂多酸盐结构中排布情况见图 2-3。

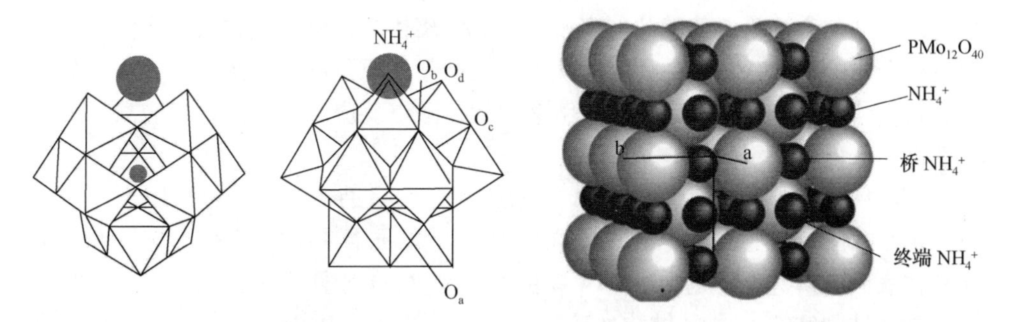

图 2-3 标注有 NH_4^+离子位置的 AMPA 的 Keggin 结构单元示意图

1.5 负载型杂多酸盐

初始的催化研究仅限于非负载型杂多酸及其盐类。但是，由于本体化合物比表面积小，热稳定性低，因此，就设想将杂多酸及其盐类分散在适当的载体上改善它们的性质。载体选自 γ-Al_2O_3，SiO_2，SiO_2-Al_2O_3以及 Nb_2O_3，其中 γ-Al_2O_3

含有较多的酸性中心，而其他几种含有较多的碱性中心。Misono[3,4]在他的关于杂多酸催化作用综述评论中引用了含碱性中心的载体会导致多聚阴离子的分解，因此，优选酸性载体。

关于负载型 HPAs 的热稳定性有些相互矛盾的研究报告，尤其是当磷钼酸负载在 Al_2O_3 和 SiO_2-Al_2O_3 上时[31]。有人提出当 HPAs 沉积在含有 Al_2O_3 的载体上时，载体与 HPA 发生相互作用形成了一种化合物。在酸性载体的情况下，羟基质子化并与带负电性的杂多酸离子产生静电相互作用，这有利于杂多酸更好地分散[32]。相比本体杂多酸，更好的 HPA-载体相互作用可改善 HPA 的热稳定性。

铵盐还含有强的酸性中心，据报道超强的酸性显示在其铵盐中存在残余的质子[33]。因此，依赖载体的酸-碱特性，HPA-载体间的相互作用也会影响负载的杂多酸铵的性质。而且，杂多酸铵盐较其母体杂多酸热稳定性更好。

1.6 AMPA 的原位合成

Lapham 和 Moffat[34] 以及 Ito[35] 等采用的合成杂多酸铵盐的一般方法是滴定法，即将 $(NH_4)_2CO_3$，NH_4Cl，NH_4NO_3，$(NH_4)_2SO_4$，$(NH_4)_2CO$ 的溶液滴加到纯的杂多酸中。Ito 等还描述了一种均匀沉淀法制备 HPA 的铵盐。后来，同一研究团队还研究了反应温度、时间对酸的形态的影响。随着沉淀温度从 0℃ 升至 95℃，铵盐聚集体的形状从球形变化至对称的十面体。随着反应时间从 3h 增加至 24h，发现聚集体呈十二面体状，有微孔，但无介孔，结晶完整度高。文献中也介绍了其他方法将母体酸的氢离子置换成铵离子。按照这些方法，我们能合成含有残余质子的盐。我们的研究团队通过一种新的原位制备方法合成了杂多酸铵盐，让载体上的磷酸根离子原位与溶液中七钼酸铵反应，因此，杂多酸离子就会长在载体表面的特定位置。

文献还揭示了载体表面与 HPA 簇的相互作用有助于在浸渍过程中产生活性位。但是由于这种相互作用较弱，在极性溶剂介质中，HPA 簇在反应过程中会从载体表面脱落进入溶剂中。HPA 簇被拴在 Nb-PO_4 基团上进行原位生长可被用来形成一种紧密的 Keggin 结构的簇，它在极性溶剂介质中可能是稳定的，而这在一种金属磷酸盐载体上可观察到（图 2-4）。

原位合成法的其他优点如下：

1）避免使用腐蚀性介质，如磷酸和复杂的离子交换过程；

2）在载体表面形成的盐簇可大幅减少；

3）AMPA 在普通溶剂中的不溶性在制备负载性杂多酸时可减少；

4）该方法可适用于各种有机和无机的磷酸盐前体。

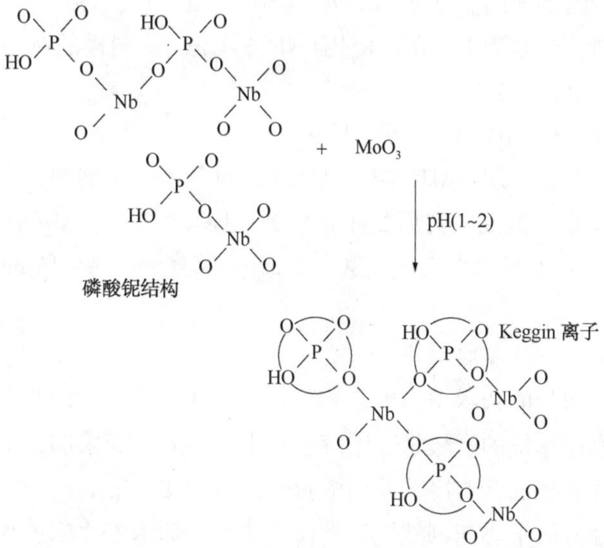

图 2-4　通过 MoO_x 嫁接到磷酸铌表面形成 Keggin 结构的可能途径

2　实验部分

2.1　化学试剂及载体

所用的所有溶剂和酸都是分析纯的(99.9%)。$(NH_4)_6Mo_7O_{24}\cdot 4H_2O$，$SbCl_3$，$Bi(NO_3)_2\cdot 5H_2O$ 由印度 S.D 精细化学品公司提供，普通级；$(NH_4)_2HPO_4$，$(NH_4)H_2PO_4$，H_3PO_4以及 NH_4VO_3是从印度 Loba 化学品公司购买的。所有使用的载体都来自商用载体，TiO_2-P-25，德国狄高莎公司；Nb_2O_3-AD/1447，巴西 CBMM；γ-Al_2O_3-3916R，美国汉莎；ZrO_2，印度 Zircon；流动性 SiO_2-53418，日本 AKZO。这些载体使用时未做进一步纯化。磷酸铌由巴西 CBMM 提供；2-甲基吡嗪(99%)是从 Aldrich 购买的，使用时未做纯化处理。

2.2　各种类型杂多酸催化剂的制备

2.2.1　使用不同的含磷前驱体制备 AMPA

AMPA 催化剂制备方法如下：按化学计量比将七钼酸铵$(NH_4)_6Mo_7O_{24}\cdot 4H_2O$ 和$(NH_4)_2HPO_4$溶解在少量水中，形成的水溶液首先在 100℃ 加热回流处理 6h，然后，在水浴上蒸发浓缩使溶液的体积减至原来的 1/3，然后将混合物缓慢加热使之变成固体，并先在 120℃ 干燥 6h，然后升至 180℃ 处理 6h。将固体分成 4 等份，使其分别在四个不同温度下(400℃、450℃、500℃、550℃)进行活化处理得到相应的催化剂，命名为DAHP。使用$(NH_4)H_2PO_4$按同样的制备过程得到的催化剂命名为ADHP。

2.2.2 负载型AMPA催化剂的制备

首先采用以上方法用DAHP制备AMPA。负载型催化剂的制备方法如下：用已知量的AMPA水溶液浸渍商用载体如SiO_2、TiO_2、ZrO_2、Al_2O_3以及Nb_2O_3。然后在120℃干燥。所有样品在空气气氛中于350℃焙烧4h，AMPA的负载量在5%~25%(质)之间。

2.2.3 钒改性MPA的制备

将钒引入磷钼酸的初级结构中，然后得到如$H_4[PMo_{11}V_1O_{40}]$($MPAV_1$)化合物，特别是，取计算量的磷酸氢二钠溶于水中，然后与需要的，事先溶于热水中的偏钒酸钠混合。将混合物冷却并用浓硫酸进行酸化。之后，将二水钼酸钠水溶液加入上述混合溶液中。在剧烈搅拌下往该体系中加入浓硫酸可观察到体系的颜色从深红变至浅红色。形成的VMPA用乙醚进行萃取，中间层为杂多酸，以杂多酸醚合物形式存在，在体系中通入空气除去乙醚，将获得的橘黄色固体溶于水中，浓缩直至出现结晶，随后将制备的催化剂置于马弗炉中在空气气氛下于350℃焙烧4h。

至于MPA的次级结构中的钒，如$[(VO)_{1.5}PMo_{12}O_{40}]$(VOMPA)，$(VO)^{2+}$离子首先与MPA的质子交换。取所需量的$V_2O_5$在100℃溶于草酸中，然后冷却至室温，再在不断搅拌下将该溶液加入MPA的水溶液中，在水浴上除去过量的水，获得的固体样品在120℃干燥12h，随后将制备的催化剂置于马弗炉中在空气气氛下于350℃焙烧4h。

2.2.4 负载型钒改性AMPA的制备

制备钒替代的AMPA催化剂所采用的流程如下。将七钼酸铵$[(NH_4)_6Mo_7O_{24}\cdot 6H_2O]$和磷酸氢二铵$[(NH_4)_2HPO_4]$加入水中于80℃下完全溶解。根据改性所需的钒原子数，计算需要的偏钒酸铵(NH_4VO_3)量，称取加入以上溶液中，混合均匀，并在100℃回流处理6h，然后，将稀硝酸缓慢加入以上溶液保持溶液的pH值在1~2之间。加入酸后，产生红黄色沉淀，然后蒸发除去过量的水，将沉淀物在120℃干燥过夜，并于马弗炉中在空气氛下于350℃焙烧4h。该催化剂命名为钒改性12-磷钼酸铵盐(AMPV)。负载催化剂是通过浸渍商业载体而制备的，商业载体包括SiO_2、TiO_2、ZrO_2、$A1F_3$、CeO_2和含有混合氧化物的二氧化铈。用已知量的AMPV盐溶液，采用上述方法制备而得催化剂，然后在120℃下干燥。所有样品在空气气氛存在下，于350℃焙烧4h。AMPV负载量同样可以在5~25%

(质)之间可调度。

2.2.5 AMPA 原位合成

本方法是将聚氧钼酸离子与载体表面的磷酸根离子进行嫁接制备催化剂。制备方法如下：通过湿式浸渍法用计量好的七钼酸铵溶液浸渍金属磷酸盐载体制备各种不同 MoO_x 负载量的催化剂。调节浸渍溶液中钼含量，使 MoO_3 含量控制在5%~20%(质)范围。

先在水浴上蒸发除去水分，然后将浸后样在120℃干燥，再将干燥样置于焙烧炉中在空气氛中于400℃焙烧，整个过程需要6h，并在400℃保持4h。

2.3 HPAs 表征

催化剂的比表面积(BET)：用氮吸附法测定，在液氮温度下，在一个传统的全玻璃高真空设备中进行。催化剂的XRD图：采用Siemens D-5000衍射仪，用Cu Kα辐射。FTIR图：采用Biorad-175C(美国)光谱仪，以及KBr压片法。拉曼光谱：采用Raman显微镜(In Via Reflex，Renishaw)，装配热电冷却的CCD检测器和一个高级的Leica显微镜(带长焦距物镜20×)。拉曼光谱检测时，先将样品置于可见的氩气激光下进行辐射处理，光的波长514.5nm，固定激光源功率大约为1MW，处理时间10s，光谱仪分辨率为1~1.3cm^{-1}。固体核磁^{31}P MAS NMR光谱，采用300MHz Bruker ASX-300型光谱仪，为了避免饱和效应，采用4.5ms脉冲(90°)，脉冲间隔时间5s，旋转速率5kHz。所有的检测均在室温下进行，以85%的磷酸作参照物。

催化剂的程序升温还原(TPR)试验：载气为10%H_2/Ar，载气流量为30mL/min，升温速度为10℃/min。H_2-TPR试验之前，催化剂用氩气在250℃预处理2h，用热导池检测器检测还原时消耗的氢气量。NH_3-TPD是在一台实验室自建的设备上进行的，装配一台Q-质量检测器。在典型的试验中，取500mg催化剂样品置于干燥器中于110℃干燥过夜，然后装入一U形石英样品管中。在TPDA试验之前，通入氦气(99.9%，50mL/min)在200℃处理催化剂样品1h，之后，在80℃通入干燥的氨气(10%NH_3/90%He，75mL/min)使催化剂样品表面吸附氨气至饱和状态，随后升温至105℃处理2h脱除催化剂样品表面呈物理吸附状态的NH_3。然后，从室温程序升温至800℃，加热速率为10℃/min。试验过程中可检测到释放出来的氨和氮分子的总量，用GRAMS/32软件技术程序升温过程脱附的氨量。固体样品的酸强度采用电位滴定法测定，用饱和干汞电极(SCE)。取一定量的固体样品加入装有乙腈的容器中，开启搅拌使固体呈悬浮状处理3h，然后，用0.05mol/L正丁胺乙腈溶液加入悬浮体系进行滴定，加入速率为0.05mL/min。假设起始的电极电位对应于催化剂样品表面活性位的最大酸强度，则表面活性位酸强度可划分为：非常强的活性位，$E_i>100\text{mV}$；强的活性位，$0<E_i<100\text{mV}$；弱的活性位，$-100\text{mV}<E_i<0\text{mV}$；非常弱的活性位，$E_i<-100\text{mV}$。

2.4　杂多酸盐催化的 MP 氨氧化（反应）

2.4.1　2-甲基吡嗪的氨氧化

氨氧化反应就是在氨气存在下进行的氧化反应。该反应是放热的，并且在常压下于固定床反应器中进行。反应的主要产物是吡嗪酰胺(CP)，最大的选择性达到 85%~100%。还会发生两个副反应，即 MP 脱甲基形成吡嗪，而完全氧化则会生成二氧化碳和水。反应的一般流程见图 2-5。

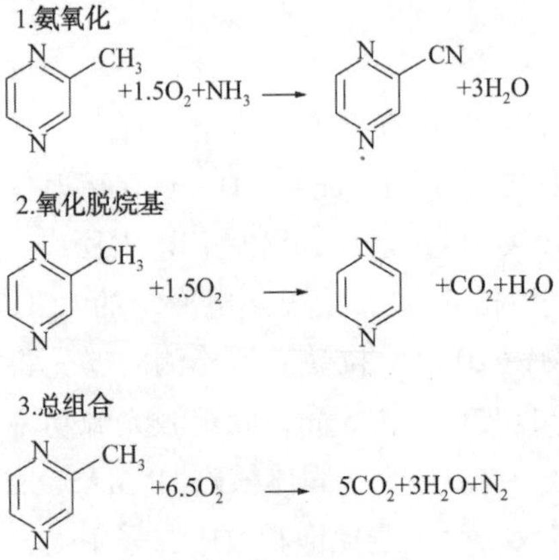

1.氨氧化

$$\text{2-甲基吡嗪} + 1.5O_2 + NH_3 \longrightarrow \text{2-氰基吡嗪} + 3H_2O$$

2.氧化脱烷基

$$\text{2-甲基吡嗪} + 1.5O_2 \longrightarrow \text{吡嗪} + CO_2 + H_2O$$

3.总组合

$$\text{2-甲基吡嗪} + 6.5O_2 \longrightarrow 5CO_2 + 3H_2O + N_2$$

图 2-5　甲基吡嗪氨氧化过程三个可能的反应

2.4.2　催化剂性能评价

氨氧化反应在一个竖立的固定床反应器中进行，反应物连续从上至下通过石英微型反应器，反应压力为常压。在典型的试验中，催化剂粒度，经过筛，选用 18/25 BSS 目(避免传质影响)，称取 3g 催化剂，并以等体积量的石英砂稀释，先在微型反应器底部垫上石英纤维棉，然后装入稀释的催化剂样品，最后填上石英珠，该层既是反应物料预热段，也是反应物料混合段。引入反应物甲基吡嗪之前，在催化剂床层通入氨气进行预处理 1h，氨气流量为 20mL/min。然后通过微型处理器控制的计量泵(B. Braun，德国)向反应器中加入甲基吡嗪与水的混合物(甲基吡嗪：水=1：2.5，体积比)。原料的物质的量比保持为甲基吡嗪：水：氨：空气=1：13：7：38。保持 $W/F_{\text{liquid}}=2.0\text{g/cm}^3/\text{h}$。研究的反应温度范围为 360~420℃，将热电偶的测温端置于催化剂床层检测反应温度，并与一台 PID 温度显示控制器相连。在催化剂样品达到稳态后，在每个反应温度处保持 30min，收集产物 15min，用气相色谱仪分析产物组成，用 OV-101 色谱柱分离样品(长 2m，直径 3mm)，以 FID 作检测器。从排出的非凝气体混合物的分析结果，可以确定排出的有机物量可以忽略不计。试验装置流程示意图见图 2-6。

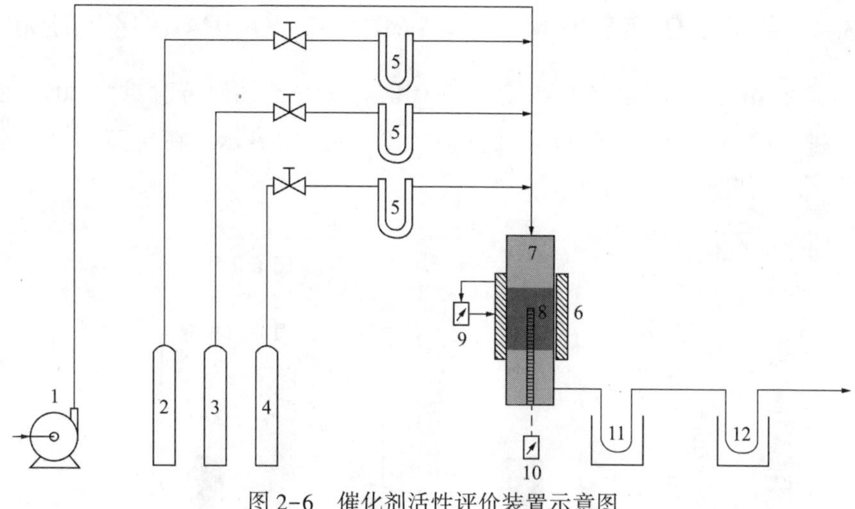

图 2-6　催化剂活性评价装置示意图

3　结果与讨论

3.1　关于本体 MPA 催化剂和钒改性 MPA 催化剂（VMPA， VOMPA）的研究

图 2-7 表示了各种 MPA 催化剂的活性［以在不同反应温度下氨氧化反应过程中甲基吡嗪（MP）转化率表示］。在 Keggin 结构中引入钒（VMPA）被认为会影响 MP 的转化率。将钒引入 MPA 的初级结构中所制备的催化剂，其活性高于氧钒根催化剂（VOMPA）和纯的 MPA 催化剂。由于钒原子在杂多酸化合物中位置的不同造成其对催化剂性能的影响很不一样，这会导致其对氧化还原过程的敏感度非常不一样。该观察的进一步证据可从下面研究的负载型催化剂中也能获得。

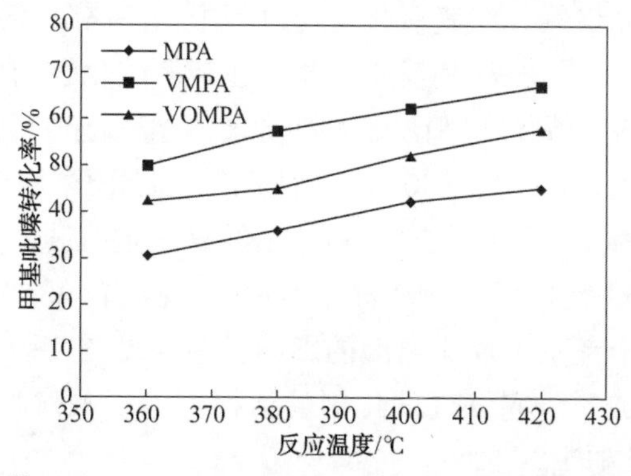

图 2-7　本体 MPA、VMPA 和 VOMPA 催化剂在不同反应温度下的活性

3.2 关于 TiO_2 负载的 MPA、 VMPA 和 VOMPA 催化剂的研究

研究在 MPA/TiO_2、VMPA/TiO_2、VOMPA/TiO_2(活性组分含量为 20%)催化剂体系进行的氨氧化反应，以吡嗪酰胺(CP)的产率表示。在典型的反应温度(380℃)下，如图 2-8 所示。

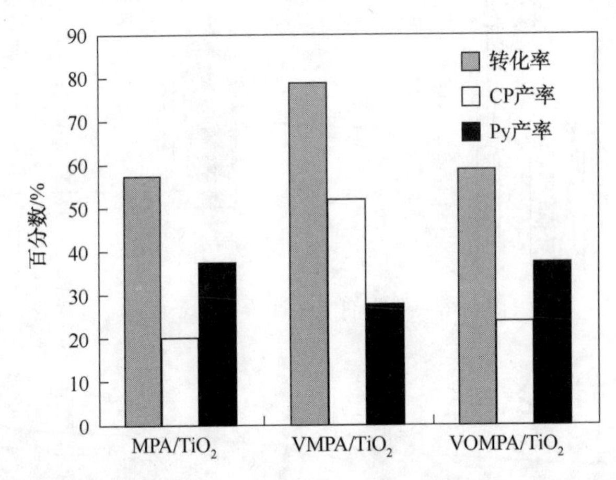

图 2-8 TiO_2 负载的 MPA、VMPA 和 VOMPA 催化剂在 380℃活性图[36]

催化剂的物理化学性质在其他文献资料中能查到[36]。与无钒 MPA 催化剂以及将钒引入杂多酸次级结构制备的催化剂(VOMPA)相比，将钒引入杂多酸初级结构中制备的催化剂表现出更高的 CP 产率。这些催化剂在性能上的差异可归因于钒原子在杂多酸结构中处于不同的位置所致。

已有报道指出以 V^{5+} 取代杂多酸中 Mo^{6+} 会导致产生更加活泼的晶格氧，其形态为 Mo-O-V[37]。由钒催化的氧化反应会发生氧化还原反应。正常情况下它会遵循 Mars-Van Krevelen 机理。晶格氧有助于有机物的氧化反应，并且以气相氧补充消耗的晶格氧。在氨氧化反应过程中，晶格氧还在钒的氧化还原循环中起着重要的作用，会提高其反应性能。在杂多酸化合物中钒原子功能的差异源自在 Keggin 结构中氧钒根阳离子和钒原子对氧化还原过程非常不同的敏感性[38]。Gate 等[39]报道了存在于 Keggin 结构中的钒原子当被还原为 V^{4+} 时，很容易被再氧化。而氧钒根阳离子$(VO)^{2+}$的再氧化过程进行得很缓慢。因此，基于这个原因，在氨氧化反应中 VMPA/TiO_2 表现出较 VOMPA/TiO_2 更高的活性。在三个催化剂上考察了反应温度的影响，结果见图 2-9，催化剂的活性随反应温度升高而增加。研究发现催化剂的活性按如下顺序变化：VMPA/TiO_2>VOMPA/TiO_2>MPA/TiO_2。

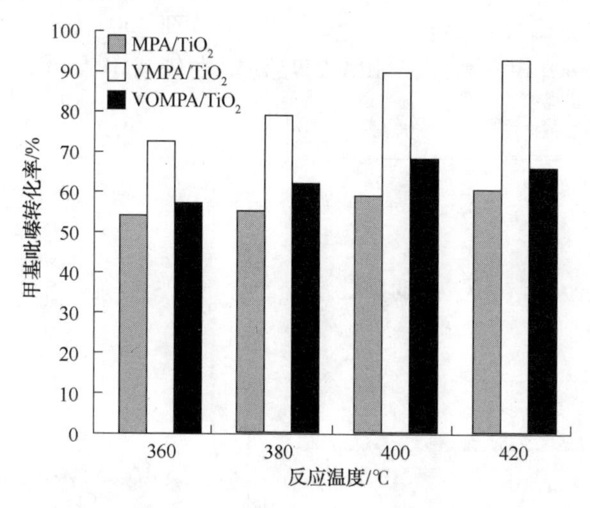

图 2-9 TiO_2负载的催化剂在不同反应温度下的活性图

3.3 关于本体 AMPA 的研究

3.3.1 沉淀法制备的 MPA 和 AMPA 的结构及反应性能比较

Bondareva 等[7]利用 MPA 基的 HPC 作催化剂在更低反应温度下(380~390℃)下获得了75%的吡嗪酰胺产率。但是在不同反应条件下该催化剂也产生了10%~25%的副产物(吡嗪及其他)。公开的资料显示在氨氧化反应中,研究催化剂的目标集中于获得最高的活性而不是获得最高的选择性。这对开发环境可接受的工艺过程是不利的。假如磷酸钼基杂多酸催化剂能提供最大的吡嗪酰胺选择性,则该过程为环境可接受[40]。Bondareva 等[7]已经注意到在用过的催化剂中形成了 AMPA,即使新鲜的催化剂也是呈酸的形态。因此,从 AMPA 本身开始观察催化剂的功能是有趣的,因为也有报道 AMPA 较 MPA 有更好的稳定性[41]。

图 2-10 是在 300~500℃范围内不同温度下预处理 MPA 和 AMPA 的 XRD 图。这些图类似于在先前出版的文献中报道的结果[42],得到的结论如下:①低温下(300~400℃)焙烧的催化剂显示形成了$(NH_4)_3PMo_{12}O_{40}\cdot 4H_2O$,与 Roch 等[41]和 Albonetti 等[43]提供的数据一致。②在 450℃及以上温度焙烧的催化剂显示伴随着氨的释放,出现了 MoO_3的衍射峰,氨以其本身、氮气或氮氧化物形式释放。Damyanvoa 等[44]和 Hodnett 等[45]也提出了相同的建议。AMPA 的 Keggin 离子的分解在 400~450℃开始,在大约 500℃时完全分解。对 MPA,经 400℃焙烧就观察到 MoO_3的衍射峰,而 AMPA,在 450℃焙烧观察到 MoO_3的衍射峰。这意味着 MPA 的 Keggin 离子结构在 350~400℃之间开始分解,伴随着 Keggin 结构单元的

部分还原和变形，这与 Tsigdinos[46] 表述的一致。在 450～500℃之间，增加焙烧温度导致形成 MoO_3 相。因此，MPA 的热稳定性较 AMPA 低，与 McMonagle 和 Moffat[47] 报道的非常一致。

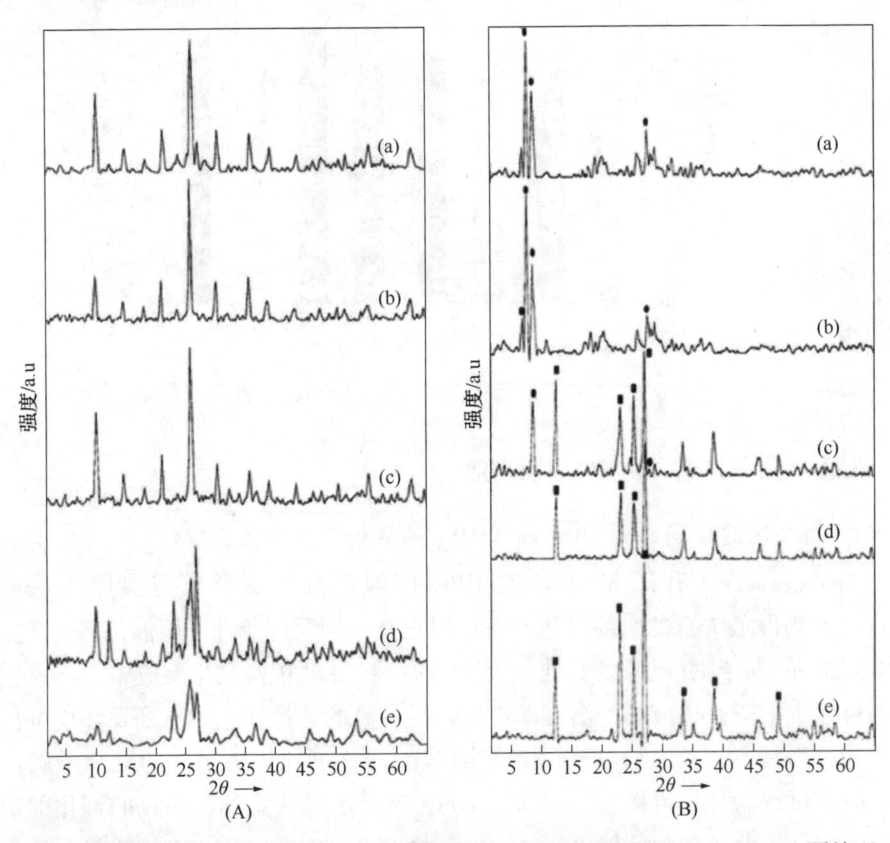

图 2-10　XRD 图：(A)AMPA；(B)MPA 催化剂：(a)300℃预处理，(b)350℃预处理，(c)400℃预处理，(d)450℃预处理，(e)500℃预处理[42]

图 2-11 是在 300～500℃范围内不同温度下热处理 MPA 和 AMPA 样品的 FTIR 光谱图。Keggin 离子的特征峰、铵离子的存在以及 $Mo-O_b-Mo$ 键振动出现明显的位移(达 $15cm^{-1}$)揭示了 AMPA 的形成[图 2-11(A)]，Deltcheff 等[48] 也做了相同的报道。在 500℃焙烧后，导致 AMPA 吸收峰完全消失，而 MoO_3 的振动吸收是主要的。在较低温度下(如 300～350℃)焙烧 MPA 催化剂的 FTIR 光谱图见图 2-11(B)，显示了没有任何变形的 Keggin 离子的特征峰。随着预处理温度升高至 400℃，在 600～$1000cm^{-1}$ 范围观察到一个宽的振动带，这可能由于形成了 MoO_3。在 $790cm^{-1}$ 的峰(对应于 $Mo-O_c-Mo$)也变得非常弱，证实 Keggin 离子的结构发生变形。在 450～500℃焙烧后，MPA 的光谱图清晰显示出 MoO_3 的特征振动

带，表明 Keggin 离子结构完全破坏。

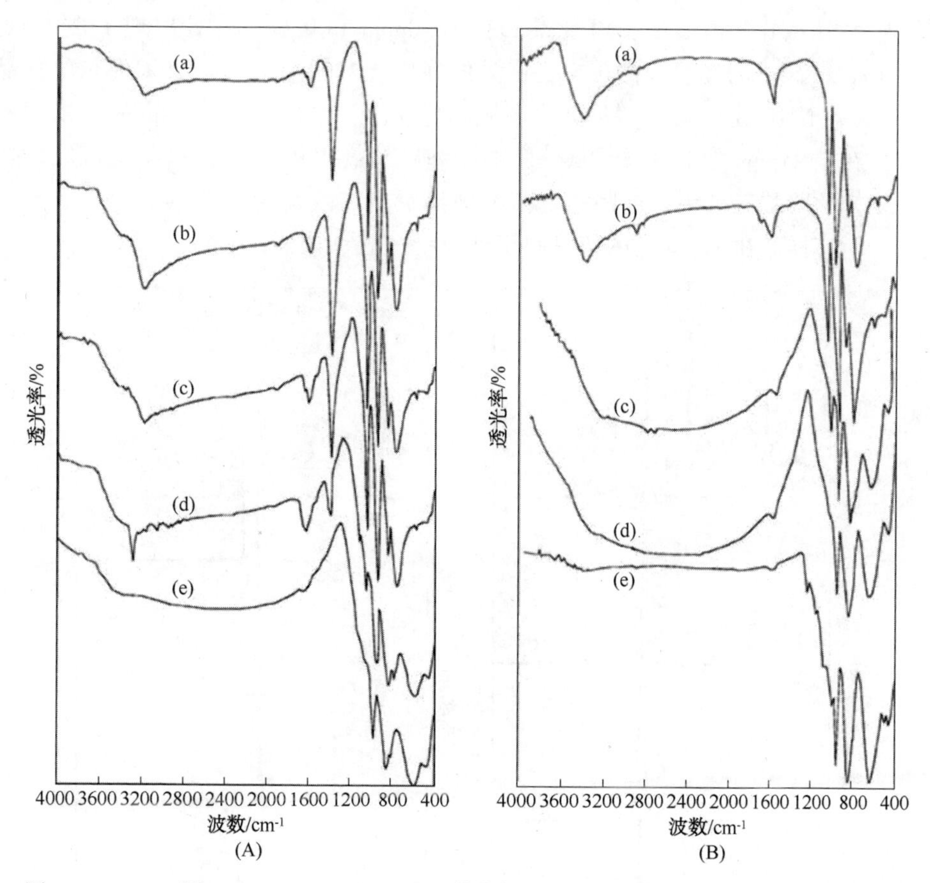

图 2-11　FTIR 图：(A)AMPA；(B)MPA 催化剂：(a)300℃预处理，(b)350℃预处理，(c)400℃预处理，(d)450℃预处理，(e)500℃预处理[42]

在不同温度下焙烧的 AMPA 催化剂的^{31}P MAS NMR 光谱图见图 2-12(A)。在 300℃焙烧的样品在-5.98ppm 和-12.3ppm 处出现了 2 个突出的峰，并在-5.27ppm 和-7.75ppm 处还有两个小峰。在-5.98ppm 处的峰对应于$(NH_4)_3PMo_{12}O_{40}\cdot 4H_2O$，在-5.27ppm 和-7.75ppm 处的两个峰可能对应于其脱水的状态，在-12.3ppm 处的峰则对应于有缺陷的物种。有人提出在较低区域的信号归于 Keggin 结构的化合物，包括其脱水状态或有缺陷状态的。四种不同的物种形态与 vanVeen 等人报道的结果一致[49]。在 350℃焙烧的样品，其^{31}P MAS NMR 光谱图中这四个信号峰几乎没有产生向高区域的化学位移。在 400℃焙烧样品的^{31}P MAS NMR 光谱图中，在-5.98ppm 处的峰变得非常小，且-12.3ppm 处的峰消失。在 0.56ppm 处出现一个新峰，对应于单磷酸盐[50]。这个结果清楚地揭示了在该温度时有缺陷的物种开始分解成钼的氧化物和磷的氧化物。在450℃时焙烧样品的^{31}P MAS NMR光谱图中，可观察到在-6.0ppm和0.56ppm处出现了2个峰，由于Keggin离子的分解，在0.56ppm处的峰移至1.94ppm。在500℃时焙烧样品的^{31}P MAS NMR光谱图中，在负边区域的峰完全消失，仅在1.98ppm处出现一个峰。在1.94ppm处的峰显示从分解的钼和磷的氧化物形成了P_2O_5类的结构或一些未知的磷酸三氧钼。这些结构清晰地揭示出在该温度下Keggin离子分解完全了。所有样品在1ppm处的信号归于外标物(H_3PO_4)。

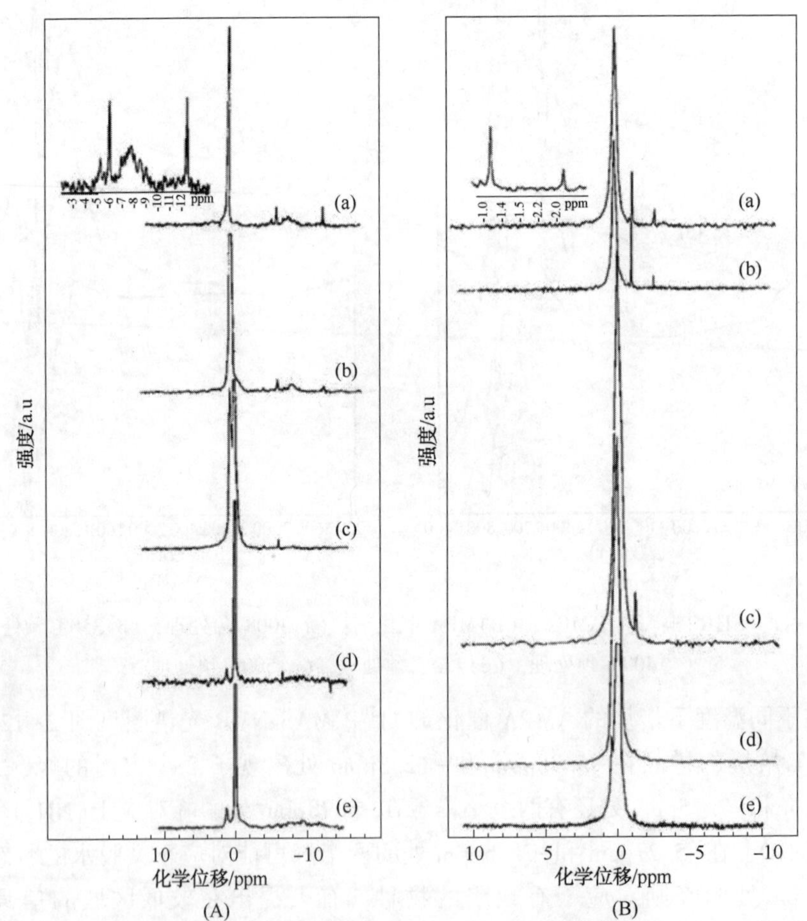

图2-12 ^{31}P MAS NMR光谱图：(A)AMPA；(B)不同温度预处理的MPA催化剂：(a)300℃，(b)350℃，(c)400℃，(d)450℃，(e)500℃

在不同温度下焙烧的MPA催化剂的^{31}P MAS NMR光谱图见图2-10(B)，在300℃焙烧的样品在-1.132ppm和-2.67ppm处出现了2个突出的峰，前者对应于$H_3PMo_{12}O_{40} \cdot 9H_2O$，其强度高于后者；后者对应于脱水的Keggin离子物种，但其向高的区域位移[51]。在350℃焙烧样品的^{31}P MAS NMR光谱图中，这两个信号出现在同一位置，但是峰强度减小。在400℃焙烧样品的^{31}P MAS NMR光谱图中，仅在-1.15ppm处观察到一个清晰的峰，且强度更小，但在-2.67ppm处的峰消失。然而，在正边出现了一个小峰，对应于单磷酸盐。

该变化表明在300℃焙烧时Keggin离子开始分解。随着焙烧温度增加至450℃，与Keggin离子对应的峰变得非常小，在0.42ppm处信号的增大清楚地表明Keggin离子几乎完全分解成相应的氧化物。在550℃焙烧样品的^{31}P MAS NMR光谱图中，仅在0.42ppm处有一个峰，显示出Keggin离子完全分解，这些结果与XRD和FTIR所获得的数据完全一致。

由各种预处理后的AMPA获得的TPD图见图2-13(A)。在300℃焙烧的样品显示出三个脱附峰，第一个在200℃附近，第二个宽峰在655℃附近，第三个峰在730℃处。Hodnett和Moffat等[45]报道了在200℃附近的峰完全是由水分子脱附所致。Essayem等[52]的研究显示了两个脱附峰，一个归于从铵盐脱附下来的NH_3，一个归于在较高温度时从AMPA分解形成的产物上脱附下来的NH_3。随着

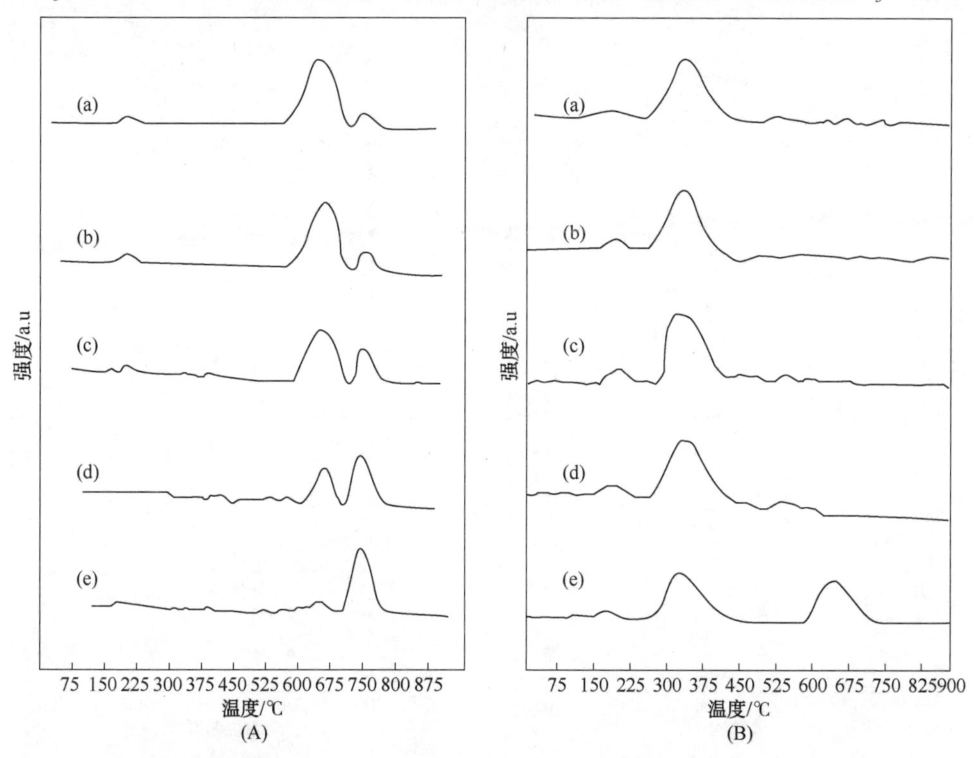

图2-13 TPDA图：(A)AMPA；(B)不同温度预处理的MPA催化剂：(a)300℃，(b)350℃，(c)400℃，(d)450℃，(e)500℃

预处理温度增加，在655℃处的峰强度减小，在730℃处的峰强度增加。如前面的讨论，NH_3从钼氧化物和磷氧化物上脱附下来对应的温度峰代表形成了热分解的产物。

在不同温度预处理MPA获得的TPD图见图2-13(B)。在300~400℃样品焙烧温度范围内，观察到一个单一脱附峰，峰顶温度在360℃。这是因为吸附态NH_3的脱附，其他文献也有报道[53]。作为一种极性分子，NH_3可进入整个晶体内部并中和所有体相质子形成铵盐。随着预处理温度增加至450~500℃，在655℃附近出现一个新的脱附峰，它归于在较高温度焙烧时形成的氧化物表面NH_3的脱附。TGA，XRD，FTIR以及^{31}P MAS NMR的研究结果揭示在MPA情况下Keggin离子的分解起始于350℃。由于Keggin结构的完全破坏，在450℃和500℃焙烧的样品对NH_3的吸附能力非常低。

催化剂活性和选择性随预处理温度以及反应温度的变化见图2-14(A)。按照在360℃~420℃范围内所有温度下的总转化率看，在300~450℃范围内预处理

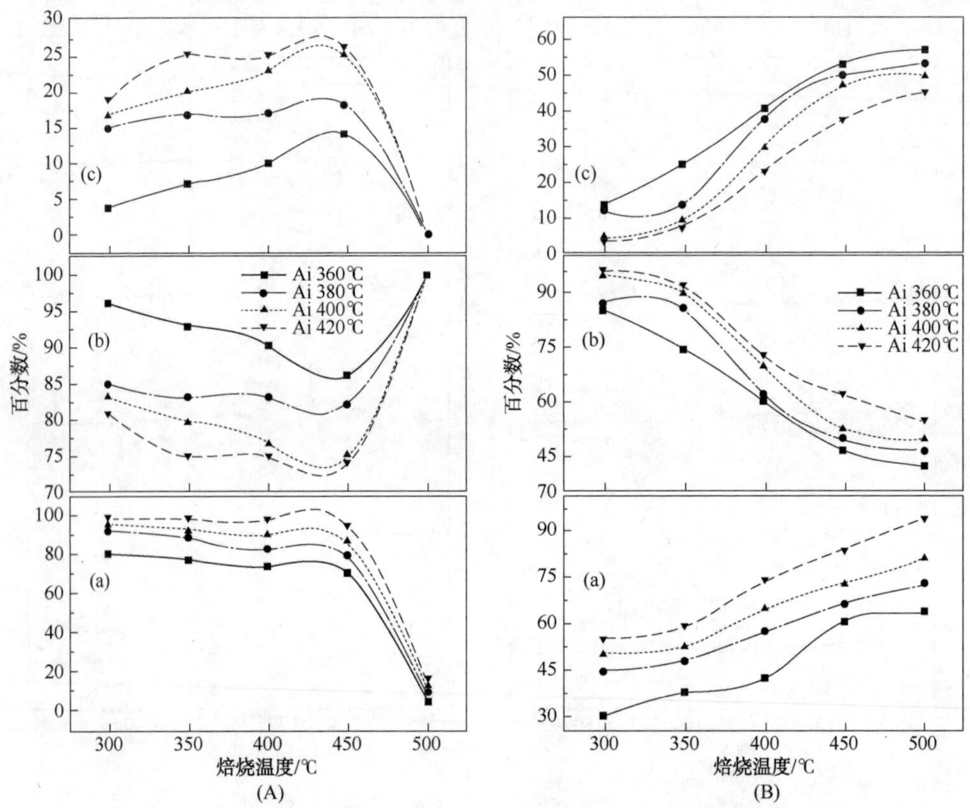

图2-14　产品分布：(A)AMPA；(B)不同温度预处理的MPA催化剂：
(a)2-甲基吡嗪的转化率，(b)对氨基吡嗪的选择性，(c)对吡嗪的选择性

的 AMPA 催化剂表现出稳定的活性。在 360℃时转化率达到 80%，进一步提高温度至 420℃，转化率可接近 100%。获得非常高的和稳定的活性是一个非常重要的目标。样品还显示出非常高的吡嗪选择性，一般在 75%~95%。吡嗪的含量在 5%~25%范围内变化。据报道在酸性催化剂作用下，吡嗪形成更容易，因此，随着焙烧温度增加，倾向形成更多吡嗪可归因于铵盐的部分分解导致形成了母酸。活性关系图揭示 AMPA 催化剂提供了对反应结果实施调节的灵活性，既可追求在有限选择性情况下的最大转化率，也可追求有限转化率情况下的高选择性。从有利于环境保护角度来说后者更具吸引力。

当预处理温度达到 500℃时，催化剂活性下降至非常低的值。从 XRD、FTIR、^{31}P MAS NMR 以及 TPDA 的研究结果，可以得出直至 450℃催化剂仍能保持 AMPA 结构，超过该温度，Keggin 结构单元完全被破坏，并释放出 NH_3和形成钼的氧化物和磷的氧化物。因此，可以期待只要催化剂以 AMPA 形式存在，就可达到较高的活性。在反应过程中部分分解的盐可以再生。Albonetti 等[43]还观察到由异丁酸制备甲基丙烯酸反应中铵盐较对应的母酸反应性能更活泼。阳离子的影响既与其电负性有关，也与酸性的改变有关，而前者会影响钼的氧化状态。

反应温度由 360℃提高至 420℃被认为可提高甲基吡嗪的转化率，也可增加反应速率。但是对吡嗪酰胺的选择性减小，对吡嗪的选择性增加。催化剂部分脱水以及从铵盐化合物形成酸是导致对吡嗪选择性提高的原因。Bondareva 等[7]还观察到在较高反应温度下吡嗪的选择性提高。他们的建议是当甲基吡嗪的转化率超过 80%时，会发生氨基吡嗪的氧化，导致产生吡嗪。反应路径见图 2-15。

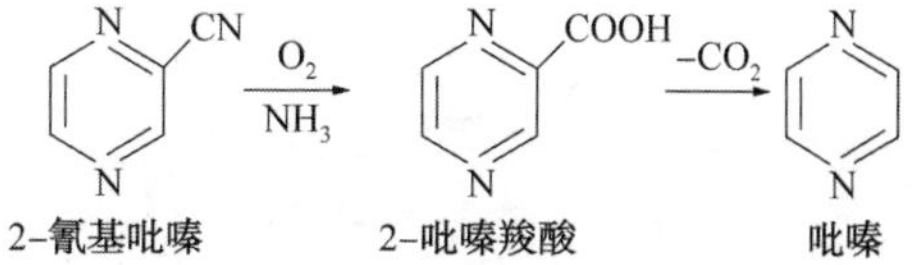

图 2-15　从氰基吡嗪形成吡嗪的可能反应路径

在 MPA 催化剂作用下发生的氨氧化反应的产物分布列于图 2-14(B)。当预处理温度由 300℃逐步提高至 500℃时，转化率逐渐增加，由 30%提高至 90%。即使 MPA 催化剂较 AMPA 在较低温度下表现出更容易分解，但是随焙烧温度提高转化率增加应归因于在反应过程中氧化物转变成 AMPA 结构。对于在较高温度下处理的 MPA 催化剂具有较高的转化率，这似乎是主要原因。但是随着预处理温度提高，对氨基吡嗪的选择性下降。故 AMPA 的存在对获得更高的氨基吡嗪选择性是有利的。在较低温度下焙烧处理的样品保持了 Keggin 离子结构。比较在较高温度下获得的氧化物的形态转变，由 MPA 转变成 AMPA 在反应过程中更容易。在后一种情况下这种转变并不完全，这可由使用后样品的 XRD 检测结果予以证实。在高温下焙烧处理的 MPA 催化剂样品对吡嗪有非常高的选择性表明，AMPA 型催化剂无论从经济上还是从环境友好性上看都要好得多。

3.3.2 磷酸盐前体对氨氧化活性的影响

试验观察到，为了制备相对纯的 AMPA，采用沉淀法，在控制的 pH 值下，用 DAHP 作前体较使用 ADHP 更好。两个催化剂(DAHP 和 ADHP)的^{31}P MAS NMR 光谱图见图 2-16。在 400℃焙烧的 DAHP 催化剂样品在-3.5ppm 和-5.8ppm 处出现了 2 个峰，对应于 Keggin 离子$[PMo_{12}O_{40}]^{3-}$，以及脱水的 Keggin 离子$[PMo_{12}O_{38}]^{3-}$[54]。在-13.0ppm 处出现的低强度峰可归于分解的 Keggin 离子[50]。在 450℃焙烧的催化剂样品，在-3.5ppm 和-6.0ppm 处 2 个峰的强度减弱[可从 2-16(A)清楚地看到]。在 1.4ppm 处观察到 1 个新的峰，可归于碱式磷酸钼[55]。随着焙烧温度升至 500℃和 550℃，在-6.0ppm 处的峰强度大幅减弱，而在 1.4ppm 处的峰强度增加，可推测是由于形成了稳定的碱式磷酸钼。在 400℃焙烧的 ADHP 催化剂样品在-4.0ppm 处出现了 1 个对应于 Keggin 离子的小峰，并在 0.56ppm 处有一个主要的伴峰，它可能对应于类似磷酸盐或 P_2O_5 的结

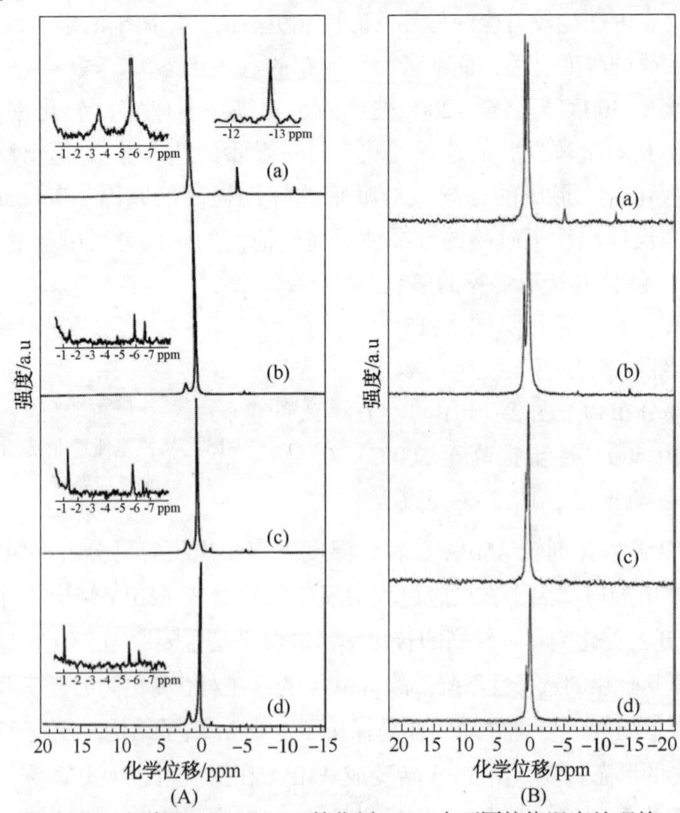

图 2-16 ^{31}P MAS NMR 光谱图：(A)DAHP 催化剂；(B)在不同焙烧温度处理的 ADHP 催化剂：(a)400℃，(b)450℃，(c)500℃，(d)550℃

构[50]。随着焙烧温度的增加，在 0.56ppm 处的峰强度增加，表明反应物完全转化为未知的化合物。^{31}P MAS NMR 光谱分析结果清晰地关联了来自 XRD 和 FTIR 的测试结果(本处未给出结果)。

已经发现在甲基吡嗪氨氧化反应中，AMPA 是较 MPA 具有更好活性和选择性的催化剂。该观察结果通过关联催化剂的氨含量与其在氨氧化反应中的活性得到证实。优化催化剂中铵盐的量可得到对氨基吡嗪最大的选择性(图 2-17)。在用磷酸氢二铵制备催化剂的情况下，当参与反应的前体磷酸盐中含氨量更多时更有利于形成 AMPA(表 2-1)。比较用磷酸二氢铵制备的含氨量低的催化剂，其在高的焙烧温度下可形成热稳定性好的碱式磷酸钼以及在反应过程中易于转变为 AMPA 使其成为一种活性和选择性更好的氨氧化催化剂。

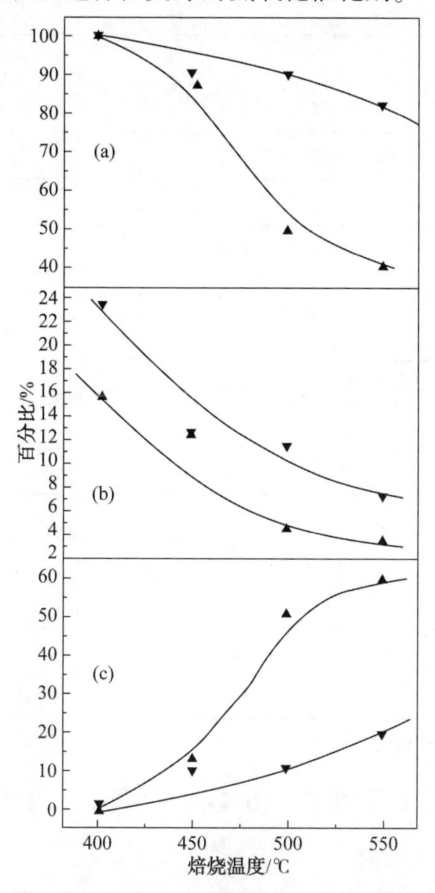

图 2-17　焙烧温度对催化剂氨氧化反应性能的影响(氨氧化反应温度为 380℃)：
(a)对氨基吡嗪的选择性；(b)甲基吡嗪转化率；(c)对吡嗪的选择性
(▼)DAHP 催化剂(▲)ADHP 催化剂

表 2-1 各种杂多酸催化剂的 BET 表面积和酸强度值

催化剂	BET 表面积/(m^2/g)	酸强度值 F_i/mV
$NbPO_4$	146	378
AMPA-$NbPO_4$-5[a]	85	530
AMPA-$NbPO_4$-10[a]	79	543
AMPA-$NbPO_4$-15[a]	41	581
AMPA-$NbPO_4$-20[a]	34	560
$FePO_4$	2.3	333
AMPA-$FePO_4$-5[a]	3.1	368
AMPA-$FePO_4$-10[a]	12	469
AMPA-$FePO_4$-15[a]	6.5	528
AMPA-$FePO_4$-20[a]	5.1	564
α-$VOPO_4$	2.2	798
β-$VOPO_4$	1.4	528
AMPA-α-$VOPO_4$	6.6	825
AMPA-β-$VOPO_4$	2.8	586
		TPD 产生的氢/(mmol/g)
DAHP-400[b]	4.5	5.04×10^{-2}
DAHP-450[b]	3.5	3.88×10^{-2}
DAHP-500[b]	2.0	3.00×10^{-2}
DAHP-550[b]	1.0	1.85×10^{-2}
ADHP-400[b]	3.4	4.40×10^{-2}
ADHP-450[b]	2.1	1.44×10^{-2}
ADHP-500[b]	1.6	1.12×10^{-2}
ADHP-550[b]	0.8	9.32×10^{-2}

[a] 钼负载(质量分数);[b] 煅烧温度。

3.4 关于 AMPA 负载在 Nb_2O_5、SiO_2、TiO_2、ZrO_2及 Al_2O_3 上的研究

虽然已经证明在甲基吡嗪的氨氧化反应中用 AMPA 代替 MPA 对获得更高的活性和选择性有利，但是仍然没有详细的关于负载型 AMPA 催化剂的研究结果。考虑到这种情况，对负载在不同载体如 Nb_2O_5、SiO_2、TiO_2、ZrO_2及 Al_2O_3上的

AMPA 进行了仔细系统的研究。为了得到高活性和选择性，催化剂的表面积、酸强度、载体的性质在氨氧化反应中起着重要作用。不同载体的 BET 表面积、酸强度值和负载 20%AMPA 的催化剂列入表 2-2 中。众所周知，含有碱性中心的载体，由于 HPA 与载体间相互作用形成一种化合物会导致杂多酸阴离子的分解。在酸性载体的情况下，羟基质子化了，并与杂多酸负离子相互作用导致静电吸引会改善杂多酸在载体表面的分散。比较单一的 HPA，更好的 HPA-载体间相互作用会改善 HPA 的热稳定性。铵盐还含有强的酸性中心。据资料报道超强的酸性是由于在铵盐中存在残留的质子[33]。但是，可预期铵盐对受载体酸-碱特性影响的 HPA-载体间相互作用的性质会有调节作用。

表 2-2　不同载体的 BET 表面积、酸强度值和负载 20%AMPA 的催化剂

序号	催化剂	BED 表面积/(m^2/g)	解吸氨量/(mmol/g)
1	Hydrated Nb_2O_5	140	2.12×10^{-1}
2	SiO_2	300	1.96×10^{-1}
3	TiO_2	55	4.58×10^{-2}
4	ZrO_2	20	0.98×10^{-1}
5	Al_2O_3	196	1.10×10^{-1}
6	20%AMPA/HNb_2O_5	43	6.92×10^{-2}
7	20%AMPA/SiO_2	184	3.96×10^{-1}
8	20%AMPA/TiO_2	1.4	5.57×10^{-2}
9	20%AMPA/ZrO_2	2	8.54×10^{-2}
10	20%AMPA/Al_2O_3	119	4.93×10^{-2}

AMPA 负载在 TiO_2 上形成的催化剂 AMPA/TiO_2，其 XRD、FTIR、^{31}P MAS NMR 检测结果(图 2-18、图 2-19)显示，由于在络合 Keggin 离子$[PMo_{12}O_{40}]^{3-}$与 TiO_2载体表面上带正点的质子化羟基间强的静电相互作用，直至 AMPA 负载量到 15%，AMPA 在 TiO_2表面上的分散都非常好。在更高的 AMPA 负载量时，会在 TiO_2载体表面形成 AMPA 微晶$[(NH_4)_3PO_4(MoO_3)_{12}\cdot 4H_2O]$，表明在 AMPA 负载量为 15%时达到了完全的相互作用。AMPA/TiO_2的 NH_3-TPD 研究结果(图 2-20)揭示了，随着 AMPA 负载量增加，催化剂的 Lewis 酸强度减少，而 Bronsted 酸强度增加。Bronsted 酸强度增加与在载体表面上形成了体相的 AMPA 微晶相关。更多的详情在之前报道的文献中可以查到[56,57]。

20%AMPA 负载在 Nb_2O_5、SiO_2、TiO_2、ZrO_2及 Al_2O_3上并经 380℃焙烧所制备的催化剂，其在氨氧化反应中的活性比较见图 2-21。不同催化剂的活性、选择性按以下顺序排列：$AMPA/Nb_2O_5$ > $AMPA/ZrO_2$ > $AMPA/TiO_2$ > $AMPA/SiO_2$ > $AMPA/Al_2O_3$。由于 AMPA 高的 Bronsted 酸度，$AMPA/Nb_2O_5$ 和 $AMPA/ZrO_2$ 催化剂表现出更高的活性和选择性。而 $AMPA/SiO_2$ 催化剂由于表面羟基与 AMPA 间相互作用产生了 Lewis 酸，其酸度最高，故对氨基吡嗪表现出较低的选择性。

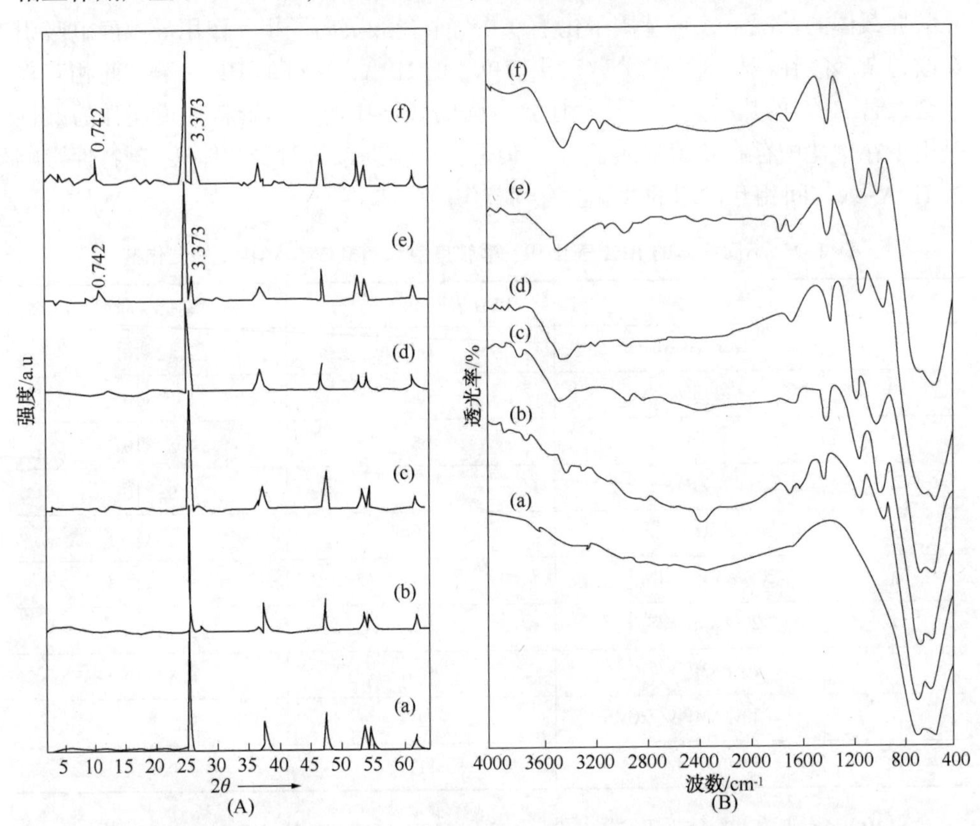

图 2-18 (A)XRD 图；(B)$AMPA/TiO_2$ 催化剂的 FTIR 图：(a)载体，(b)AMPA-5，(c)AMPA-10，(d)AMPA-15，(e)AMPA-20，(f)AMPA-25[56]

3.4.1 半带宽分析法：一种测定 HPA 负载催化剂分布的新方法

在 HPCs 与载体之间的化学相互作用是一件非常有趣的事情，因为一种强的相互作用可将 HPC 固定在载体上，以避免杂多酸化合物溶解在反应介质中流失或使其在载体上保持高的分散度[32]。测定载体表面上活性相的分散度对了解活性相在催化反应过程中的作用非常重要。通过传统的气相吸附法不可能测定 HPC 在载体表面上的分散度。我们研究团队开发了一种新的 HPCs 分散度测定方法，可称为 IR 半带宽分析法。以在 $1060cm^{-1}$ 处 P═O 为参照，测定不同量 AMPA 负载在载体上制备的催化剂。结果显示当 AMPA 负载量从 5%增加至 15%时，催化剂的半带宽呈线性增加，超过 15%，所得到的催化剂其半带宽几乎相同。这表明在 AMPA 负载量为 10%~15%之间，活性相在载体表面达到单层饱和分散状态，在 15%以上时，AMPA 在载体表面呈多层分散，具有体相 AMPA 特性。

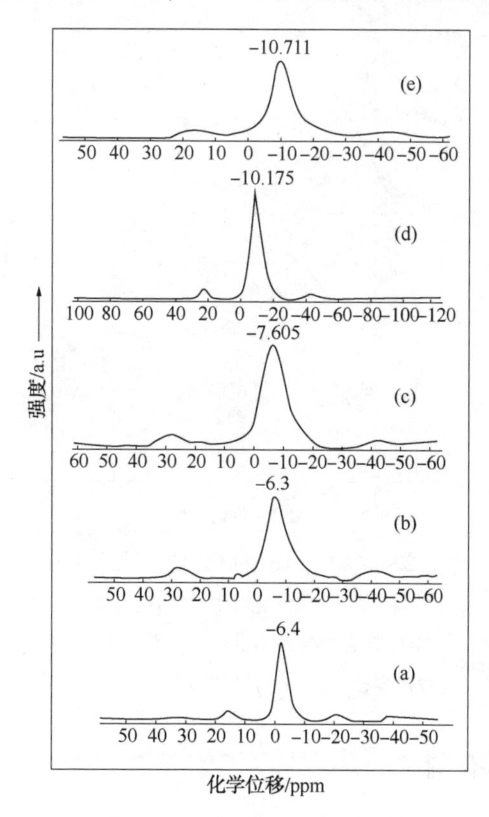

图 2-19 AMPA/TiO_2催化剂的 ^{31}P MAS NMR 光谱图：(a)AMPA-5，(b)AMPA-10，(c)AMPA-15，(d)AMPA-20，(e)AMPA-25[56]

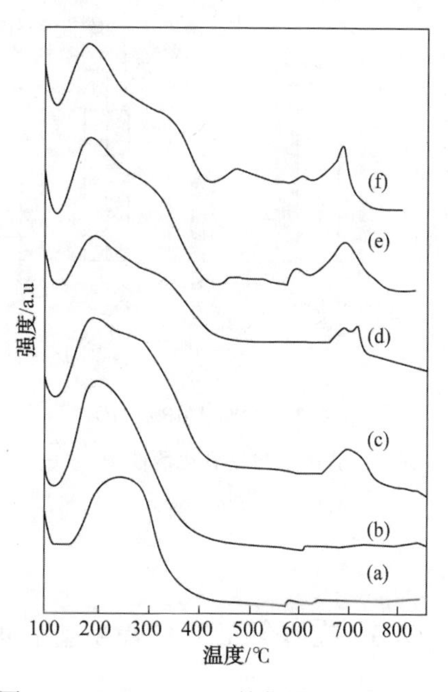

图 2-20 AMPA/TiO_2催化剂的 TPDA 图：(a)载体，(b)AMPA-5，(c)AMPA-10，(d)AMPA-15，(e)AMPA-20，(f)AMPA-25

催化剂的半带宽与其在氨氧化反应中催化性能之间的关联见图 2-22。结果显示在纯 AMPA 催化作用下，甲基吡嗪在 360℃和 380℃的转化率分别为 5%和 23%。对负载型 AMPA 催化剂来说，当 AMPA 负载量由 0 逐渐增加至 15%时，甲基吡嗪的转化率不断增加，随后保持几乎不变。催化剂在 $1060cm^{-1}$处的半带宽值呈现类似的趋势。因此，可以看出在 15%负载量时，杂多酸盐与载体间相互作用程度达到最大值。进一步增加 AMPA 负载量(在载体表面可观察到杂多酸盐的微晶)不会增加甲基吡嗪的转化率。该观察数据在负载型杂多酸及其盐催化剂的表征中是有价值的，因为它决定了在催化剂活性达到最大值时 AMPA 的最大负载量。

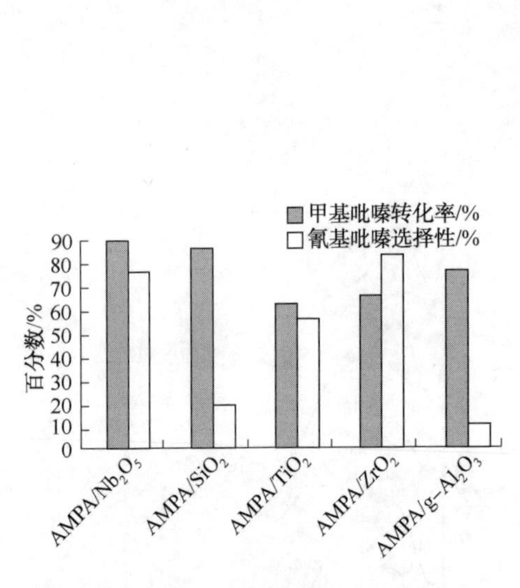

图 2-21　20%AMPA/TiO_2 催化剂的氨氧化活性图（反应温度 380℃）

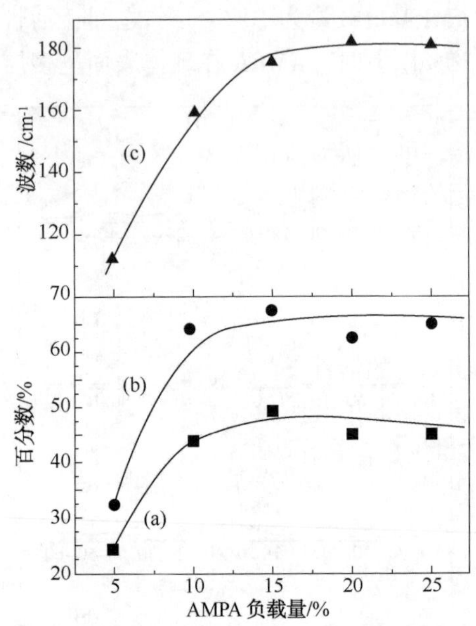

图 2-22　AMPA/TiO_2催化剂半带宽与其在氨氧化反应中催化活性之间的关联：(a)360℃甲基吡嗪转化率；(b)380℃甲基吡嗪转化率；(c)1060cm^{-1}处的半带宽值[56]

3.5　在线合成的 AMPA 基系列催化剂

3.5.1　AMPA/$NbOPO_4$催化剂

证明在各种载体上是否能在线合成 AMPA 是一项有趣的工作，所以我们采用在线技术使用 $NbOPO_4$、$VOPO_4$、$FePO_4$作为原料合成 AMPA，该 AMPA 基催化剂的氨氧化活性显著提高，活性的增加值与在线合成 AMPA 程度之间的关联在我们之前发表的论文中已经讨论过[58-62]。图 2-23(A)显示了使用 $NbPO_4$作载体，采用不同 MoO_3/$NbPO_4$比制备的 AMPA 的 XRD 图。结果显示在 MoO_3含量为 5%~20%之间所有的催化剂中都能清晰地观察到 AMPA 的形成，其化学式为$(NH_4)_3PO_4(MoO_3)_{12}\cdot 4H_2O$(ASTM No-09-412)。所公布的观察数据表明通过在载体表面产生磷酸盐沉淀形成具有 Keggin 结构的 AMPA。与一般的 AMPA 制备方法相反，此处磷酸根是以磷酸铵盐以及钼酸盐一道加入体系。因为 X 射线粉末衍射图并未给出任何关于含钼物相存在的具体证据，故用 FTIR 谱对 AMPA/$NbOPO_4$催化剂做了进一步表征。反应前催化剂的 FTIR 谱见图 2-23(B)。在前面文献的基础上，在所有 4 个催化剂中均存在的特征峰(1064cm^{-1}，970cm^{-1}和 870cm^{-1})可归于 Keggin 结构。随着催化剂中 AMPA 含量增加，可观察到这些特征峰的强度增加。为了证实 AMPA 的形成仅限于在 $NbPO_4$的表面或 Nb 进入 Keggin 的初级结构单元，将这些峰的位置与文献报导的数据做了比对。因未发现这些峰出现明显的位移，可以认为 AMPA 的形成仅限于在磷酸铌载体的表面，铌并未嵌入 Keggin 单元的初级结构中。这些催化剂的 FTIR 表征结果与 XRD 分析结果相关联，也未显示出在催化剂中形成了三氧化钼。图 2-24 中显示出的催化剂的氨氧化活性与 AMPA 负载量的显著相关性是由于在催化剂[5%～10%(质) AMPA/$NbOPO_4$]中 AMPA 在载体表面上呈高度分散状态，而催化剂[15%～20%(质) AMPA/$NbOPO_4$]的活性下降是由于在载体表面上形成了 AMPA 晶相，堵塞了孔道，阻碍了反应物的扩散所致。在不同反应温度下进行的活性评价数据在其他资料中也能找到[58]。采用 20%(质) AMPA/$NbOPO_4$催化剂，在反应温度为 380℃时可获得最高值为 69%的氰基吡嗪选择性。

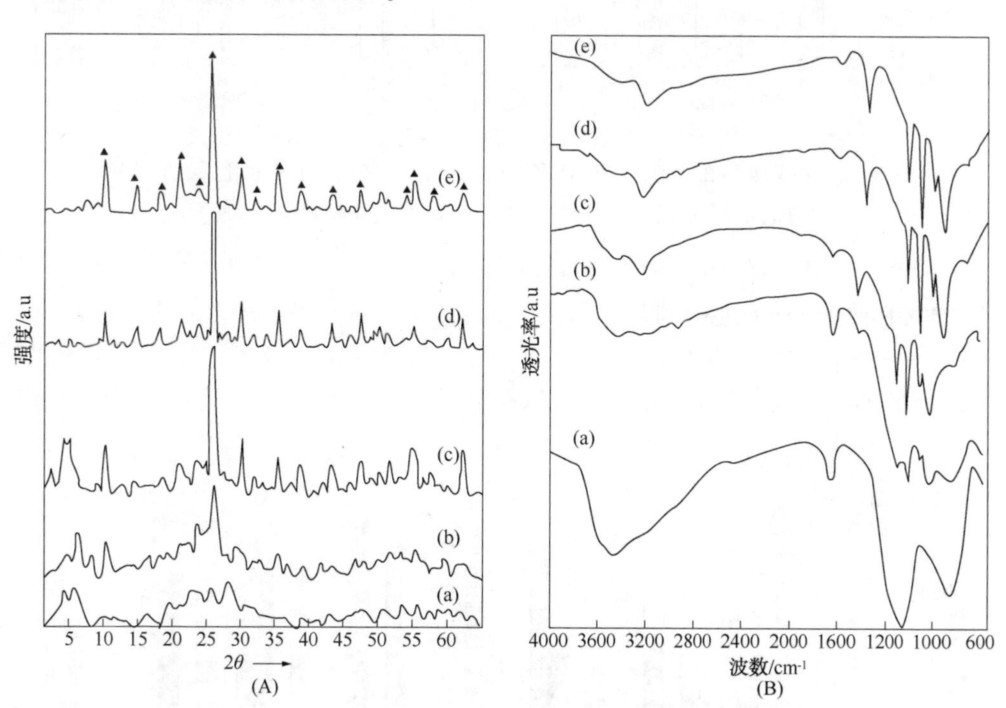

图 2-23 (A) XRD 图；(B) AMPA-$NbPO_4$催化剂的 FTIR 图：(a) $NbPO_4$，(b) AMPA-5，(c) AMPA-10，(d) AMPA-15，(e) AMPA-20[58]

3.5.2 AMPA/$FePO_4$催化剂的研究

为了设计一个对甲基吡嗪氨氧化高选择性的催化剂，$FePO_4$为载体的 AMPA 催化剂也引起了关注[59]。已经发现相比 AMPA/$NbOPO_4$催化剂，以磷酸铁为载体的催化剂氨氧化活性较低，但对氰基吡嗪的选择性较高，高达98%。如图2-24所示，当保持对氰基吡嗪高选择性的同时，AMPA/$FePO_4$催化剂还可较大程度上提高活性。磷酸铁基催化剂的高选择性可解释为其缺少不稳定的M═O键，因此不会造成氧的插入。还可能易于形成氨的络合物$NH_4FeP_2O_7$。XRD分析结果显示，在较高的AMPA负载量时[≥15%(质)]，观察到氧化钼物相的形成。该观察结果得到FTIR和拉曼光谱分析结果的进一步支持[60]。在较高AMPA负载量时，氧化钼物相的形成可能是催化剂选择性下降的原因。

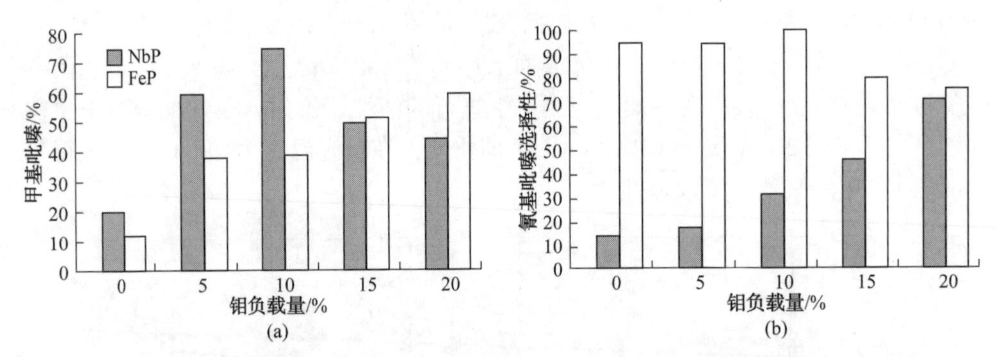

图2-24　甲基吡嗪在AMPA-$NbPO_4$和AMPA-$FePO_4$催化剂上氨氧化活性的比较：(a)甲基吡嗪转化率；(b)在380℃时对氰基吡嗪的选择性

3.5.3　AMPA/$VOPO_4$催化剂的研究

选择两个$VOPO_4$(α-和β-)和两个20%(质)AMPA/$VOPO_4$(α-和β-)催化剂，评价它们在氨氧化反应中的活性。反应温度对甲基吡嗪转化率的影响见图2-25。通过拉曼光谱分析的相组成以及数据(图2-26)，所有光谱的详细描述

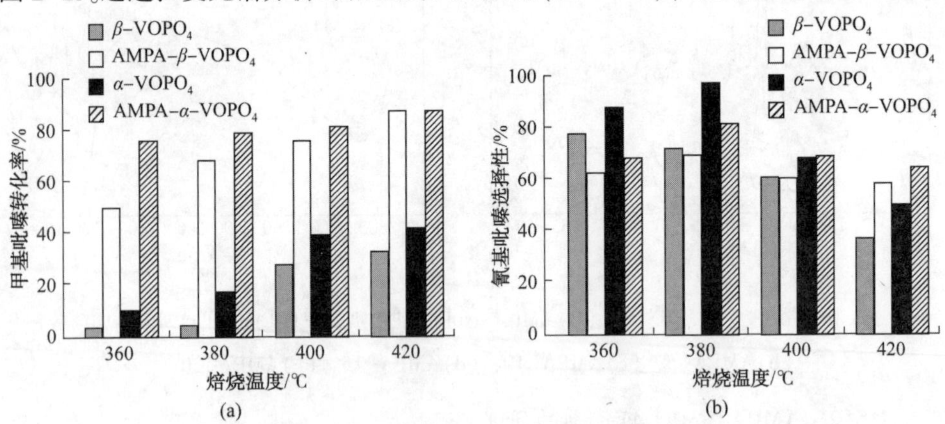

图2-25　(a)反应温度对$VOPO_4$和AMPA-$VOPO_4$催化性能的影响；(b)在$VOPO_4$和AMPA-$VOPO_4$催化剂作用下对氰基吡嗪的选择性是随温度变化的函数[61]

在其他资料中也可找到[61,62]。在光谱图 2-26(c)和光谱图 2-26(d)上可以观察到 Keggin 结构的主要特征峰在 988cm^{-1}(Mo — Od)、919~877cm^{-1}(Mo — Ob — Mo)和 598~615cm^{-1}(Mo — Oc — Mo)，对应一个重要的具有桥式拉伸特点的键。该光谱与资料[63]报道的相当一致。因此，由拉曼光谱所得到的信息证实了在 $VOPO_4$ 表面形成了 AMPA。图 2-25 清晰地显示出不管所使用的催化剂的性质如何，反应温度可促进甲基吡嗪转化率的提升。很明显与相应的类似物相比，在线合成的 AMPA 样品对催化性能有明显的影响。α-$VOPO_4$和β-$VOPO_4$与 AMPA 组成的复合物较其母体 α-$VOPO_4$和β-$VOPO_4$样品表现出更好的催化性能。另一个有趣的现象是这些含 AMPA 固体材料中，α-型 AMPA 较β-型 AMPA 表现出更好的催化性能。相类似地，在两个参与测试的单磷酸盐中，可观察到 α-$VOPO_4$较 β-$VOPO_4$表现出稍高的活性。由此可以合理地推测在两个单磷酸盐活性之间的差别是由于这两类 $VOPO_4$的结构存在差异，如 α-$VOPO_4$是由层状结构构成，而 β-$VOPO_4$表现为三维结构。

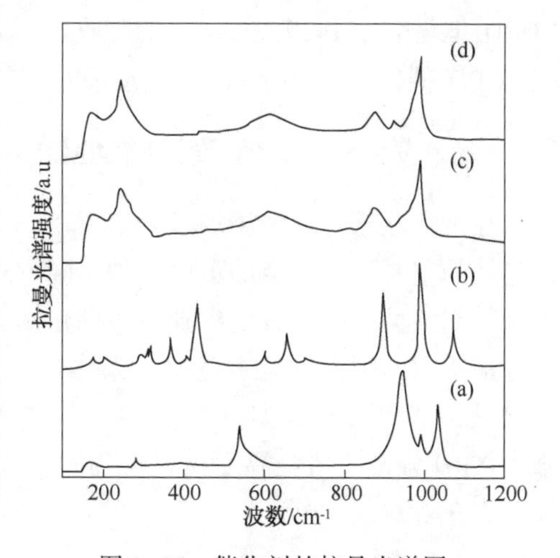

图 2-26 催化剂的拉曼光谱图：
(a)α-$VOPO_4$；(b)β-$VOPO_4$；
(c)AMPA-α-$VOPO_4$；(d)AMPA-β-$VOPO_4$[61]

催化剂的酸性特点是导致它们催化剂性能存在差异的另一个原因。例如，本研究中采用的高酸性样品如 AMPA-α-$VOPO_4$和 α-$VOPO_4$(表 2-1)表现出更高的活性和选择性，因此将载体因素考虑进去，可假设酸性对催化剂的性能起关键性作用。可以推测 AMPA 的存在提高了催化剂的 Bronsted 酸度，而 Bronsted 酸度的提高会增加催化剂的氨的吸附容量。这似乎是 AMPA/α-$VOPO_4$催化剂活性增加的最可能的原因。如图 2-25 所示，温度对氰基吡嗪的选择性有深远的影响，如在甲基吡嗪转化率≤5%时，α-$VOPO_4$表现出最高的选择性(≥95%)。然而，随着转化率水平的提高，对氰基吡嗪的选择性显著下降。AMPA 催化剂显示出一个稍低的选择性(60%~70%)，但是转化率水平显著提高(55%~90%)，而纯的 $VOPO_4$催化剂对氰基吡嗪的选择性约为 60%~95%，而甲基吡嗪的转化率仅为 5%~30%。总的来说，比较相应的类似物，采用在线合成的含 AMPA 的 $VOPO_4$ 催化剂可以获得更好的产率。

对使用后的样品进行 XRD 和 FTIR 分析所获得的数据[62]揭示了 $VOPO_4$催化

剂在反应过程中部分转化为含铵的磷酸钒，如$(NH_4)_2(VO)_3(P_2O_7)_2$。从两个$VOPO_4$催化剂在1420cm^{-1}出现的吸收峰(对应于NH_4^+)的比较中，可合理推测出α-$VOPO_4$催化剂较β-$VOPO_4$催化剂更容易形成前面所说的含氨络合物。

3.6 V，Sb和Bi改性的AMPA基体系

在杂多酸化合物中添加过渡金属是一种控制杂多酸氧化还原性质和改善其热稳定性的重要方法。金属可以三种不同方式与杂多酸配合形成金属配位的多聚离子，其在各类反应中表现出独特的催化性能。金属盐与杂多酸离子简单的结合是一种最常用的制备过渡金属改性杂多酸化合物的方法。本部分制备了V，Sb和Bi替代的AMPA催化剂，并考察了其物理化学性质对氨氧化反应性能的影响。采用XRD分析了焙烧温度在300～500℃范围内制备的所有催化剂的活性相，结果见表2-3。

表2-3 采用XRD鉴别V，Sb和Bi改性的AMPA催化剂物相情况

催化剂类型	温度范围		XRD图解析结果
	AMPA出现的温度/℃	观察到的Keggin离子分解温度/℃	
$AMPV_1$	300～400	450～500	立方结构的AMPA，400℃以下稳定。450～500℃开始分解
$AMPV_2$	300～350	400～500	立方结构的AMPA，350℃以下稳定。400～450℃开始分解
$AMPBi_1$	300～400	400～500	立方结构的AMPA，400℃以下稳定。400～450℃开始分解
$AMPBi_2$	300～350	400～500	400℃，AMPA的衍射峰消失，观察到MoO_3的衍射峰，伴峰为$Bi_9PMo_{12}O_{52}$
$AMPSb_1$	300～350	400～500	400℃时开始分解，在450～500℃分解完全
$AMPSb_2$	300～350	400～500	400℃时开始分解，在450～500℃分解完全
$AMPSb_3$	300～500	400～500	即使在450℃仍可观察到小的AMPA的衍射峰

3.6.1 焙烧温度对AMPA催化剂性能的影响

从表2-4和表2-5的活性数据，可观察到在较高焙烧温度时，如将V及Bi改性的催化剂的焙烧温度由450℃升至500℃，甲基吡嗪的转化率下降，这是由于在这些温度时，AMPA的热稳定性低且发生分解所致，也可能因为形成了混合氧化

物，如已观察到形成了磷钼酸铋。对在更高焙烧温度下较 AMPA 具有更好稳定性的 AMPSb 催化剂，则出现相反的情形。

随着焙烧温度从 300℃ 升至 500℃，所有的 AMPSb 均表现出转化率的增加，对氰基吡嗪的选择性则稍有下降。这个事实可通过 Cavani 等提出的假设予以解释[64]，该假设为随着焙烧温度升高，从二次结构中释放出来的氨量更多，进入二次结构中锑的数量将增加。众所周知由于 $[PMo_{12}O_{40}]^{3-}$ 和残留的 Sb^{3+} 离子之间发生了氧化还原反应，Mo 的氧化态由六价变为 5 价。还原程度直接正比于锑的含量。从该讨论中，我们可以说 $AMPSb_3$ 样品中含有更多量的钼物种。催化剂体系中存在的被还原钼（Mo^{5+}）物种在氧化还原反应中非常活泼，也是获得高的甲基吡嗪转化率和氰基吡嗪选择性的原因。

表 2-4 甲基吡嗪在过渡金属改性的 AMPA 催化剂作用下于 380℃时的转化率 %

催化剂类型	催化剂焙烧温度				
	300℃	350℃	400℃	450℃	500℃
$AMPV_1$	62	60	53	50	45
$AMPV_2$	50	48	46.2	43.5	35
$AMPBi_1$	54	56	60	63.2	66
$AMPBi_2$	60	59.6	55.3	51	51.8
$AMPSb_1$	50.4	47	45.3	43	40
$AMPSb_2$	30	37	43	43.2	72
$AMPSb_3$	21	20	25	53	58

表 2-5 在过渡金属改性 AMPA 催化剂作用下于 380℃时对氰基吡嗪的选择性 %

催化剂类型	催化剂焙烧温度				
	300℃	350℃	400℃	450℃	500℃
$AMPV_1$	93	90	89	87.3	86.2
$AMPV_2$	95	94.5	93.4	91	91.3
$AMPBi_1$	87	85	83	81	77
$AMPBi_2$	90	85.4	64	80.8	78.9
$AMPSb_1$	96	92.5	85.4	84.8	76
$AMPSb_2$	96.6	96.8	91.6	87	83
$AMPSb_3$	98	98.2	97	94.2	90.6

3.6.2 过渡金属嵌入 AMPA 中原子数的影响

一个 V 原子进入 AMPA 催化剂 Keggin 离子的初级结构中会增加催化剂的氧

化还原性能。然而，引入更多的 V 原子可能导致在次级结构中形成无定形的物种如$[VO]^{2+}$，这也会有助于提高催化剂的氧化还原性能。但是，引入 2 个 V 原子后，由于铵离子被其他钒氧离子替代，会降低 AMPA 催化剂立方次级结构的热稳定性。

一般的观察结果是添加客体金属原子，因形成了有缺陷的物种，会降低母体化合物的热稳定性，但添加一个铋原子会增加 AMPA 催化剂的热稳定性。在目前情况下，更好的热稳定性可归因于在钼物种和铋物种之间的相互作用。而且，加入铋取代 Keggin 离子结构中两个钼原子会导致在催化剂制备过程中形成磷钼酸铋，结果是减少了 AMPA 的形成。这种新物种的产生会相当程度地减少对氰基吡嗪的选择性。

添加 1 个锑原子会导致 AMPA 催化剂热稳定性的显著增加。一般来说，在 400~450℃范围内，AMPA 分解成相应的氧化物，但是，添加 3 个锑原子后，即使经过 450℃焙烧处理，AMPA 仍然会存在，表明催化剂的热稳定性提高。该效应归因于部分NH_4^+被 Sb 原子取代。当与 AMPA 相比时，Sb 取代的催化剂表现出较低的活性。随着 Sb 的加入，在催化剂次级结构中NH_4^+含量下降似乎是活性下降的原因。但是对氰基吡嗪的选择性却明显改善。这可归因于在$[PMo_{12}O_{40}]^{3-}$和残留的Sb^{3+}离子之间发生的氧化还原反应。钼的氧化态由+6 下降至+5。还原的程度直接与 Sb 的含量成正比。还原态钼(Mo^{5+})的存在是催化剂对氰基吡嗪具有较高选择性的原因。

3.7 添加钒的负载型 AMPA 催化剂

体相催化剂的表面积小，热稳定性低。因此，为了增加催化剂的表面积和热稳定性，需要将其负载在不同的载体上。在体相催化剂中观察到的扩散阻力可以通过将其分散在不同载体上而得到克服。由于钒的加入，可以提高 AMPV 催化剂中钼的还原度。负载型催化剂的热稳定性也较体相催化剂更高。

新鲜 AMPV/TiO_2催化剂在 350℃焙烧处理后样品的 XRD 表征结果见图 2-27(A)。所有催化剂样品的详细表征结果和催化活性评价数据可在我们之前发表的文章中找到[65-67]。活性组分含量低的负载型催化剂样品中，XRD 图中观察不到任何 AMPV 晶体的衍射峰，主要观察到的是载体 TiO_2的衍射峰。这可能是由于 AMPV 的 Keggin 结构单元在载体呈良好分散所致。TiO_2表面上的羟基在酸性溶液中被质子化，因此在 TiO_2表面产生了带正电的羟基基团。这些基团可通过静电作用力与诸如$[PMo_{12}O_{40}]^{3-}$等的络合阴离子键合，导致 AMPV 与载体表面的强相互作用。Bruckman 等[68]也表达了相同的观点。仅当 AMPV 含量达到 20%或以上时才能观察到 Keggin 离子[69]的 XRD 衍射峰，这些催化剂显示出 AMPV 盐的晶体衍射峰。随着 AMPV 负载量增加，与该盐对应的两个主要衍射峰的强度增加。该结果还可进一步通过 TiO_2 负载的 AMPV 样品的 FTIR 表征数据予以证实，结果见图 2-27(B)。在该样品的 IR 图上 1410cm^{-1}、1065cm^{-1}、960cm^{-1}、873cm^{-1} 和 786cm^{-1} 的吸收峰分别对应于 NH_4^+ 离子、(P—Od)、(Mo—Ot)、(Mo—Ob—Mo) 和(Mo—Oc—Mo)的伸缩振动[7]。在 1065cm^{-1} 处得到的吸收峰以 0.1cm^{-1} 的分辨率进行解析，结果见图 2-27(b)的插图，可观察到 1065cm^{-1} 峰的 P—Od 键的分裂。众所周知，在 Keggin 离子结构中引入钼之外的其他金属原子会诱导 Mo—Od 键伸缩振动频率的减小以及可能的 P—Od 键分裂[48]。该分裂表明 V 进入了 Keggin 离子的结构单元。这些数据建议在合成过程中在 TiO_2 的表面上形成了 Keggin 结构。与 Keggin 结构相关的峰的强度在较低 AMPV 负载量时较弱，但随着负载量增加，呈增加趋势，类似于在 XRD 表征中观察到的结果。

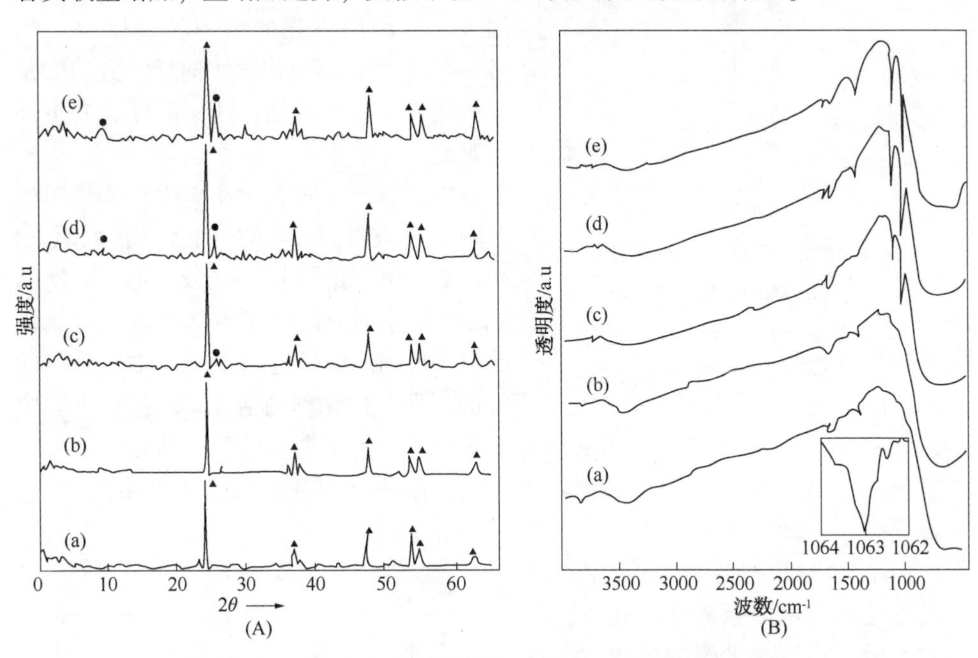

图 2-27　AMPV/TiO_2 催化剂的 XRD 图(A)和(B)FTIR 图：

(a)AMPV-5，(b)AMPV-10，(c)AMPV-15，(d)AMPV-20，(e)AMPV-25

(●)Keggin 离子(▲)TiO_2[65]

催化剂的 TPR 测定结果见图 2-28。HPCs 的主要还原峰在 650~730℃ 范围内。在 650~730℃ 之间的还原峰可归于来自 Keggin 含氧阴离子分解产生的氧化物的还原。而在 540℃ 以下的还原峰可能归于在 HPCs 骨架结构中过渡金属阳离子的还原[48,70-73]。非负载的体相 AMPV 催化剂还引入作为比较。体相 AMPV 催化剂在 613℃、658℃ 和 821℃ 三个位置出现还原峰。前 2 个峰可能是由于不止一种

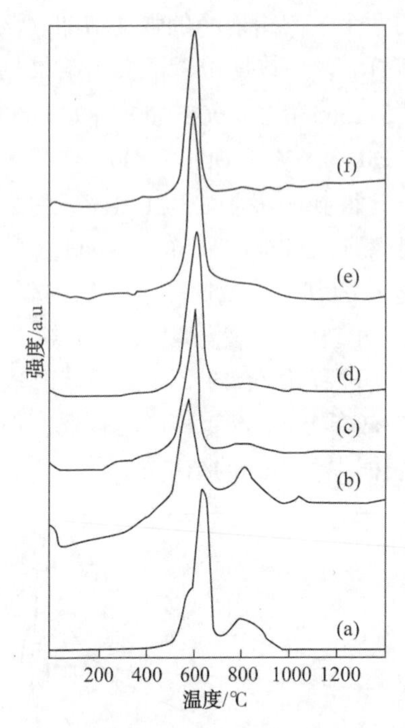

图 2-28 AMPV/TiO_2催化剂的 TPR 图：
(a)载体；(b)AMPV-5；(c)AMPV-10；
(d)AMPV-15；(e)AMPV-20；(f)AMPV-25

含氧钼物种的还原，但是高温还原峰可归于在高温下形成的体相 MoO_3 的还原和/或含 V 和 P 的新物相的还原[72]。相比之下，TiO_2负载的 AMPV 催化剂表现出只有一个还原峰，最高峰温在 575~595℃之间，可归于八面立方配位的 Mo^{6+} 聚钼酸盐被还原成较低价态。在负载型催化剂中，主要的 TPR 峰的位移表明由于在 AMPV 和 TiO_2之间更强的相互作用导致含钼物种的还原增加了。Sainero 等[73] 也观察到在负载型 MPA 催化剂制备过程中，当在 SiO_2载体中加入一种作用力强的另一种载体如 ZrO_2时，在其 TPR 峰上出现了向低温方向的位移。随着负载量增加，还原温度移向更高的温度。

为了测定在氨氧化反应中钒取代钼的影响，在 TiO_2 负载的 MPA、非取代的 AMPA（20% 负载量）以及 TiO_2 负载的 AMPV 催化剂上研究了甲基吡嗪的氨氧化反应。得到的结果见图 2-29。TiO_2负载的 AMPV 催化剂显示出较另两种催化剂更好的活性。催化剂的活性大小按如下顺序排列：AMPV>AMPA>MPA。MPA 催化剂导致了一种不期望的脱烷基化产物吡嗪的产生。将 MPA 转化成它的铵盐（AMPA），在一定程度上减少了吡嗪的产生，从而提高了目标产物氨基吡嗪的选择性。但是，将钒添加到 AMPA 中，可将吡嗪的产生量降至最低，进一步改善对目标产物氨基吡嗪的选择性，并获得高的甲基吡嗪转化率。

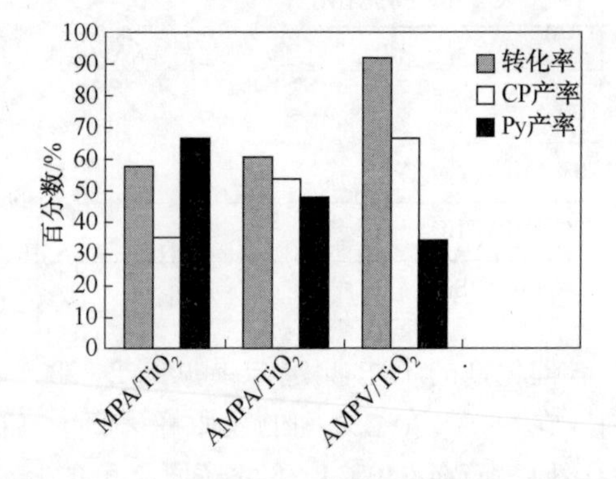

图 2-29 各种催化剂在甲基吡嗪氨氧化反应中的活性图：MPA/TiO_2，AMPA/TiO_2，AMPV/TiO_2[65]

甲基吡嗪的转化率和催化剂的酸度呈良好的相关性。从图 2-30 中的例子可以看出，在 420℃时得到的转化率与 AMPV/CeO_2催化剂的酸度成正比。表 2-6 列出了在 380℃时甲基吡嗪的转化率、测定的催化剂酸度值。当 AMPV 的负载量增加至 20%，甲基吡嗪的转化率和催化剂酸度值也在增加。进一步增加 AMPV 的负载量至 25%，甲基吡嗪的转化率以及催化剂酸度值减少，但 AlF_3 负载的催化剂例外。所有负载型催化剂均表现出 10%~15%转化率差异，对氨基吡嗪的选择性几乎可以忽略，但对吡嗪的选择性很高。甲基吡嗪向氨基吡嗪的转化取决于催化剂的酸强度。甲基吡嗪的转化率与负载型催化剂的比表面积不成比例，可能是由于来自载体的贡献。增加 AMPV 负载量可以提高催化剂性能的观察结果表明了 AMPV 的活性作用。酸性高的载体如 AlF_3 是不利的，因其与 AMPV 反应形成了不期望的盐，该盐会急剧减少催化剂活性以及对目标产物的选择性。这些载体需要更高的负载量才能得到最佳的转化率和选择性。有适度酸性的载体似乎是最有利于催化剂活性和选择性的。在 380℃时获得的催化剂选择性见表 2-6。在 AMPV/MO(MO-金属氧化物)催化剂上，对在不同温度(360~420℃)下得到的活性和选择性数据进行比较，结果显示不同载体的活性、选择性按如下顺序排列：AMPV/CeO_2>AMPV/SiO_2>AMPV/TiO_2>AMPV/ZrO_2>AMPV/AlF_3。AMPV/CeO_2 催化剂的高活性是由于其可还原性以及 CeO_2 的高储氧能力所致。因此，该体系有望表现出较强的杂多酸盐与载体的相互作用。所有的催化剂在低的负载量时均产生了相当数量的副产物吡嗪，并且随着催化剂中 AMPV 含量的增加，所产副产物吡嗪的量逐渐减少。

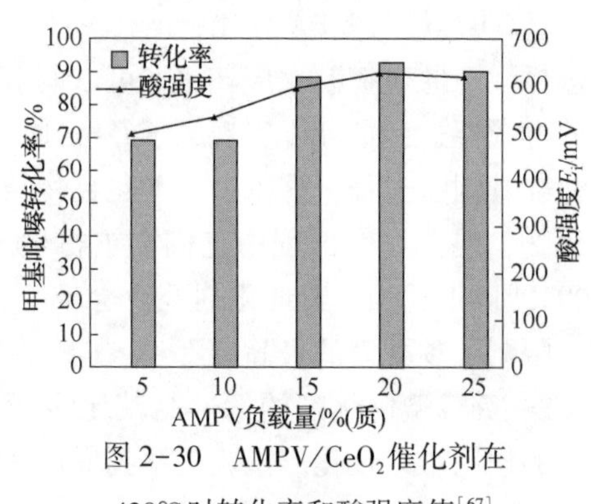

图 2-30　AMPV/CeO_2 催化剂在 420℃时转化率和酸强度值[67]

表 2-6　20%AMPV 负载在不同载体上的催化剂在 380℃时的转化率和选择性[67]

催化剂	甲基吡嗪的转化率/%	对氰基吡嗪的选择性/%	酸强度 E_i/mV
20%AMPV/AlF_3	58	50	610
20%AMPV/ZrO_2	62	48	458
20%AMPV/TiO_2	82	66	591
20%AMPV/SiO_2	96	54	730
20%AMPV/CeO_2	72	80	638

4　结论

由以上研究得到的结论如下：

1）同其母酸 MPA 相比，AMPA 在甲基吡嗪的氨氧化反应中具有更高的活性和选择性。通过控制反应转化率可以调节 AMPA 催化剂的反应性能，使对氨基吡嗪的选择性达到最高以实现原子经济性。AMPA 催化剂的热稳定性较 MPA 更好，即使在其制备过程中这些杂多酸化合物经受更高的焙烧温度会分解成其相对应的氧化物，但在反应过程中它们会被再生。然而，在非常高的焙烧温度下，如在500℃或以上，AMPA 催化剂至少会部分分解成不可再生的、非活性的物种，因此，限制了预处理的最高温度。

2）负载型催化剂的活性与其比表面积不成正比，可能是由于载体的原因，载体的作用难以量化。试验观察到增加 AMPA 负载量会显著增加催化剂性能，表明 AMPA 的活性作用。具有更多碱性中心的载体如 $\gamma\text{-}Al_2O_3$ 对反应是不利的，因其会与 AMPA 反应形成不期望的盐，该盐会显著减少催化剂的性能。这些载体需要负载更多的 AMPA 才能获得最佳的转化率和选择性。具有适度酸性的载体如 Nb_2O_5，TiO_2 和 ZrO_2 似乎最适合提高催化剂的活性和选择性。以 TiO_2 和 ZrO_2 为载体制备的负载型催化剂，在最佳 AMPA 负载量时[(15%~20%(质)]，较体相的 AMPA 具有更好的甲基吡嗪转化率和对氨基吡嗪的选择性。获得最佳活性所需的 AMPA 负载量随载体的酸性不同而有所变化。由 ^{31}P MAS NMR 表征数据揭示出能产生相互作用的物种是影响催化剂活性和选择性的原因所在。

3）加入 1 个钒原子，如果其进入 AMPA 催化剂 Keggin 离子的初级结构中，会增加催化剂的氧化还原性能。添加更多的钒原子则会在 AMPA 催化剂 Keggin 离子的次级结构中形成无定型的物质如 $[VO]^{2+}$，其有助于提高催化剂的氧化还原性能。添加 2 个钒原子会导致 AMPA 催化剂形成热稳定性较低的立方次级结构。这可能由于铵离子被其他含氧钒离子取代所致。

4）加入 1 个铋原子能提高 AMPA 催化剂的热稳定性，这与一般观察到的结果相反，即添加客体金属会降低母体化合物的热稳定性，因形成了有缺陷的物种。但是，在当前情况下，更好的热稳定性应归因于含钼物种与含铋物种间的相互作用。在催化剂制备过程中，对应于 Keggin 离子中 2 个钼原子添加更多的铋会导致形成磷钼酸铋，而形成 AMPA 的量减少。这种新物种的形成会相当程度上减少对氨基吡嗪的选择性。

5）加入锑原子会显著提高 AMPA 催化剂的热稳定性。一般来说，在 400~450℃范围内，AMPA 会分解成对应的氧化物，但是，加入 3 个锑原子，即使催化剂在 450℃焙烧处理后，AMPA 仍然会存在，表明催化剂热稳定性提高了。该效应可能归因于部分铵离子(NH_4^+)被锑原子取代。与 AMPA 相比较，锑改性的催化剂显示出更低的活性。随着锑的添加，减少了次级结构中铵离子的含量似乎是催化剂活性下降的原因。但是，对氨基吡嗪的选择性则有明显改善。这可能归因于在$[PMo_{12}O_{40}]^{3-}$和残留的Sb^{3+}离子之间发生的氧化还原反应。钼的氧化态也由6减少至5，还原的程度与催化剂中锑的含量成正比。还原态钼物种(Mo^{5+})的存在可能是催化剂具有较高选择性的原因。添加过渡金属的AMPA催化剂的性能按如下顺序排列：AMPSb>AMPV>AMPBi。

6）引入钒的MPA催化剂具有较体相MPA、负载型MPA更好的催化活性，可能由于VMPA催化剂的氧化还原性能的提高所致。对负载在TiO_2上的VMPA催化剂，我们已经获得更好的催化性能，这可能与催化活性组分MPA簇在载体表面呈良好分散相关。

7）可通过几种方式在金属磷酸盐表面上在线合成AMPA。该方案是通过合成$NbOPO_4$、$FePO_4$、$VOPO_4$(α型和β型)负载的AMPA建立起来的。在最佳MoO_3负载量时[15%~20%(质)]，催化剂较简单浸渍法制备的负载型AMPA具有更高的催化活性。转化速度和氨基吡嗪的产率随着金属磷酸盐物化性质不同而变化。$NbOPO_4$和$VOPO_4$负载的AMPA催化剂具有更高的甲基吡嗪转化率，而$FePO_4$负载的AMPA催化剂具有较低的甲基吡嗪转化率，但是对氨基吡嗪的选择性较前两者高。

8）FTIR技术可用于测定AMPA在载体表面上的分散度。

致谢

感谢CSIR印度化学技术研究所所长海得拉巴允许进行这项工作。感谢Suryanarayana I博士对核磁共振结果的解释。

参 考 文 献

[1] Wiberg KB(ed)(1995)Oxidation in organic chemistry. Academic, New York.
[2] Moffat JB(2001)Metal-oxygen clusters. The surface and catalytic properties of heteropoly oxometalates. Kluwer Publications, New York.
[3] Misono M(1987)Catal Rev Sci Eng 29: 269.
[4] (a)Hill CL(ed)(1998)Chem Rev 98: 1; (b)Okuhara T, Mizuno N, Misono M(1996)Adv Catal 41: 113.
[5] Inamaru K, Ono A, Kubo H, Misono M(1998)J Chem Soc Faraday Trans 97: 1765.
[6] Martin A, Lucke B(2000)Catal Today 57: 61.
[7] Bondareva VM, Andrushkevich TV, Detushera LG, Latvak GS(1996)Catal Lett 42: 113.
[8] (a)Keggin JF(1933)Nature 131: 908; (b)Wells AF(1945)Structural inorganic chemistry. Oxford University Press, Oxford, p 344; (c)Dawson B(1953)Acta Crystallogr 6: 113; (d)Anderson JS(1937)Nature 140: 850.
[9] Pope MT(1983)Heteropoly and isopoly oxometalates. Springer, Berlin/New York.
[10] (a)Mc Garvey GB, Moffat JB(1991)J Catal 130: 483; (b)Hu J, Burns RC(2000)J Catal 195: 360.
[11] Knoth WH, Harlow RL(1981)J Am Chem Soc 103: 1856.
[12] Misono M, Nojiri N(1990)Appl Catal 64: 1.
[13] Ahmed S, Moffat JB(1988)Appl Catal 40: 101.
[14] Faraj M, Hill CL(1987)J Chem Soc Chem Commun 1487.
[15] Kozhevnikov Ⅳ, Matveev KI(1983)Appl Catal 5: 135-150.
[16] Keana JFW(1986)J Am Chem Soc 108: 7951.
[17] (a)Buzt T, Vogdt C, Lerf H, Knozinger H(1989)J Catal 116: 31; (b)Smit JVR(1958)Nature 181: 1530; (c)Guilbault GG, Brignac PJ(1971)Anal Chim Acta 56: 139; (d)Seidle AR, Newmark RA, Gleason WB, Skarjune RP, Hodgson KO, Rol RA, Day VB(1988)Solid Sate Ionics 26: 109.
[18] Mizuno N, Misono M(1998)Chem Rev 98: 199.
[19] Marchal-Roch C, Bayer R, Moison FF, Teze A, Herve G(1996)Top Catal 3: 407 20. (a)Cavani F, Etienne E, Favaro M, Falli A, Trifi ro F, Hecquet G(1995)Catal Lett 32: 215; (b)Knapp C, Ui T, Nagai K, Mizuno N(2001)Catal Today 71: 111.
[20] Centi G, Perathoner S(1998)Catal Rev Sci Eng 40: 175.
[21] Kozhevnikov Ⅳ(1997)J Mol Catal A Chem 111: 109.
[22] Ressler T, Timpe O, Girgsdies F, Wienold J, Neisius T(2005)J Catal 231: 279.

[23] Liu H, Iglesia E(2003)J Phys Chem B 107: 10840.
[24] Liu H, Iglesia E(2004)J Catal 223: 161.
[25] Mestl G, Ilkenhans T, Spielbaur D, Dieterle M, Timpe O, Krohnert J, Jentoft F, Knozinger H, Schlogl R(2001)Appl Catal A Gen 210: 13.
[26] Kozhevnikov IV(1997)J Mol Catal A 117: 151.
[27] Berzelius J(1826)Pogg Ann 6: 369.
[28] McGarvey GB, Moffat JB(1991)J Catal 132: 100.
[29] Bielanski A, Malecka A, Kubelkova L(1989)J Chem Soc Faraday Trans 85(9): 2847.
[30] Rao KM, Gobetto R, Innibello A, Zacchina A(1989)J Catal 119: 512.
[31] Kozhevnikov IV(1995)Catal Rev Sci Eng 37(2): 311.
[32] Nowinska K, Fiedorow R, Adamiec J(1991)J Chem Soc Faraday Trans 87: 749.
[33] Lapham D, Moffat JB(1991)Langmuir 7: 2273.
[34] Ito T, Irumaru K, Misono M(2001)Chem Mater 13: 824.
[35] Lingaiah N, Mohan Reddy K, Nagaraju P, Sai Prasad PS, Wachs IE(2008)J Phys Chem C 112: 8294.
[36] Li X-K, Zhao J, Ji W-j, Zhang Z-B, Chen Y, Chak-Tong A, Han S, Hibst H(2006)J Catal 237: 58.
[37] Sopa M, Waclaw-Held A, Grossy M, Pijanka J, Nowinska K(2005)Appl Catal A Gen 285: 119.
[38] Garte JH, Hamm DR, Mahajan S(1994)In: Pope MT, Muller A(eds)Polyoxometalates: from platonic solids to anti-retroviral activity. Kluwer Academic Publisher, Dordrecht/Boston, p 281.
[39] Narasimha Rao K, Gopinath R, Sai Prasad PS(2001)Green Chem 3: 20.
[40] Marchal-Roch C, Laronze N, Guillou N, Teze A, Herve G(2000)Appl Catal A Gen 199: 33.
[41] Rao KN, Gopinath R, Hussain A, Lingaiah N, Sai Prasad PS(2000)Catal Lett 68: 223.
[42] Albonetti S, Cavani F, Triffi ro F, Gazzano M, Koutyrev M, Aissi FC, Aboukais A, Guelton M(1994)J Catal 146: 491.
[43] Damyanova S, Cubeiro ML, Fierro JLG(1999)J Mol Catal A Chem 142: 85; Damyanova S, Fierro JLG(1998)Chem Mater 10: 876.
[44] Hodnett BK, Moffat JB(1984)J Catal 88: 253.
[45] Tsigdinos GA(1974)Ind Eng Chem Prod Res Dev 13: 267.
[46] McMonagle JB, Moffat JB(1985)J Catal 91: 132.
[47] Rocchiccioli-Deltcheff C, Fournier M(1991)J Chem Soc Faraday Trans 87: 3913.
[48] Van Veen JAR, Sudmeijer O, Emeis CA, de Wit H(1986)J Chem Soc Dalton Trans 1825-1831.
[49] Iwamoto R, Fernandez C, Amoureux JP, Grimblot J(1998)J Phys Chem B 102(22): 4343.
[50] Damyanova S, Fierro JLG, Sobrados I, Sanz J(1999)Langmuir 15: 469.
[51] Essayem N, Frety R, Coudurier G, Vedrine JC(1997)J Chem Soc Faraday Trans 93(17): 3243.
[52] Nowinska K, Kaleta W(2000)Appl Catal A Gen 203: 91.
[53] Black JB, Clayden NJ(1984)J Chem Soc Dalton Trans 2765.
[54] Kraus H, Prins R(1996)J Catal 164: 251.
[55] Narasimha Rao K, Gopinath R, Santhosh Kumar M, Suryanarayana I, Sai Prasad PS(2001)Chem Commun(2088).
[56] Narasimha Rao K, Mohan Reddy K, Lingaiah N, Suryanarayana I, Sai Prasad PS(2006)Appl Catal A Gen 300: 139.
[57] Srilakshmi Ch, Narasimha Rao K, Lingaiah N, Suryanarayana I, Sai Prasad PS(2002)Catal Lett 83: 3.
[58] Srilakshmi Ch, Lingaiah N, Suryanarayana I, Sai Prasad PS, Ramesh K, Anderson BG, Niemantsverdriet JW(2005)Appl Catal 296: 54.
[59] Srilakshmi Ch, Lingaiah N, Nagaraju P, Sai Prasad PS, Kalevaru V, Narayana A, Martin A, Lucke B(2006)Appl Catal 309: 247.
[60] Srilakshmi Ch, Nagaraju P, Sreedhar B, Sai Prasad PS, Narayana Kalevaru V, Lucke B, Martin A(2009)Catal Today 141: 337.
[61] Srilaxmi C, Lingaiah N, Hussain A, Sai Prasad PS, Narayana KV, Martin A, Lucke B(2004)Catal Commun 5: 199.
[62] Rocchiccioli-Deltcheff C, Aouissi A, Bettahar MM, Launay S, Fournier M(1996)J Catal 164: 16.
[63] Albonetti S, Cavani F, Trifi ro F, Koutrev M(1995)Catal Lett 30: 253.
[64] Mohan Reddy K, Lingaiah N, Rao KN, Nilofer R, Sai Prasad PS, Suryanarayana I(2005)Appl Catal A Gen 296: 108.
[65] Mohan Reddy K, Lingaiah N, Nagaraju P, Sai Prasad PS, Suryanarayana I(2008)Catal Lett 122: 314.
[66] Mohan Reddy K, Lingaiah N, Rao PSN, Nagaraju P, Sai Prasad PS, Suryanarayana I(2009)Catal Lett 130: 154.
[67] Bruckman K, Che M, Haber J, Tatibouet JM(1994)Catal Lett 25: 225.
[68] Marchal-Roch C, Laronze N, Villanneau R, Guillou N, Teze A, Herve G(2000)J Catal 190: 173.
[69] Mizuno N, Sun DJ, Han W, Kudo T(1996)J Mol Catal A Chem 114: 309.
[70] Dimitratos N, Védrine JC(2003)Appl Catal A Gen 256: 251.
[71] Spojakina AA, Kostova NG, Sow B, Stamenova MW, Jiratova K(2001)Catal Today 62: 315.
[72] Gomez Sainero LM, Damyanova S, Fierro JLG(2001)Appl Catal A Gen 208: 63.

第3章　介孔二氧化硅负载的过渡金属取代的钨基杂多酸盐——用作有机转换反应的催化剂

Surjyakanta Rana and Kulamani Parida

1　简介

1.1　固体酸催化剂

一种固体酸催化剂应具有高的稳定性、大量的强酸中心、丰富的孔道结构和能提供有利于反应发生的憎水性表面，并且经济易得。一般来说，一种用于生物柴油合成的催化剂应该具有好的选择性和特性，能获得高的酯化-酯交换转化率和高的生物柴油产率。

传统意义上几乎所有的化学反应都是液体酸催化的。但是，日益严格的环保法规已经要求使用能替代这些对环境有害的物质的催化剂，而使用固体酸催化剂是最好的选择。在过去的40多年已经开发出300多种固体酸如天然黏土、阳离子交换树脂、氧化锆、氧化铝、氧化硅、混合金属氧化物、杂多酸(多氧金属酸盐)、多孔材料和沸石[1]。通过新开发的复杂分析技术表征了它们的表面性质和结构。被表征的固体酸用作各种反应的催化剂，且其酸-碱性质的作用得到广泛的研究。目前，固体酸催化剂的应用在催化方面已经形成了一个具有经济和生态意义的非常重要的领域。相比液体酸催化剂(Brønsted 酸和 Lewis 酸)，固体酸催化剂具有如下优点：它们无腐蚀性，酸中心的性质众所周知，其酸强度可以调节，它们是环境友好的，很少产生后处理问题且使用安全。它们可重复使用，且催化剂与产物分离更容易。而且，可以通过设计、调变其结构性质开发出具有高活性、高选择性和长寿命的催化剂。因此，多相催化已经获得大量的关注，在化学、石油化工以及生命科学等行业得到越来越广泛的应用。Tanabe 和 Holderich 等[2]对用于工业过程的各类催化剂做了一个调查统计，结果显示金属氧化物在工业过程上的应用是仅次于沸石的第二大类催化剂。

近来的报告显示杂多酸和杂多酸阴离子如磷钨酸是高效的超强酸催化剂，既用于均相过程也用于非均相过程[3]。体相杂多酸由于其比表面积小，一般表现出低的催化活性。因此，制备高活性非均相催化剂的主要标准是改善杂多酸的分散度(相对于它的初级酸)。为了该目的，有两种主要的方法，一是将 HPA 浸渍在经典的多孔材料上，另一种是直接制备 HPA 的酸性多孔盐。

1.2 多氧金属酸盐

多氧金属酸盐(POMs)是自组装的阴离子金属氧化物簇。它们是在酸性水溶液条件下合成的。有两个宽广的 POMs 族，即同多酸和杂多酸。在杂多酸情况下，X 是杂原子，并位于簇的中心。组成杂多酸骨架的元素 M 通常是钼和钨。杂原子通常是 3 个磷或 4 个硅，但是有大量的例子其组成涉及 70 多个元素。

1.3 杂多酸

杂多酸(HPAs)是多氧金属酸盐的酸形态。由于其独特的物理化学特性，它们被广泛地应用于均相和非均相的酸催化剂以及氧化催化剂中。这种强的酸度可归于表面电荷密度在整个大尺度多氧阴离子体系的离域，导致在质子和阴离子间发生弱的相互作用所致。

以酸形态存在的固体 HPAs 较传统的固体酸催化剂更高效。其在体相有吸收大量极性分子的能力，并配以高的质子移动性，导致其对液相反应的高催化活性。它们还被广泛地用作有机合成反应的酸催化剂和氧化催化剂。它们还在几个工业过程找到了应用。由于以下性质，HPA 可用作催化剂：

1) 在水和有机介质中可溶；

2) 内在的多功能性、强酸性(Brønsted 酸和 Lewis 酸)和氧化还原性。

它们还作为研究基础性催化问题的模型系统引起了众多的关注。

1.4 合成

杂多酸的制备正变得越来越重要。杂多酸如 $H_3PW_{12}O_{40}$、$H_4SiW_{12}O_{40}$、$H_3PMo_{12}O_{40}$以结晶水合物的形态可从市场上采购到。制备杂多酸最简单的方法包括含氧酸阴离子和含氧杂原子离子混合水溶液的酸化：$12WO_4^{2-}+HPO_4^{2-}\longrightarrow PW_{12}O_{40}+12H_2O$。

为了得到所需的结构，有必要控制 pH 和中心原子与金属原子的比率(X/M)。通过直接加入一种矿物酸可实现酸化。

1.5 杂多酸的结构

杂多酸是具有精细结构的聚合含氧阴离子。它们由氢、氧、某些金属和非金属组成。目前所知的各种类型的杂多酸分别具有如下特征结构：

1) Keggin 结构；

2）Silverton 结构；

3）Dawson 结构；

4）Waugh 结构；

5）Anderson 结构。

1.5.1　Keggin 结构(图 3-1)

Keggin 杂多酸一般化学式为 $X^{n+}M_{12}O_{40}{}^{n-8}$，X 是中心原子($Si^{4+}$，$Ge^{4+}$，$P^{5+}$，$As^{5+}$等)，$n$ 是其氧化程度，M 是钼或钨，它能被其他金属部分取代[4]。Keggin 化合物是由四个三角形基团通过共边构成的 MO_6 八面立方体，每个基团与相邻基团以及中心四面体共顶角。在每个八面体中，金属是移向末端氧原子的。这种结构排布导致形成一种球形聚合阴离子。首先被表征的众所周知的杂多酸化合物是一种具有 Keggin 结构的杂多酸，它稳定性相当好，且易于得到。

1.5.2　Wells-Dawson 结构(图 3-2)

Wells-Dawson 结构杂多酸一般化学式为[$X_2M_{18}O_{62}$]，X 是 P^{5+}，S^{6+}，As^{5+}，M 是 W^{6+} 或 Mo^{6+}。这些杂多酸 HPCs 是由[PM_9O_{34}]在适当 pH 值条件下二聚形成。它由两个部分组成，每个部分从 Keggin 结构获得，通过除去 3 个连接在 MO_6 八面立方体上相邻的角，留下 3 个八面体组成一个六元环。

1.5.3　Anderson 结构(图 3-3)

Anderson 结构杂多酸一般化学式为[XM_6O_{24}]，X 是 Mn^{4+}，Ni^{4+}，Pt^{4+}，Te^{6+}，M 是 W^{6+} 或 Mo^{6+}。其结构是平面的，每个八面体有 2 个末端氧，杂原子 X 按八面体配位。Anderson 阴离子一般从 pH 值=4~5 的水溶液中得到。

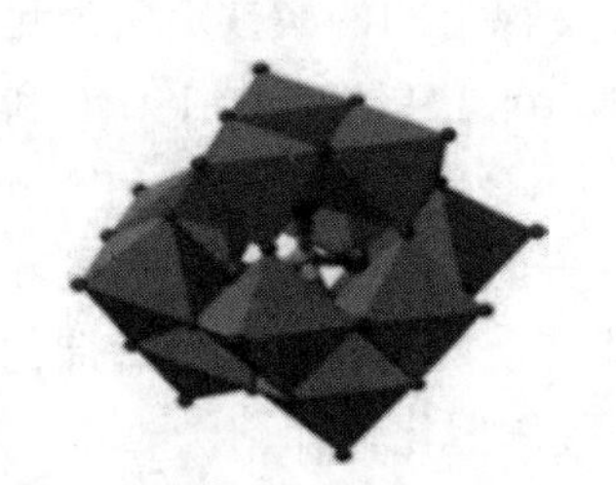

图 3-1　Keggin 结构

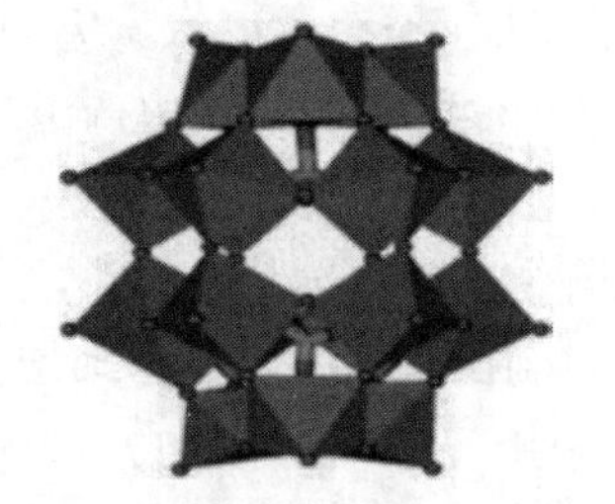

图 3-2　Wells-Dawson 结构

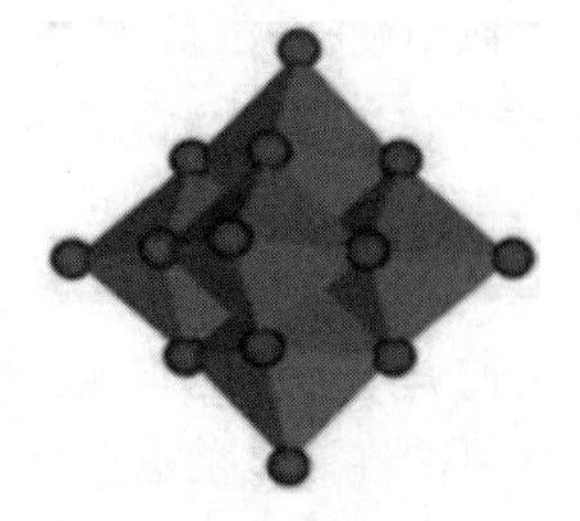

图 3-3　Anderson 结构

1.5.4　Silverton 结构

Silverton 结构杂多酸一般化学式为[$XM_{12}O_{42}$]，X 是 Ce^{4+}，Th^{4+}，M 是 W^{6+} 或 Mo^{6+}。中心原子周围连接 12 个氧原子，形成一个二十面体(有 12 个顶点，20 个面，30 条边)作为中心多面体，在其周围，MO_6 八面立方体以共享电子对排布在一个面上。

1.5.5 Waugh 结构

Waugh 结构杂多酸一般化学式为$[XM_9O_{32}]$，X 是 Mn^{4+}，Ni^{4+}，M 是 W^{6+}或 Mo^{6+}。它是由八面体配位的杂原子在其周围构成的。3 个八面体杂原子排布在一个三角形的顶点，它与中心的 XO_6八面体和另两个共边的 M_3O_{13}三棱体共平面，它们分别位于中间层 4 个八面体的上层和下层。

1.6 杂多酸的酸性质

杂多酸化合物的酸碱性可通过选择初级结构中杂原子、含氧金属类别以及阳离子而改变[5]。其酸性是由质子产生的，这些质子是作为杂多酸(如 $H_3PMo_{12}O_{40}$)以及混合酸盐(如 $K_xH_{3-x}PMo_{12}O_{40}$)的平衡阳离子。在晶体杂多酸 HPA 中有两种质子：①与 1 个金属阳离子键合的非定域水合质子，可迅速与酸周围水合层水分子的质子发生交换。②定域在聚合阴离子外围的氧原子上的非水合质子[4]。

所有杂多酸都是强酸，较传统的固体酸如 $SiO_2-Al_2O_3$、H_3PO_4/SiO_2、HY 和 HX 沸石以及矿物酸如硫酸、盐酸、对甲基苯磺酸等要强得多。它们在水溶液中完全解离，在有机溶剂中部分解离。这类强酸性可归因于表面电荷密度在整个大尺度杂多酸阴离子上的离域化，导致了在质子和阴离子之间产生弱的相互作用。酸强度等级与在溶液中观察到的一致。

酸强度可用 Hammett 酸度函数 H_0表达：$H_0=pK_{BH+}-\log([BH^+]/[B])$，[B] 是指示剂 B 的浓度，$[BH^+]$是共轭酸的浓度，$K_{BH+}$是反应 $BH^+ \longrightarrow B+H^+$的平衡常数。$[BH^+]/[B]$可通过光谱在紫外和可见光的吸收测定，或通过视觉观察滴定时颜色改变的点而粗略测定。

以 100%硫酸的 H_0为-11.94 作为参考数值。H_0为 12 以上的的酸被定义为超强酸[6]。H_0为-20 的超强酸(其酸强度较 100%的硫酸高 108 倍以上)如 HSO_3F 和 SbF_5能使甲烷质子化。

按照该定义，杂多酸化合物可被划分为超强酸。一方面，这种极高的酸度导致人们不断增长的兴趣，即可利用其超强的酸性来催化变换反应并替代原有催化剂的可能性。之前这些反应采用环境友好的均相液体酸作催化剂如 HF、$AlCl_3$、H_2SO_4。另一方面，非常高的酸度是发生不期望的副反应的主要原因，或是由于形成了重质副产物而出现快速失活现象的主要原因。因此，控制酸性质的可能方法是部分中和质子，而这可通过用适当的金属离子交换酸的形式来达到。

1.7 杂多酸的氧化还原性质

HPA 的氧化还原性质是与杂多酸初级结构中金属原子性质相关的，也与杂原子和抗衡离子有关。在溶液中，含钼和钒的杂多酸阴离子的还原电位是高的，因为这些离子容易被还原。含杂原子杂多酸的氧化能力按以下顺序减少，即 V>Mo>W，意味着含 V 杂多酸化合物是最强的氧化剂[7]。由于钒的可还原性，在含钼杂多酸化合物的 Keggin 初级结构中一个或更多的钼原子被钒原子取代会导致杂多酸化合物氧化电位的提高。

杂原子的性质影响杂多酸阴离子的整体电荷。电荷的增加会导致 W^{6+}/W^{5+} 电对氧化电位的下降，$P^{V}W_{12}O_{40}>Si^{IV}W_{12}O_{40}\approx Ge^{IV}W_{12}{O_{40}}^{4-}>B^{III}W_{12}{O_{40}}^{5-}\approx Fe^{III}W_{12}{O_{40}}^{5-}>H_2W_{12}O_{40}\approx Co^{II}W_{12}{O_{40}}^{6-}>Cu^{I}W_{12}{O_{40}}^{7-}$。

阳离子的影响可能较大。当阳离子容易被还原时，杂多酸化合物的氧化还原性质与阳离子的相一致，当阳离子不易被还原时，如碱金属，初级结构中金属的可还原性反而不受阳离子性质的影响[5]。从杂多酸化合物被 H_2、CO 以及有机物的还原速率数据可以估算其氧化能力，但是，由于还原剂的类型、均一性、非化学计量以及催化剂的分解等的差别[3]，有时这些数据看起来不一致。

1.8 用于均相催化的杂多酸

杂多酸能催化较宽范围内各种均相的液体反应，与传统的矿物酸相比，能提供更加高效和更加清洁化的工艺，因此是替代传统矿物酸的优异催化剂[8]。总体看来，杂多酸均相催化的机理与一般矿物酸从本质上是相同的，即杂多酸和矿物酸都起着质子的提供者的作用[9]。但是，在杂多酸催化过程中仍然有一些特征，首先，杂多酸是强酸，较矿物酸的催化活性高得多。在有机介质中，杂多酸的摩尔催化活性较硫酸高 100~1000 倍[4]。这使得在较低催化剂浓度以及在较低温度下进行催化反应成为可能。其次，与一般矿物酸催化的反应如磺化、氯化等反应相比，杂多酸催化的反应副产物少。

杂多酸是稳定的、相对无毒的晶体物质，在安全性和易于处理方面也是优先的选择[8]。

Keggin 杂多酸的相对活性主要取决于酸强度，其他性质如氧化电位、热和水热稳定性也是重要的因素。对大多数杂多酸，这些性质总结归纳如下：

酸强度：$H_3PW_{12}O_{40}>H_4SiW_{12}O_{40}>H_3PMo_{12}O_{40}>H_4SiMo_{12}O_{40}$；

氧化电位：$H_3PMo_{12}O_{40}>H_4SiMo_{12}O_{40}\gg H_3PW_{12}O_{40}>H_4SiW_{12}O_{40}$；

热稳定性：$H_3PW_{12}O_{40}>H_4SiW_{12}O_{40}>H_3PMo_{12}O_{40}>H_4SiMo_{12}O_{40}$；

水热稳定性：$H_4SiW_{12}O_{40}>H_3PW_{12}O_{40}>H_4SiMo_{12}O_{40}>H_3PMo_{12}O_{40}$。

一般来说，与含钼杂多酸相比，含钨杂多酸因其具有更强的酸性、更高的热稳定性、更低的氧化电位，是更好的催化剂选择。通常，如果反应速率受催化剂酸强度控制，$H_3PMo_{12}O_{40}$ 在 Keggin 杂多酸系列中显示出最高的催化活性。但是，在要求较少以及在水存在下的高温反应中，具有较低氧化电位和较高水热稳定性

的 $H_4SiW_{12}O_{40}$则优于 $H_3PW_{12}O_{40}$。一些杂多酸催化的均相反应有：烯烃的水合反应、酯化反应、酮缩合异亚丙基丙酮和烷基苯。

限制杂多酸在均相催化过程中应用的主要问题是众所周知的催化剂难以回收和循环使用的问题。因为杂多酸的成本较矿物酸更高，其循环使用是其在工业上能广泛应用的关键。仅有几个均相反应允许杂多酸可循环使用如烯烃水合。在一些情况下，杂多酸可以从极性有机溶剂中回收，而不用溶于烃类溶剂中的沉淀剂中和。杂多酸还可从用极性有机溶剂从其盐的酸性水溶液中抽提出来。即使杂多酸的中和是必要的，所需碱的量以及由此形成的废液量也远低于矿物酸。克服分离问题的一个更有效的方法是使用两相体系或固体杂多酸催化剂[8,9]。

1.9 用作非均相催化过程的杂多酸

由于固体杂多酸颗粒具有吸附大量极性分子的能力，并在其内部有高的质子流动性，这会导致其在液相化学反应中具有高的催化效率，故较传统的固体酸如沸石、二氧化硅、氧化铝等会更加有效。该行为有利于反应动力学和所有结构性质子参与到反应中[5]。相较于其他类型的固体酸，该高活性允许化学反应在更加温和的条件下进行。非均相体系较均相体系明显的优势是催化剂与反应产物易于分离。而且，因为杂多酸仅易溶于含水的极性溶剂中，它们的强酸性在均相系统中无法被利用[8]。因此，杂多酸必须以固体酸催化剂的形态用于催化高度重要的反应如 Friedel-Crafts 反应。为了提高酸强度，固体杂多酸催化剂通常在 150～300℃下真空脱水处理 1～2h[10]。

固体杂多酸催化剂应用中的一个严重问题是在有机反应中由于在杂多酸表面形成积炭而引起的失活，这仍是其应用于非均相催化反应过程实践中需要解决的问题。不像使用硅酸铝和分子筛作催化剂可以通过烧掉积炭恢复活性，负载型杂多酸会阻止在催化剂表面形成积炭。

1.9.1 负载型杂多酸

杂多酸的缺点是其比表面小（1～10m^2/g），这限制了它们在许多反应中的应用。该缺点通过将杂多酸分散在具有大比表面的固体载体上而加以克服。负载型杂多酸的催化活性主要取决于杂多酸的负载量、预处理条件和载体类型。一般来说，在低的负载量时，杂多酸与载体之间发生强的相互作用。而在高的负载量时，催化剂呈现出本体杂多酸的特性。一方面，酸性或中性的载体如二氧化硅、活性炭、酸性离子交换树脂以及二氧化钛是适宜的载体，但是，另一方面，具有碱性的载体如氧化铝和氧化镁会分解杂多酸[8]，会导致其催化活性的明显下降。

1.9.2 二氧化硅负载的杂多酸

在一定负载量以上，二氧化硅对杂多酸具有相当的惰性。一方面，相比杂多酸本身，二氧化硅负载杂多酸阴离子的热稳定性会降低，尤其在较低负载量时。另一方面，当负载在二氧化硅载体上时，钨酸保持其 Keggin 结构。如果钨含量高于 10%(质)，但是负载量低，杂多酸可能会发生部分分解。

Moffat 和 Kasztelan 总结了[11]分散在二氧化硅表面上的磷钨酸的 Keggin 结构即使经过 550℃焙烧仍然会保持。在低的负载量时，$H_3PW_{12}O_{40}$和 $H_4SiW_{12}O_{40}$在二氧化硅表面上形成了高度分散的物种，在杂多酸负载量超过 50%时，会发展成杂多酸晶体相。在高负载量时，二氧化硅负载的杂多酸如 $H_3PW_{12}O_{40}$、$H_4SiW_{12}O_{40}$会保持 Keggin 结构，但是在非常低的负载量时，因为杂多酸与表面的硅醇基团发生强的相互作用会致其分解。

一项基于钨基杂多酸过渡金属盐改性的介孔二氧化硅(MCM-41)催化的在液相进行的化学品合成研究聚焦在本文章中。我们还将简要地评论通过各种方法制备的改性催化剂、通过各种技术所做的表征结果以及其结构和活性位。覆盖所有曾经报道过的使用钨基杂多酸盐改性的 MCM-41 基固体酸催化的反应将会超出本文章的范围。

2 试验部分

通过与离子半径大的阳离子如 Cs^+、K^+、Rb^+、NH_4^+交换出母体杂多酸的部分质子可制备出杂多酸盐，该盐在水中不溶解，具有相当高的比表面积(>$100m^2/g$)[10,12]。关于金属氧化物如氧化铝、氧化镁、二氧化硅、二氧化钛、二氧化锆，以及 MCM-41、MCM-48 和 SBA-15 等负载的杂多酸铯盐已进行了广泛的研究[13-15]。这些材料用于各种烷基化反应、酰基化反应以及酯化反应等的催化活性也已得到全面的研究[16]。近来，各个研究团队[17-19]对介孔二氧化硅负载的杂多酸及杂多酸铯盐催化的苯甲醚酰化反应中酰化剂的影响进行了研究。Cardoso 等报道采用 Al MCM-41 负载的磷钨酸作催化剂苯甲醚酰化反应的转化率可达到 90%[17]。Kaur 和 Kozhevnikov 也报道了以 $Cs_{2.5}HPA$ 作催化剂苯甲醚与羧酸的酰基化反应可得到 51%产率[18]。Kamala 和 Pandurangan 报道了[20]采用 Al MCM-41 负载的磷钨酸作催化剂苯甲醚丁基化反应。芳香化合物的酰基化也是被广泛研究的一类反应，它用于生产精细化学品、药物和化妆品。关于不同载体负载的磷钨酸铯盐已经发表了如此多的论文，但是，我们的催化剂与其不同，并用不同的技术进行表征，且主要聚焦于各类有机转换反应中。

典型的合成过程：将 1.988g 十六(烷)基三甲基溴化铵(CTAB，98%，S.D.精细化学品公司)在室温下溶解在 120g 水中，完全溶解后，加入 8mL 氨水溶液(32%，Merck 公司)。然后，在剧烈搅拌下(300r/min)加入 10mL 正硅酸乙酯

(TEOS，99%，Aldrich 公司)。在开始的 2min 内在室温下正硅酸乙酯发生水解(溶液变成牛奶状和浆液形态)，而经过 1h 缩合反应后形成了介孔结构的混合材料。然后过滤，将滤饼在 80℃于静态空气下干燥 12h，得到除去表面活性剂的介孔材料，再用酸进行处理。为了进行酸提取，取 1g 以上得到的材料用 100mL 乙醇和浓盐酸[1mL，38%(质)]组成的混合溶液在 80℃处理 6h。

按照文献[10]介绍的方法，通过将 Cs_2CO_3 溶液逐滴加入到磷钨酸溶液中制备出磷钨酸铯盐($Cs_{2.5}H_{0.5}PW_{12}O_{40}$)。得到的沉淀在 110℃真空干燥过夜，并在 300℃焙烧 3h。用 ICP 原子发射光谱仪(Perkin Elmer 公司)测定样品的化学组成。

首先，用 Cs_2CO_3 水溶液(Cs^+ 的前驱体)浸渍 MCM-41，然后在 110℃下干燥 12h，随后，用磷钨酸的甲醇溶液浸渍以上干燥样品，再在 110℃下干燥 12h，并在 200℃焙烧。所得催化剂被命名为 xCs-PTA/MCM-41[x=10%~60%(质)]。

3　结果与讨论

3.1　表征

3.1.1　表面积和孔径分布

图 3-4 显示了杂多酸本体和改性样品的 N_2 吸附-脱附等温线。MCM-41 显示一个Ⅳ型等温曲线，在 P/P_0=0.35 时有一个尖锐的弯曲毛细凝结平台，对应于大约 2.7nm 的孔径。除开狭窄的孔径分布外，在 P/P_0=0.9~1 范围内，MCM-41 还表现出一个 H1 型滞后环，反映了由于颗粒间的集结产生的二次介孔[21]。在改性样品情况下，尖锐的毛细凝结台阶移向低的相对压力处 P/P_0=0.1，表明改性后孔体积和表面积减少。该观察结果的合理解释为大多数 Cs-PTA 簇被引入孔道中，且 MCM-41 的一维介孔部分被小的 Cs-PTA 聚集体堵塞。

样品的孔径分布曲线见图 3-5。孔径分布曲线显示浸渍了磷钨酸铯盐后样品的孔径稍有减少。

3.1.2　FTIR 表征

Cs-PTA 和 MCM-41 负载 Cs-PTA 样品的 FTIR 谱图见图 3-6。谱图中在 3100~3600cm^{-1}范围内显示了一个宽的吸收带，这归属于吸附的水分子。由于在水中 H—O—H 弯曲振动的吸收带在 1620~1640cm^{-1}范围内。在 1087~1092cm^{-1}范围内的吸收带是由于 Si—O—Si 桥的 Si-O 非对称伸缩振动。Keggin 结构的特征吸收带在每种情况下可以观察到，即在 1080cm^{-1}、985cm^{-1}、890cm^{-1}和 800cm^{-1}处。这在文献[22，23]中可以查到。

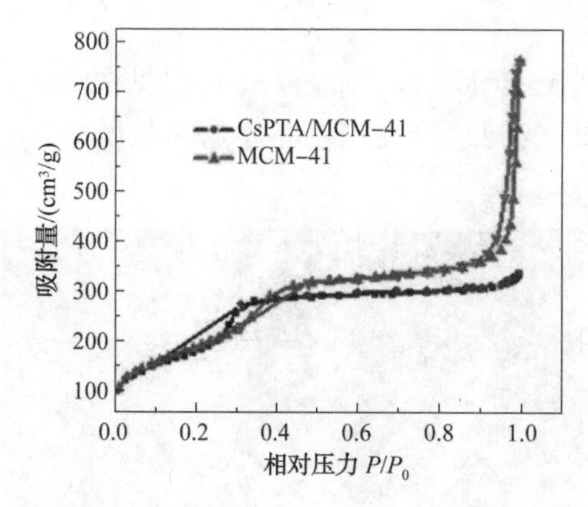

图 3-4　MCM-41 和 50%Cs-PTA/MCM-41 的 N_2吸附-脱附等温曲线

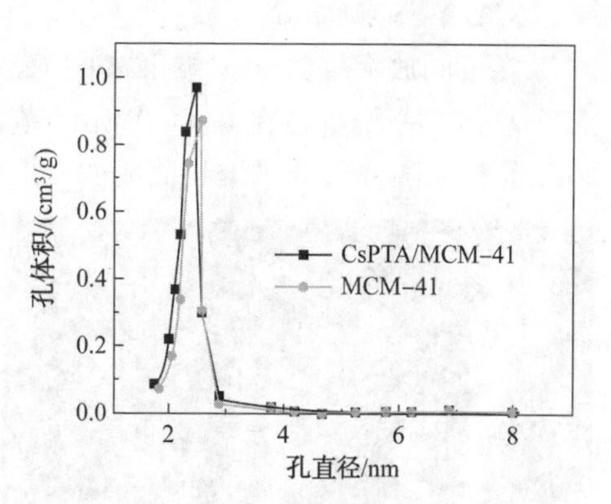

图 3-5　MCM-41 和 50%Cs-PTA/MCM-41 样品的孔径分布

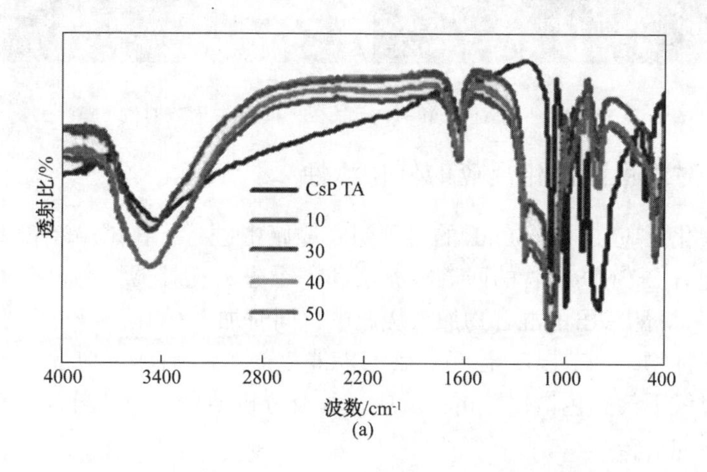

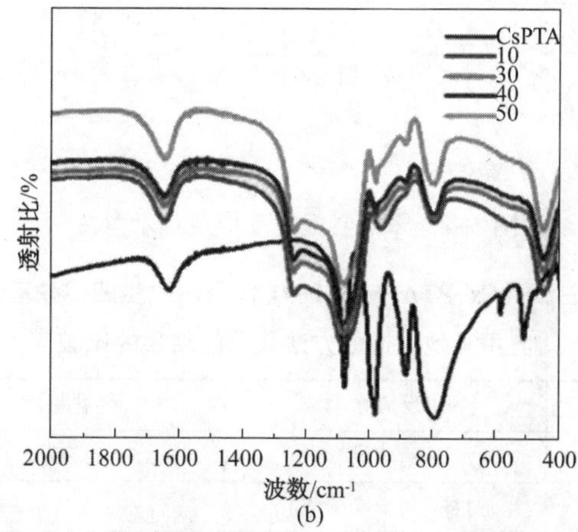

图 3-6　Cs-PTA/MCM-41 样品的 FTIR 谱图：(a)400~4000cm^{-1}；(b)400~2000cm^{-1}

3.1.3 SEM 表征

在不同放大倍数下记录下来的 Cs-PTA/MCM-41 微晶的 SEM 图见图 3-7。每个晶体有一个直径在 0.4~0.6μm 范围内的圆柱形孔道。晶体的总长度为 1~2μm，是由圆柱形纤维堆积而成的[图 3-7(a)]。

图 3-7 50%Cs-PTA/MCM-41 样品在不同放大倍数时的 SEM 图片

3.2 对苯甲醚酰化反应的催化活性

液相酰化反应在一个 50mL 的三颈园底烧瓶中进行，在试验装置上装配有恒温水浴，配有 $CaCl_2$ 防护管的回流冷凝器和一个磁力搅拌器。将含有 100mmol 苯甲醚和 10mmol 醋酸酐的混合物加入烧瓶中，同时加入 0.1g 正十三烷，它用作色谱分析的内标物。调节温度至 70℃后加入催化剂。1h 后将反应混合物与催化剂分离，通过线下气相色谱仪分析，反应过程及分析结果分别见图 3-8 和表 3-1。

OCH_3 + H_3C—CO—O—CO—CH_3 —(−AcOH，催化剂 70℃)→ OCH_3/$COCH_3$ + OCH_3/$COCH_3$

苯甲醚　醋酸酐　邻甲氧基苯乙酮　对甲氧基苯乙酮

图 3-8 苯甲醚酰化反应过程示意图

表 3-1 苯甲醚在 50%Cs-PTA/MCM-41 作用下发生液相酰基化反应的结果及与用其他报道的方法获得的结果的比较

使用的催化剂	反应物	转化率/%	参考文献
磷钨酸/SiO_2	醋酸酐	90	[24(a)]
$Cs_{2.5}H_{0.5}PW_{12}O_{40}$	月桂酸(十二碳酸)	51	[24(b)]
ZSM-5	醋酸酐	90	[24(c)]

续表

使用的催化剂	反应物	转化率/%	参考文献
硅铝酸盐	正辛酰氯	90	[24(d)]
$Cs_{2.5}H_{0.5}PW_{12}O_{40}/SiO_2$	醋酸酐	50	[24(e)]
$Cs_{2.5}H_{0.5}PW_{12}O_{40}$/K-10	苯甲酰氯	37	[24(f)]
$H_3PW_6Mo_6O_{40}/ZrO_2$	醋酸酐	89	[24(g)]
Cs-PTA/MCM-41	醋酸酐	98	本工作

在不同 Cs-PTA 负载量的催化剂中，50%Cs-PTA/MCM-41 催化剂给出了最高的转化率(98%)。进一步增加 Cs-PTA 负载量会减少醋酸酐的转化率，含有 60% Cs-PTA 的催化剂只给出了 95%的转化率。研究发现催化剂的活性与 Brønsted 酸中心数量有关。因为在反应后的滤液中没有检测到金属离子，可以假设真正的活性中心是固体酸，它是由于在 Cs-PTA 与 MCM-41 之间发生化学相互作用产生的。这还支持了催化剂在反应条件下是稳定的观点。

3.3 各种反应物的影响

将该反应工艺应用到苯甲醚和活性芳香族化合物如甲苯、苯胺以及非活性芳香族化合物如氯苯中，其结果总结至表 3-2。结果表明在芳香环上引入吸电子基团(如硝基)会明显减少酰基化反应转化率，而在芳香环上引入给电子基团(如甲基)则会增加酰基化反应转化率。像苯甲醚、苯胺和苯酚会优先生成高产率的对位产物。活性芳香化合物如甲苯大约为 72%转化率和 61%对位产物选择性。氯苯在酰基化反应中是惰性的，转化率非常低。

表 3-2 反应物类别对酰基化反应的影响

反应物	转化率/%	选择性/%	
		对位	邻位
OCH_3（苯环）	98	97	3
OH（苯环）	94	96	4
OCH_3、CH_3（苯环）	99	100	—

续表

反应物	转化率/%	选择性/%	
		对位	邻位
OCH_3, NO_2（苯环）	65	100	—
CH_3（苯环）	75	90	10
NH_2（苯环）	90	92	8
Cl（苯环）	35	75	25

注：反应物=100mmol，醋酸酐=10mmol，催化剂=0.1g，反应温度70℃，反应时间1h。

3.4 MCM-41负载的磷钨酸铜——用于Heck烯基化反应

关于磷钨酸的铯、钾以及钠盐用于各种反应，已经发表了多篇文章[25a,b]。关于MCM-41负载的磷钨酸盐也有几篇文章发表[25c]。但是，还没有关于MCM-41负载的磷钨酸铜用于卤代芳烃与烯烃发生Heck烯基化反应方面的实例。因此，首先，我们在水介质中以$Cu_xH_{3-2x}PW_{12}O_{40}$/MCM-41进行偶联反应。

3.4.1 催化剂制备

磷钨酸铜的制备方法如下：在含2g磷钨酸的水溶液中加入0.18g氢氧化钡进行中和，然后，往上述溶液中加入0.16g$CuSO_4 \cdot 5H_2O$，以铜取代钡，钡以硫酸钡沉淀被去除。通过重结晶方法从溶液中得到磷钨酸铜产物。改变氢氧化钡和$CuSO_4 \cdot 5H_2O$用量，可以制备$Cu_1HPW_{12}O_{40}$和$Cu_{0.5}H_2PW_{12}O_{40}$。将催化剂样品在干燥箱中于120℃干燥12h，最后在300℃焙烧2h，所得材料被命名为$Cu_xH_{3-2x}PW_{12}O_{40}$($x$=0.5~1.5)。

采用浸渍法在不断搅拌情况下用含不同量磷钨酸铜的水溶液浸渍2gMCM-41，然后在4h内蒸发除去所有水分。随后，在干燥箱中于110℃干燥24h，最后在500℃焙烧，可以制备一系列不同磷钨酸铜负载量的催化剂样品[10%~60%(质)]，在此将以上所得催化剂表述为$y$$Cu_xH_{3-2x}PW_{12}O_{40}$/MCM-41[$y$=10%~60%(质)]。

3.4.2 表征

3.4.2.1 X 射线衍射

$H_3PW_{12}O_{40}$/MCM-41 和 $50Cu_{1.5}PW_{12}O_{40}$/MCM-41 样品的 PXRD 图见图 3-9。可以观察到两种材料在 $2\theta=2.2°$处均显示出一个强的衍射峰，它归属于(100)晶面。还有，由于更高序列的(110)、(200)、(210)晶面反射，在 5°内出现的小衍射峰表明形成了规整有序的介孔材料。因此，用 $Cu_xH_{3-2x}PW_{12}O_{40}$改性后的二氧化硅结构的介孔性仍然得到保留。用 $Cu_{1.5}PW_{12}O_{40}$改性 $H_3PW_{12}O_{40}$/MCM-41 后在(100)晶面的衍射峰的强度有一点减少和宽化，表明材料的六方对称性有一点扭曲[26]。

如图 3-10 所示，在两种情况下均观察到 HPA 的特征峰[27]，表明经金属离子改性后，HPA 的结构仍然保持完整。

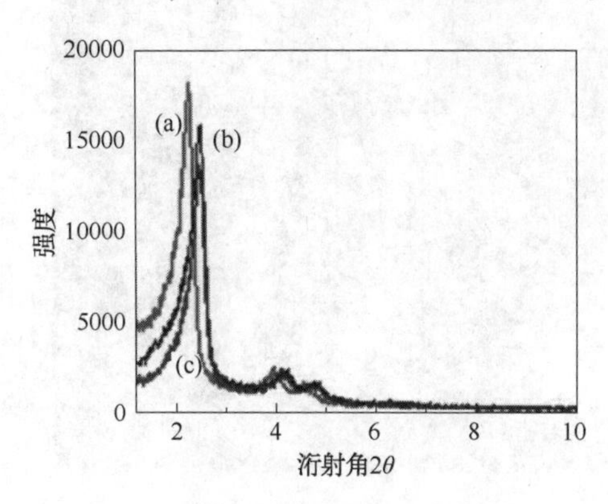

图 3-9 低角衍射 XRD 图(0~10°)：(a)MCM-41；(b)HPA/MCM-41；(c)$Cu_{1.5}$PA/MCM-41

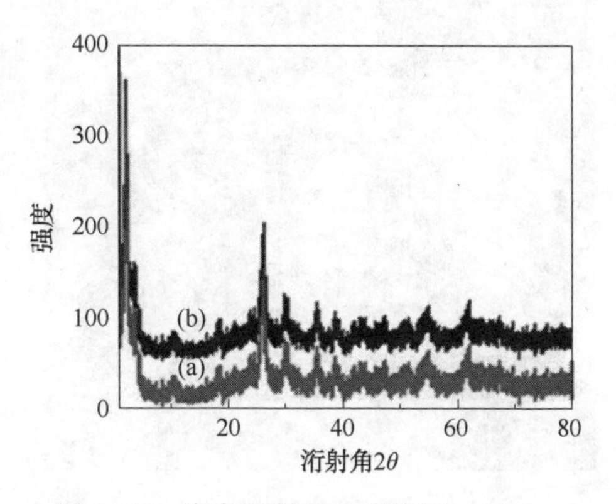

图 3-10 宽角衍射 XRD 图(20°~80°)：(a)HPA/MCM-41；(b)$Cu_{1.5}$PA/MCM-41

3.4.2.2 程序升温还原(TPR)

50%(质)磷钨酸铜改性的 MCM-41 的 TPR 图如图 3-11 所示。所有样品在两个主要区域出现还原峰，一个峰在 250~400℃，另一个峰在 650~800℃。第一个峰对应于由 Cu^{2+}还原成 Cu，还原可能一步完成($Cu^{2+}\rightarrow Cu$)，或按两步完成($Cu^{2+}\rightarrow Cu^{1+}\rightarrow Cu$)。高温还原峰对应于吸附在 MCM-41 载体表面的 CuHPA 物种的还原。由于它们的高度分散，这些与载体间发生相互作用的物种较体相中的 CuHPA 物种更

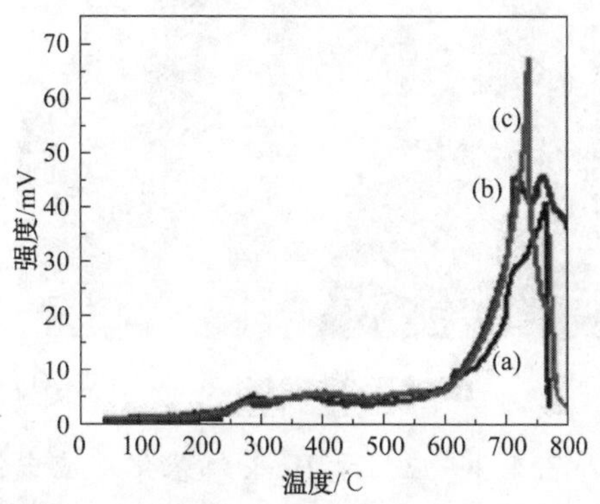

图 3-11 TPR 图：(a)$Cu_{0.5}H_2$PA/MCM-41；(b)Cu_1HPA/MCM-41；(c)$Cu_{1.5}$PA/MCM-41

容易还原。随着样品中铜含量增加，峰的强度增加。

3.4.2.3　透射电子显微镜(TEM)

为了研究表面形貌和估算活性组分在 MCM-41 载体上的表面分散情况，对 $50Cu_{1.5}PW_{12}O_{40}$/MCM-41 样品进行 TEM 表征，照片见图 3-12。可以发现催化剂是外观规整的球形颗粒，这些颗粒均匀地分散在载体表面。介孔分子筛的 TEM 照片是具有六边孔道结构介孔材料的特征。表明了这些催化剂是具有高质量的孔道组织结构的。从图中可以证实这些颗粒是球形的。从图中还可清晰地看出金属颗粒在整个二氧化硅骨架上呈良好的分散。从 TEM 照片可以估算颗粒的尺寸，平均尺寸约为 100nm。

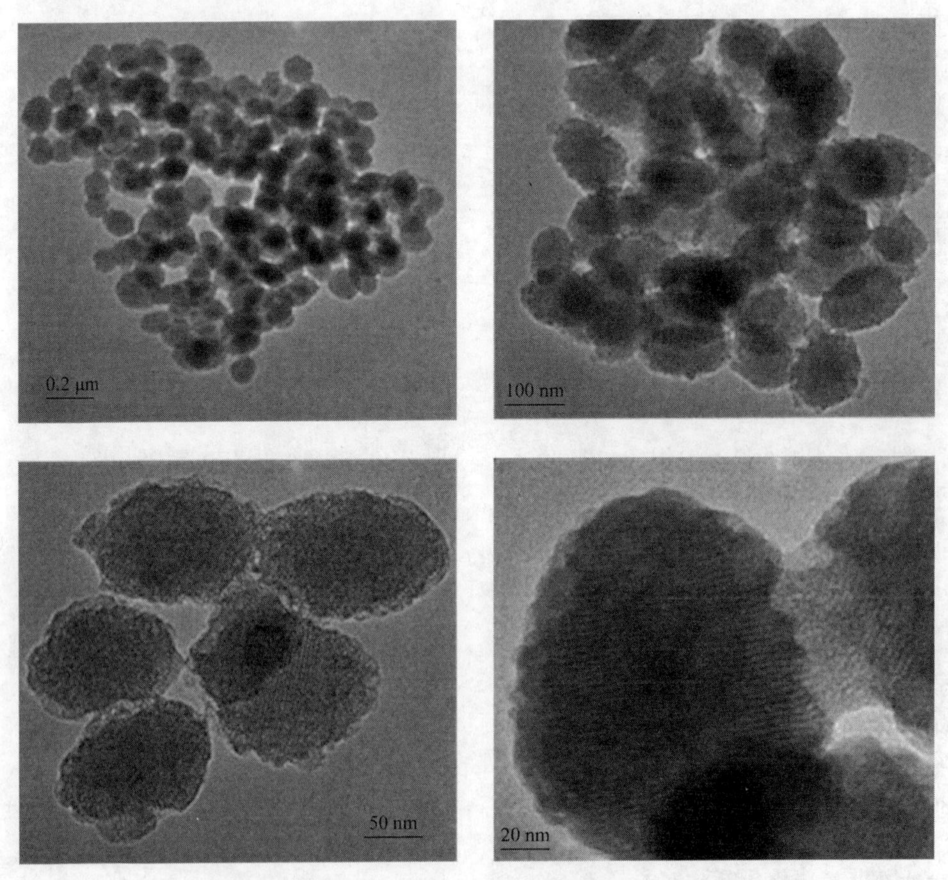

图 3-12　$50Cu_{1.5}PW_{12}O_{40}$/MCM-41 样品的 TEM 照片

3.4.3　应用于 Heck 烯基化反应中催化活性的评价

将 1mmol 碘苯、2mL 水和 0.02g 催化剂加入一个园底烧瓶中，升温至 100℃，搅拌反应混合物至均匀，随后加入 2mmol 丙烯酸和 1.5mmolK_2CO_3，8h 后，冷却反应溶液，过滤，滤液的组成用离线色谱进行分析，固体残渣用 H[1]NMR 进行表征；转化率通过反应中消耗的碘苯的量进行计算得到，反应式见图 3-13。每个催化剂的 Cu 金属浸出实验用原子吸收法分析滤液的组成。

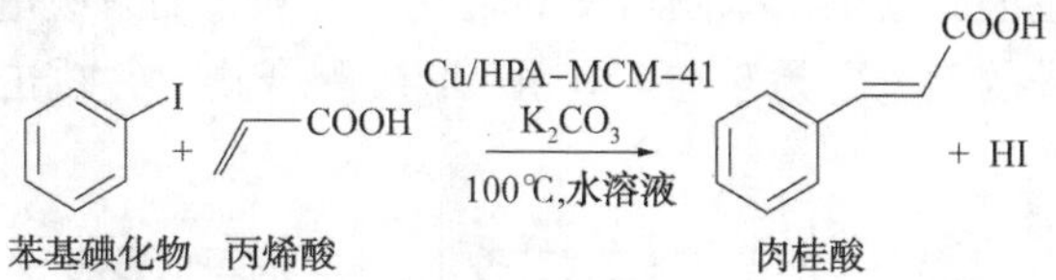

图 3-13 Heck 烯基化反应式

关于 Heck 烯基化反应，提出了两种反应机理：一种是通过中和途径，另一种是通过阳离子途径[10]。Yang 等利用二氧化硅负载的多-γ-氨丙基硅烷过渡金属络合物（Ni^{2+}，Cu^{2+}，Co^{2+}）（类似于 Heck 反应所用的均相催化剂）作催化剂提出了 Heck 烯基化反应的机理。在使用均相的 Pd 催化剂情况下，在反应过程中，Pd(Ⅳ)被还原成 Pd(Ⅱ)。

同样，在使用 CuHPA/MCM-41 催化剂时（图 3-14），我们可以假设反应通过将负载的 Cu^{2+} 还原成活性金属 Cu 进行。首先，发生碘苯与 CuHPA/MCM-41 的氧化加成，随着亲核试剂（丙烯酸）和碱（K_2CO_3）的加入，产物（苯丙烯酸）发生还原消去反应，催化剂在随后的步骤中被再生。

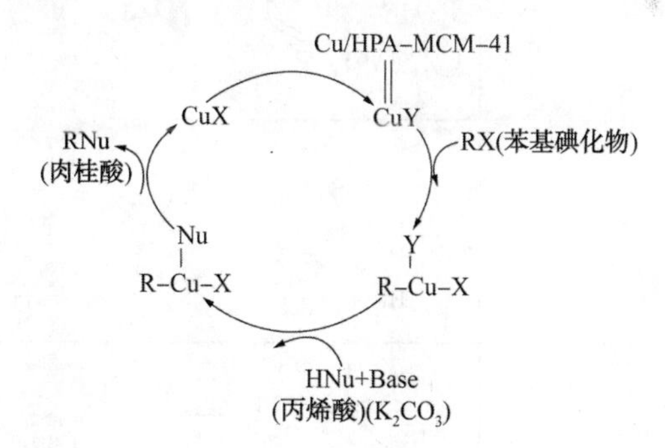

图 3-14 以 Cu/HPA-MCM-41 作催化剂提出的 Heck 烯基化反应的机理

母体 MCM-41 对 Heck 烯基化反应的活性较低，仅有 5%的转化率。为了研究铜含量的影响，将 $Cu_{0.5}H_2PW_{12}O_{40}$、$Cu_1HPW_{12}O_{40}$ 和 $Cu_{1.5}PW_{12}O_{40}$ 催化剂用于 Heck 烯基化反应。从试验结果看，我们能证实随着 Cu 含量由 0.5mol 增加到 1.5mol，碘苯转化的百分数从 88%增加至 98%。此外还研究了 CuHPA/MCM-41 催化剂用于 Heck 烯基化反应，CuHPA 负载量[10%~60%(质)]的影响。在不同 CuHPA 负载量的催化剂中，50% CuHPA/MCM-41 催化剂有最高的转化率（98%）。随着进一步增加 CuHPA 负载量，活性组分有可能在载体表面形成多层材料。故在 60% $Cu_{1.5}PW_{12}O_{40}$/MCM-41 催化剂时，催化转化率有小幅度下降

(94%)，该材料用不同技术进行了表征。

3.4.4 各种反应物的影响

在 Heck 烯基化反应中，以丙烯酸作为烯烃试验了各种卤代芳烃(表 3-3)。在芳香化合物对位上有给电子基团可提高转化百分数，而有吸电子基团会减少转化百分数。富电子的碘苯更易于与 Cu(Ⅱ)形成配合物，并攻击丙烯酸的双键而形成产物。

表 3-3 反应物对卤代芳香化合物转化率的影响

反应物	产物	转化率/%
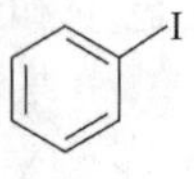 I	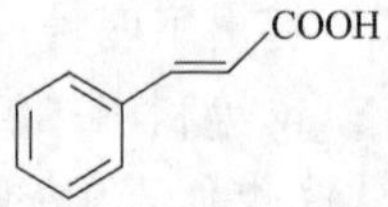 COOH	98
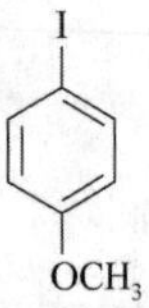 I OCH_3	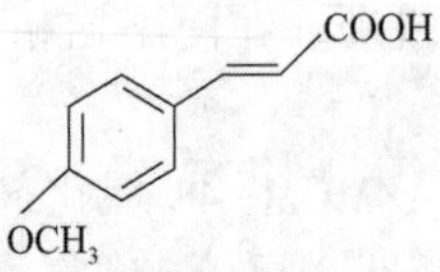 COOH OCH_3	100
 I CH_3	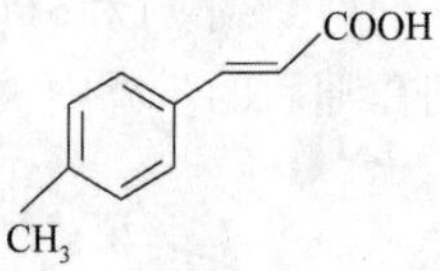 COOH CH_3	100
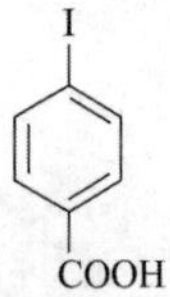 I COOH	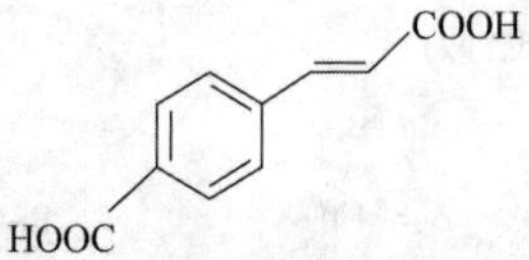 COOH HOOC	87
 I Br	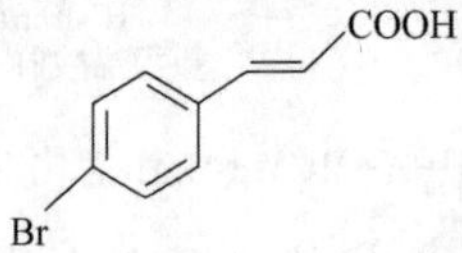 COOH Br	72
 I Cl	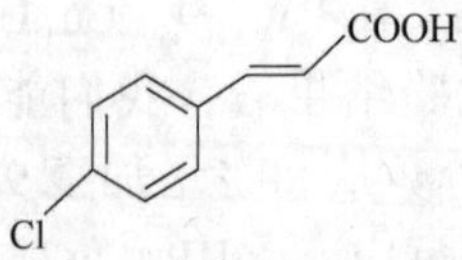 COOH Cl	69

注：碘代芳烃=1mmol，丙烯酸=2mmol，K_2CO_3=1.5mmol，水=2mL，催化剂=0.02g，温度=100℃，时间=8h。

3.5 MCM-41 负载的铁改性的多孔磷钨酸——用于酸催化反应以及氧化反应的优异催化剂

大多数被研究过的 Keggin 型杂多酸以[$X^{n+}M_{12}O_{40}$]$^{(8-n)-}$一般式表达。从完全占满的多氧金属酸盐[$XM_{12}O_{40}$]$^{n-}$结构中除去 1 或 2 个 MO 单位会分别产生含单缺陷[$XM^{VI}_{11}O_{39}$]$^{(n+4)-}$或双缺陷[$XM^{VI}_{10}O_{36}$]$^{(n+5)-}$的多氧金属酸盐。

由于含缺陷的多氧金属酸盐具有独特的结构特性，正在变得更加重要。众所周知当 Keggin 阴离子[$XW_{11}O_{39}$]$^{(n+4)-}$的缺陷被其他的过渡金属阳离子取代时，会产生过渡金属改性的带缺陷的杂多酸化合物，其一般式为[$XW_{11}O_{39}M$]$^{n-}$(M 为第一列过渡金属)。因为改性后，对这些材料的热和化学稳定性以及电催化性质产生了改变，并且没有影响到其初级的 Keggin 结构，这些材料近来已吸引到相当大的关注[29]。

近来，Pate 等报道了 Keggin 型锰(Ⅱ)取代的磷钨酸盐的详细合成方法及表征结果以及在苯乙烯液相氧化反应中活性评价数据[29]。关于 Fe 取代的杂多酸已经进行了许多研究工作。Mizuno 等[3]报导了 Fe、Ni 取代的 Keggin 型阴离子的合成方法以及在氧化反应中的催化活性评价数据。Nagai 等[32]报导了 Fe 取代的 Keggin 型阴离子的杂多酸催化剂在异丁烯选择性氧化反应中的研究结果。但是，至今还没有文献报导负载型 Fe 取代的带缺陷阴离子的杂多酸铯盐在催化反应中的研究结果。

关于各种催化剂应用于反式二苯乙烯的氧化以及苯酚的溴化已进行了许多研究。Maurya 和 Amit Kumar 等[33]报道了反式二苯乙烯的氧化反应。但是其固有的缺点是更高的反应温度和更长的反应时间。我们研究团队[34]报导了在磷酸锆负载杂多酸催化作用下苯酚的溴化反应研究结果，其转化率达到 86%。但是，本研究最迷人的部分是这个单一的催化剂在两个反应中表现出的最高的催化活性。

我们已经研究了各种 LFeW/MCM-41 作为酸催化剂在苯酚溴化反应以及反式二苯乙烯氧化反应中的应用。苯酚的溴化反应在室温下于含有溴化钾和过氧化氢的醋酸介质中进行。

Fe 取代带缺陷磷钨酸钠盐的合成($Na_5FePW_{11}O_{39}$):

Fe 离子改性的带缺陷的杂多酸钠盐制备方法如下：用碳酸氢钠水溶液与十二磷钨酸溶液反应制备。首先将 2.88g$H_3PW_{12}O_{40}\cdot nH_2O$ 溶于 10mL 水中，用 $NaHCO_3$ 水溶液调节溶液的 pH 值至 4.8。这导致形成了具有缺陷的杂多酸阴离子[$PW_{11}O_{39}$]$^{7-}$。将 pH 值为 4.8 的溶液加热至 90℃，并不断搅拌。将 0.197g$FeCl_2$溶于 10mL 水中形成均匀溶液，然后加入到以上热的溶液中。通过蒸发除去溶剂和在水中重结晶获得 $Na_5FePW_{11}O_{39}$，随后在 110℃干燥 12h。

MCM-41 负载的 Fe 取代带缺陷磷钨酸铯盐的合成(*x*LFeW/MCM-41)：

通过预湿重量浸渍法合成了一系列负载不同铯盐量[30%~60%(质)]的 Fe 取代的带缺陷磷钨酸促进的 MCM-41 催化剂。合成工艺如下：

首先，用铯盐前驱体(Cs_2CO_3)的水溶液浸渍 MCM-41，然后在 110℃干燥 12h。之后，用 $Na_5FePW_{11}O_{39}$ 的水溶液浸渍以上干燥样品，再于 110℃干燥 12h。然后在 200℃焙烧 3h，合成的催化剂取名为 *x*LFeW/MCM-41[x=30%~60%(质)]。

Fe 取代带缺陷磷钨酸铯盐(LFeW)以及带缺陷磷钨酸铯盐(LW)的合成：

LFeW 的制备方法与 $Na_5FePW_{11}O_{39}$ 制备部分描述的相同，直到加入 $FeCl_2$ 之后，加入 Cs_2CO_3 的饱和溶液到热的滤液中，形成的混合物在室温下静置过夜。过滤以上混合物，所得滤饼在 110℃干燥 12h，最终得到 LFeW。滤液用于分析钨和铁的含量，为了知道合成过程中损失。

3.5.1 表征

3.5.1.1 表面积和孔径分布

MCM-41 和 50LFeW/MCM-41 的氮吸附-脱附等温线见图 3-15。N_2 吸附得到 Brunauer 定义的[35]典型的Ⅳ型等温线。可观察到在 MCM-41 的等温线上有三个明显不同的阶段。在低的 P/P_0 时，起始时氮吸附量的增加可能是由于在孔壁上的单层吸附所致。在 P/P_0 处于中等数值时，吸附量迅速增加，表明介孔上有毛细凝结作用，在高的 P/P_0 数值时，吸附处于平台期，这与材料外表面的多层吸附有关[35]。

MCM-41 母体样品在相对压力为 0.32 时表现出的氮吸附量，对应于前凝结环。等温线在 P/P_0 数值为 0.9 左右时，显示出非常完美的 H4 型滞后环步骤(按照 IUPAC 专业术语)。LFeW 引入 MCM-41 骨架后，发现毛细凝结步骤出现在较低的 P/P_0 数值处，表明由于引入了有缺陷的酸，材料的孔径尺寸变小。研究发现随着 MCM-41 表面上负载 LFeW 量的增加，孔直径减小(图 3-16)。

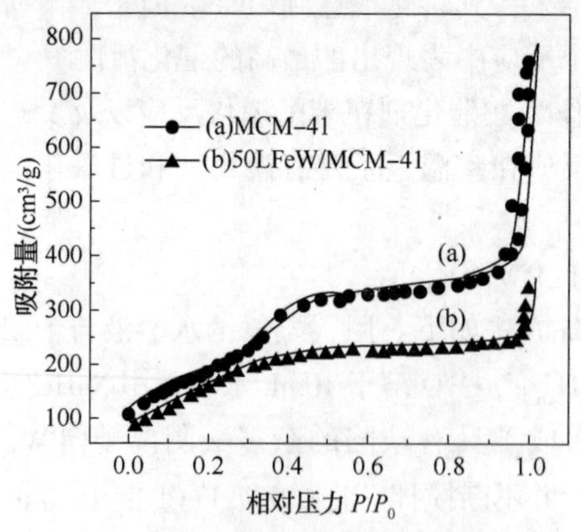

图 3-15 MCM-41(a)和 50LFeW/MCM-41(b)的氮吸附-脱附等温线

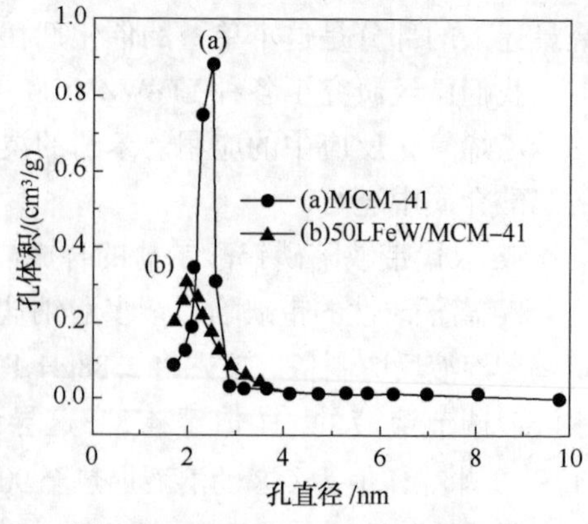

图 3-16 MCM-41(a)和 50LFeW/MCM-41(b)的孔径分布曲线

以上材料的物性数据如 BET 表面积、孔直径和孔体积是从氮吸附-脱附测定中得到的。MCM-41 母体样品的表面积为 1250m^2/g。但是，随着在 MCM-41 表面上增加 LFeW 负载量，比表面积减少。这可能是由于增加 LFeW 负载量导致在二氧化硅表面上形成了多层吸附所致。孔直径和孔体积的变化表现出与表面积相同的趋势，随着 MCM-41 样品上 LFeW 负载量的增加，其数值也逐渐减小。

3.5.1.2 X 射线粉末衍射研究

LFeW 和 LFeW/MCM-41 的宽角 XRD 图见图 3-17。LFeW 的 XRD 图显示它本质上是晶体。但是，50LFeW/MCM-41 样品的 XRD 图中出现一个宽的峰，未显示出 LFeW 的特征峰，表明 LFeW MCM-41 的表面上以非晶体形式呈高分散状态。

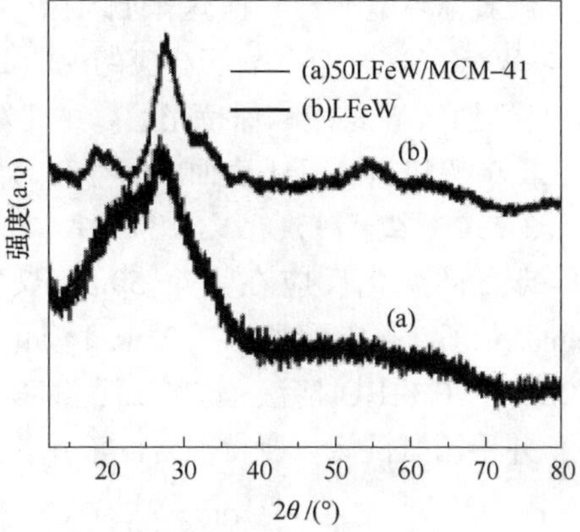

图 3-17 50LFeW/MCM-41(a)和 LFeW(b)的宽角 XRD 图(10°~80°)

3.5.1.3 FTIR 研究

各种样品的 FTIR 光谱见图 3-18。对 LFeW/MCM-41，在 3500cm^{-1}附近的宽吸收带可能归于表面的硅醇基团和吸附的水分子。而吸附分子的变形振动导致在 1623~1640cm^{-1}范围内有吸收带[36]。Keggin 阴离子$[PW_{12}O_{40}]^{3-}$的红外光谱在 1080cm^{-1}、985cm^{-1}、890cm^{-1}和 800cm^{-1}处显示出明显的吸收带，它是 Keggin 结构的特征，分别归于$\nu_{(P-O)}$、$\nu_{(W=O)}$、共顶端的$\nu_{(W-O-W)}$和共边的$\nu_{(W-O-W)}$[37]。在 LW 情况下，由于PO_4四面体对称性减少，1080cm^{-1}处的吸收带被分裂成两个组分(1084~1044cm^{-1})。在 953cm^{-1}($\nu as_{(W-Od)}$)、860cm^{-1}($\nu as_{(W-Ob-W)}$)、809cm^{-1}、742cm^{-1}($\nu as_{(W-Oc-W)}$)处出现了其他吸收带，它不同于$[PW_{12}O_{40}]^{3-}$的[37]。LFeW 的红外光谱显示在 1074cm^{-1}和 1052cm^{-1}处的 P—O 键频率的特征分裂，与本体有缺陷的单位相

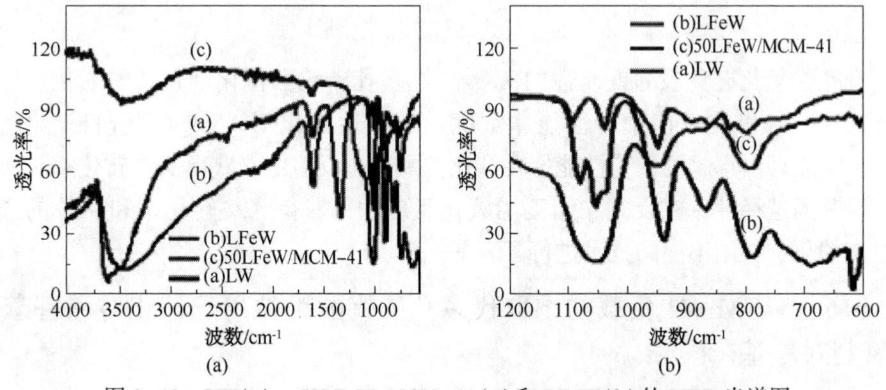

图 3-18 LW(a)、50LFeW/MCM-41(c)和 LFeW(b)的 FTIR 光谱图

比，向低频率方向有一些位移。这清楚地表明 Fe 被引入到八面体空隙中。与体相的 LW 相比，LFeW 样品的 FTIR 红外光谱的振动吸收带有少量位移，可能是由于形成了假对称环境所致，而这来自 1 个 W 原子被 1 个 Fe 原子替代。可以观察到 50LFeW/MCM-41 样品有与相应的纯的 LFeW 相同的振动吸收带，建议不管其功能如何，但 LFeW 的结构保持完整。在红外光谱中振动吸收峰出现的位移是由于氢键和在 LFeW 和 MCM-41 表面之间存在的化学相互作用所导致的。

3.5.2　*在苯酚溴化反应和反式二苯乙烯氧化反应中的催化活性*

苯酚的溴化反应在一个 50mL 双颈园底烧瓶中进行，加入 0.2g 催化剂，2mmol 苯酚，4mL 醋酸和 2.2mmol 溴化钾，然后，在室温和连续搅拌下逐滴加入 2.2mmol 30%H_2O_2溶液，加完后，继续搅拌反应 5h[38]。反应 5h 后，过滤出催化剂，并用乙醚洗涤。所得混合滤液用饱和碳酸氢钠溶液洗涤，然后，在分液漏斗中用乙醚萃取。所得有机相用无水硫酸钠干燥。产物用气相色谱分析组成，采用毛细管分离柱(图 3-19)。

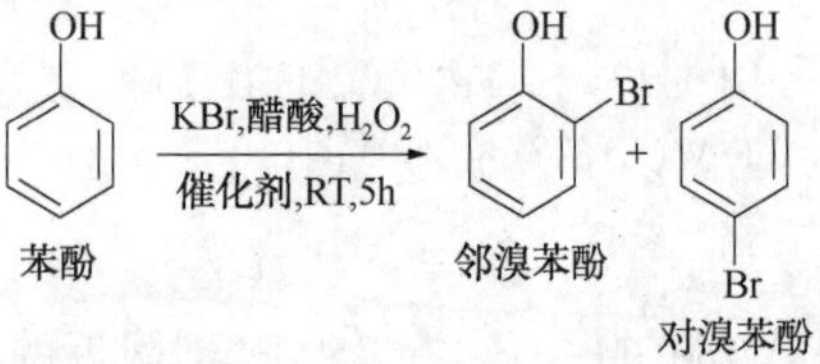

图 3-19　苯酚溴化反应式

反式二苯乙烯氧化反应在一个 50mL 双颈园底烧瓶中进行，并装配有测定反应体系温度的水银温度计和回流冷凝器。将含有 0.015g 催化剂、1.82g 反式二苯乙烯(10mmol)、20mmol 30% H_2O_2溶液以及 20mL 乙腈的反应混合物在不断搅拌下用油浴加热至 60℃反应 4h。产物用气相色谱分析组成，采用毛细管分离柱(ZB MAX)(图 3-20)。

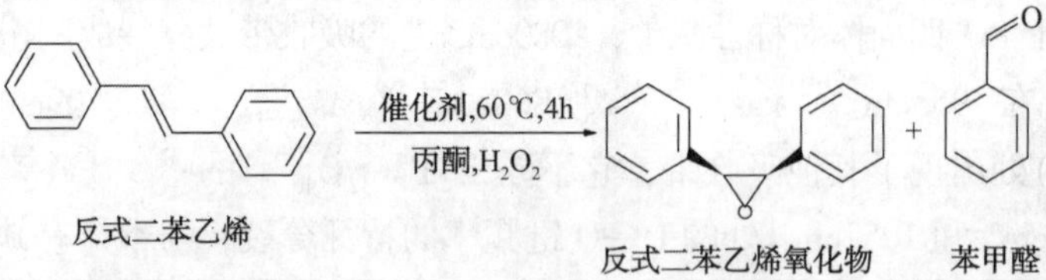

图 3-20　反式二苯乙烯氧化反应式

介孔二氧化硅负载的铁改性的 Keggin 性多孔磷钨酸催化剂在苯酚溴化反应和反式二苯乙烯氧化反应中是性能非常优异的酸性催化剂。50% $Cs_5[PFeW_{11}O_{39}]$/MCM-41 表现出卓越的催化性能，在催化苯酚溴化反应中，获得 95%转化率和 99%的一溴苯酚选择性；在反式二苯乙烯氧化反应中，获得 52%转化率和 99%的选择性。该催化材料用不同的技术进行了表征。

3.6　MCM-41 负载的钯取代多孔磷钨酸铯盐用于催化对硝基苯酚加氢制对氨基苯酚

考虑到钯化学的众多兴趣点，一定可认识到均相钯催化剂在 Suzuki 交叉耦联反应以及其他形成 C—C 键的耦联反应中获得的巨大成功[39]。为了解决与均相催化相关的缺点，一个有效的策略是将钯负载在各种无机载体上，如介孔二氧化硅、介孔氧化铝、介孔锡、介孔活性炭[40-44]以及高分子聚合物[45,46]。钯将构建一个对加氢反应非常有应用前景的催化剂体系[47]。

之前已报道过各种合成对氨基苯酚的方法，如对硝基氯苯或对硝基苯酚的多步铁-酸还原法[48]、硝基苯的催化加氢法[49]以及电化学合成法。但是，为了满足日益增长的对氨基苯酚市场需求，目前，对硝基苯酚的直接催化加氢工艺变得更加重要。故在本研究中，我们试图探索 MCM-41 负载的钯取代多孔磷钨酸铯盐催化剂($Cs_5[PPdW_{11}O_{39}]$/MCM-41)用于催化对硝基苯酚加氢制对氨基苯酚的性能。该催化剂对所催化的反应表现出非常引入注目的活性。

钯取代多孔磷钨酸钠盐的合成($Na_5PdPW_{11}O_{39}$)：

钯离子改性多孔杂多酸钠盐制备方法如下：用 $NaHCO_3$ 的水溶液处理十二磷钨酸溶液。首先，将 2.88g$H_3PW_{12}O_{40}\cdot nH_2O$ 溶于 10mL 水中，用 $NaHCO_3$ 水溶液将其 pH 值调节至 4.8。这就形成了多孔杂多酸阴离子$[PW_{11}O_{39}]^{7-}$。在不断搅拌下将 pH 值为 4.8 的溶液加热至 90℃。将 0.177g 氯化钯(1mmol)溶于 10mL 水中形成的均匀溶液加入以上热的溶液中，反应一定时间后，蒸发去除溶剂后并在水中重结晶得到 $Na_5PdPW_{11}O_{39}$。随后在 110℃ 干燥 12h。

MCM-41 负载的钯取代多孔磷钨酸铯盐的合成(xLPdW/MCM-41)：

首先，用碳酸铯(Cs^+的前驱体)的水溶液浸渍 MCM-41，经 110℃ 干燥 12h。随后，用其浸渍 $Na_5PdPW_{11}O_{39}$ 的甲醇溶液，再在 110℃ 干燥 12h，并在 200℃ 焙烧。所得催化剂被命名为 xLPdW/MCM-41[$x=30\%\sim60\%$(质)]，该材料通过不同技术进行表征。

3.6.1 表征

3.6.1.1 X 射线粉末衍射研究

MCM-41 和 50LPdW/MCM-41 样品的 PXRD 图见图 3-21。可观察到两种材料在 $2\theta=2.2°$ 处出现一个强的衍射峰，这是来自(100)晶面的反射，而 50LPdW/MCM-41 样品的(100)衍射峰有一点加宽且强度有一点下降，还可观察到该峰向更高的 2θ 角位移，表明晶体的六边对称性有点变形。还有由于在 5°范围内在(110)、(200)、(210)晶面更高级反射出现的小衍射峰表明两种材料均具有有序度良好的介孔结构[50]。

MCM-41 和 50LPdW/MCM-41 样品的宽角 PXRD 图见图 3-22。金属钯的 XRD 图上在 $2\theta=40.1°$(111)和 46.7°处有主要的衍射峰，这与资料上报道的一致[51]。在两种情况下都观察到 LPdW 的特征峰，表明 LPdW 的结构在进行金属改性后仍然保持完整。

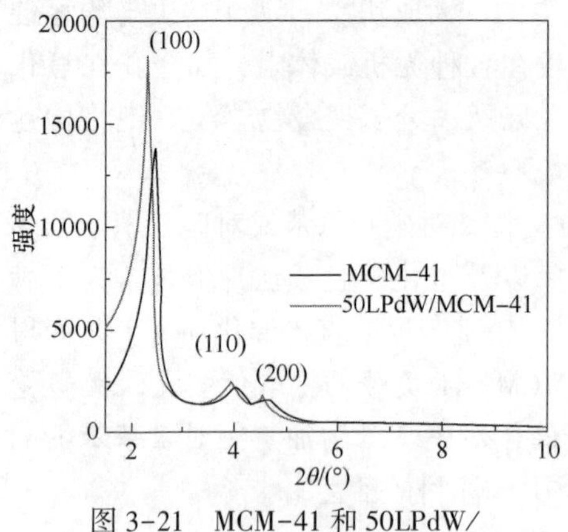

图 3-21 MCM-41 和 50LPdW/MCM-41 样品的 PXRD 图

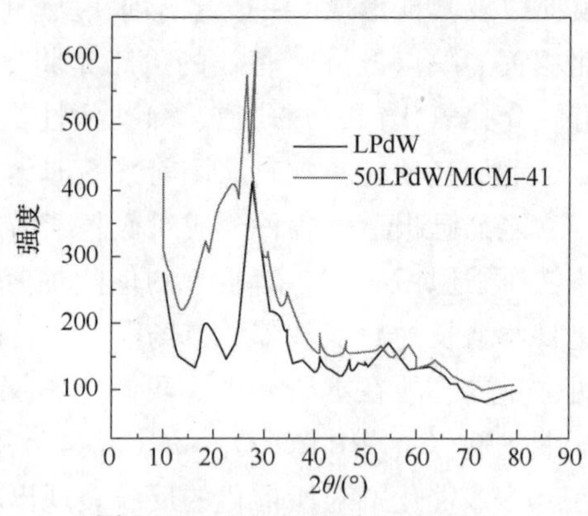

图 3-22 MCM-41 和 50LPdW/MCM-41 样品的宽角 PXRD 图

3.6.1.2 ^{31}PMAS NMR 光谱研究

50LPdW/MCM-41 催化剂的^{31}PMAS NMR 光谱图见图 3-23。如图 3-23 所示，出现了两个峰，主要的峰在-15.4ppm，小峰在-13.5ppm。从文献资料[52]得知，LPdW 的光谱图上出现两个峰，主峰在-15.17ppm(95%)，归属于$[PPdW_{11}O_{39}]^{5-}$，小峰在-13.32ppm(5%)，归属于起始材料中一种杂质$[PW_{11}O_{39}]^{7-}$。具有高 LPdW 含量的 50LPdW/MCM-41 催化剂在-15.4ppm 出现一个尖锐的共振，与 LPdW 本体的接近。这清楚地表明即使 LPdW 负载在 MCM-41 表面上，Keggin 结构仍然保留下来。但是，由于在载体与 LPdW 之间的化学相互作用、氢键以及共价结合力，其峰的位置向右稍有位移。

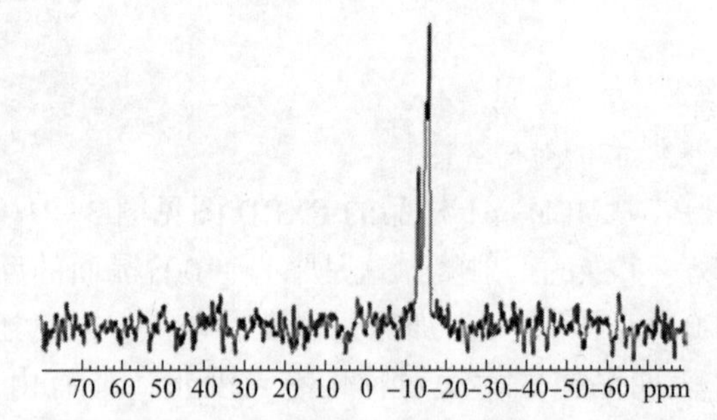

图 3-23 50LPdW/MCM-41 催化剂的^{31}PMAS NMR 光谱图

3.6.1.3 拉曼光谱

图 3-24 是 LPdW 和 50LPdW/MCM-41 的拉曼散射光谱图。本体的 LPdW 在 984cm^{-1}、888cm^{-1}、847cm^{-1}和 799cm^{-1}处出现 4 个峰，分别归属于金属改性的单一多孔 Keggin 结构单元上 P—O，W—Ob—W，W—Oc—W，W—Ot 键的伸缩振动。50LPdW/MCM-41 样品出现了以上描述的所有 LPdW 的峰。但是，由于在

MCM-41 载体和多孔的 Keggin 结构单元之间强的相互作用，峰的强度降低，并且移向更高的波数[53]。

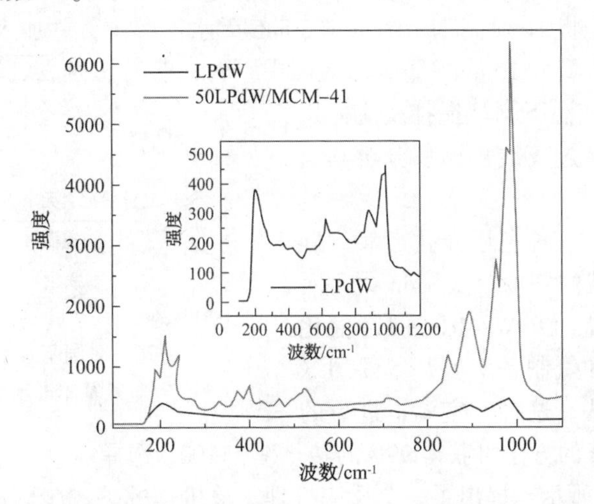

图 3-24 LPdW 和 50LPdW/MCM-41 的拉曼散射光谱图

3.6.1.4 XPS 光谱研究

将 Pd 离子引入多孔磷钨酸结构单元中，它的氧化态和它与载体之间的相互作用通过 XPS 检测中予以证实。50LPdW/MCM-41 样品的 Pd 3d XPS 光谱图见图 3-25。

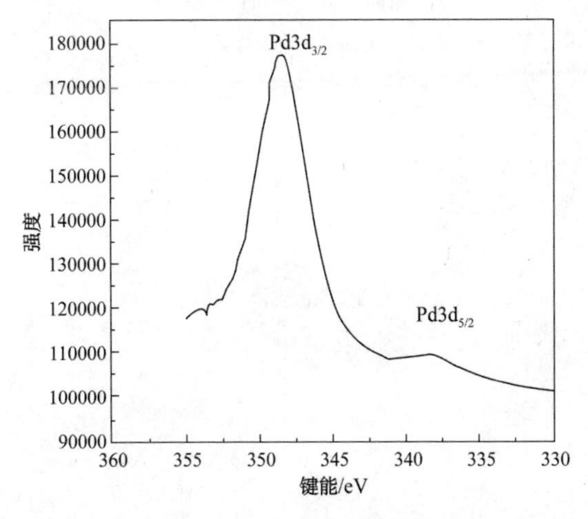

图 3-25 Pd $3d_{5/2}$ 和 50LPdW/MCM-41 样品的 Pd $3d_{5/2}$ XPS 光谱图

从图 3-25 中可观察到两个明显的 Pd 峰，分别在结合能为 338.7eV 和 347.9eV 处。在结合能为 337.9eV 处的 Pd $3d_{5/2}$ 峰在文献资料中已经报道[53]。但是，Pd 3d 5/2 峰移向更高的结合能处表明 Pd(Ⅱ)离子与载体表面发生了相互作用[53]。

3.6.2 对硝基苯酚加氢制备对氨基苯酚反应中的催化活性

对硝基苯酚加氢反应在一个双颈园底烧瓶中进行，反应装置上配置有常压回流冷凝器。首先将1g对硝基苯酚溶于50mL无水乙醇中，并加入0.05g催化剂。先往烧瓶中通入氮气10min，置换出烧瓶中空气，然后切换成氢气，氢气流量为10mL/min，在室温下剧烈搅拌反应体系1h。反应产物通过离线色谱仪分析其组成(图3-26)。

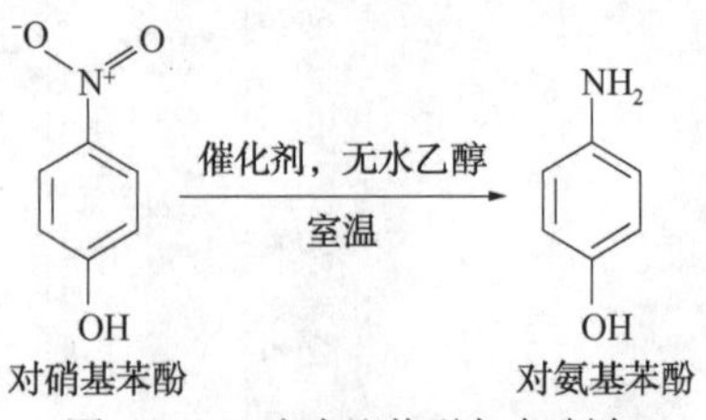

图3-26 对硝基苯酚加氢制备对氨基苯酚反应式

已经报道了一种利用介孔二氧化硅(MCM-41)负载的钯取代Keggin型一元多孔磷钨酸铯盐(LPdW/MCM-41)催化的对硝基苯酚加氢制备对氨基苯酚的绿色和有效的方法。这种在室温下进行的经济和环境友好的方法可获得99%的转化率和100%选择性。

如图3-27所示，提出了一个反应机理。该机理的关键步骤涉及单一电子转移形成一个硝基阴离子自由基。随后的步骤涉及电子转移以及氢离子转移形成一个中间体，然后中间体转变成对氨基苯酚。

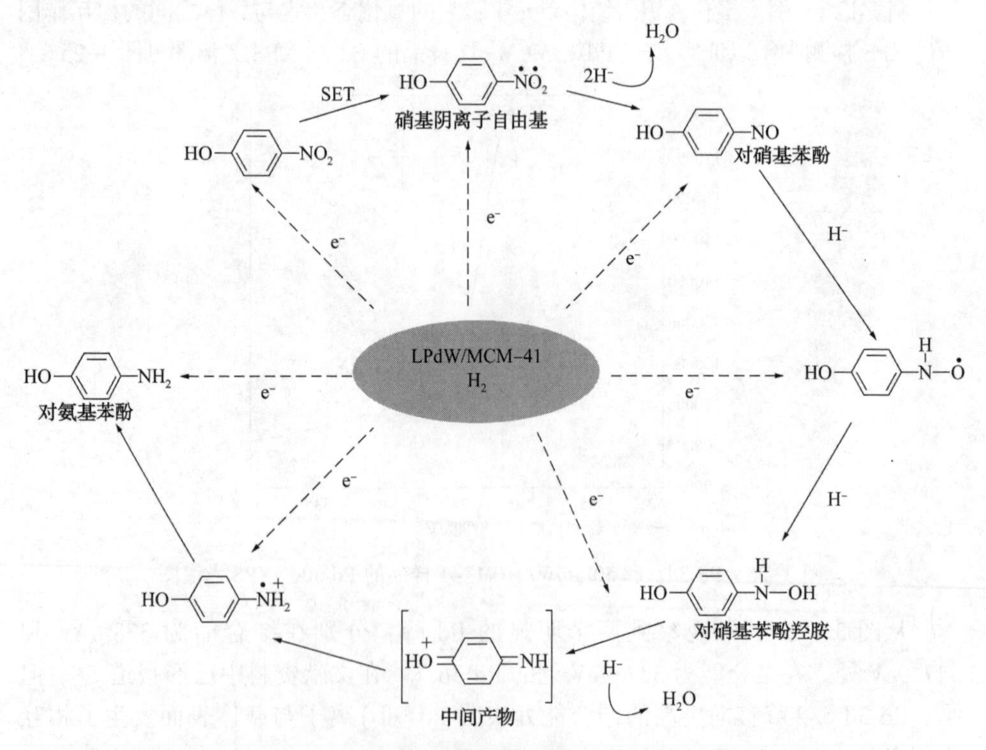

图3-27 对硝基苯酚加氢制备对氨基苯酚的反应机理

4 结论

我们已经成功地合成了磷钨酸铯盐、磷钨酸铜盐、铁改性的多孔磷钨酸以及介孔二氧化硅(MCM-41)负载的钯取代的多孔磷钨酸铯盐，并用XRD、UV-vis、DRS、FTIR、BET表面积、NH_3-TPD酸性中心测定、SEM形貌检测等方法清楚地表征了以上材料。过渡金属杂多酸盐改性的MCM-41的催化活性通过多种有机过渡反应进行了评价。在这些负载不同质量磷钨酸铯盐的催化剂中，50%(质)Cs-PTA/MCM-41催化剂在苯甲醚与醋酸酐的乙酰化反应中表现出最高的转化率(98%)。50%(质)$Cu_{1.5}PW_{12}O_{40}$/MCM-41催化剂在碘苯转化为肉桂酸反应中获得了最高转化率(98%，Heck烯基化反应)。50%(质)$Cs_5[PFeW_{11}O_{39}$/MCM-41催化剂表现出优异的催化性能，获得一溴苯酚，转化率95%，选择性99%；获得反-2，3-二苯环氧乙烷，转化率52%，选择性99%。研究发现，从各种负载量的多孔杂多酸盐中，50LPdW/MCM-41对在常温下发生的对硝基苯酚加氢制备对氨基苯酚反应是最佳的催化剂。该催化剂可以重复使用几次而其催化活性没有明显下降。这表明该多氧金属酸盐基非均相催化剂对合成独特的有机目标分子化合物具有重要的商业价值。

致谢

感谢IMMT(CSIR)主任B. K. Mishra教授，感谢布巴内斯瓦尔对这部作品的浓厚兴趣、鼓励和善意。Surjyakanta Rana先生已向CSIR申请高级研究奖学金。感谢DST的财政支持。

参 考 文 献

[1] Tanabe K(1970)Solid acid and bases. Academic, Tokyo.
[2] Tanabe K, Holderich WF(1999)Appl Catal A 181: 399.
[3] Mizuno N, Misono M(1994)J Mol Catal 86: 319.
[4] Kozhevnikov Ⅳ(1987)Russ Chem Rev 56: 811.
[5] Cavani F(1998)Catal Today 41: 73.
[6] Misono M, Okuhara T(1993)CHEMTECH 23: 23.
[7] Kozhevnikov Ⅳ, Matveev KI(1983)Appl Catal 5: 135.
[8] Pizzio LR, Caceres CV, Blanco MN(1999)Appl Surf Sci 151: 91.
[9] Kozhevnikov Ⅳ(1995)Catal Rev Sci Eng 37: 311.
[10] Misono M(1987)Cat Rev Sci Eng 29: 269.
[11] Moffat JB, Kasztelan S(1988)J Catal 109: 206.
[12] Izumi Y, Ogawa M, Ohara WN, Urabe K(1992)Chem Lett 39: 1987.
[13] Pizzio LR, Caceres CV, Blanco MN(1998)Appl Catal A 167: 283.
[14] Pizzio LR, Vazquez PG, Caceres CV, Blanco MN(2003)Appl Catal A 256: 125.
[15] Knifton JF, Edwards JC(1999)Appl Catal A 183: 1.
[16] Rao PM, Wolfson A, Landau MV, Herskowitza M(2004)Catal Commun 5: 327.
[17] Cardoso LAM, Alves W Jr, Gonzaga ARE, Aguiar LMG, Andrade HMC(2004)J Mol Catal A Chem 209: 189.
[18] Kaur J, Kozhevnikov Ⅳ(2002)Chem Commun 21: 2508.
[19] Sarsani VR, Lyon CJ, Hutchenson KW, Harmer MA, Subramaniam B(2007)J Catal 245: 184.
[20] Kamala P, Pandurangan A(2008)Catal Commun 9: 2231.
[21] Luque R, Campelo JM, Luna D, Marinas JM, Romero AA(2005)Microporous Mesoporous Mater 84: 11.
[22] Staiti P, Freni S, Hocevar S(1999)J Power Sources 79: 250.

[23] Okuhara T, Nishimura T, Watanabe H, Misono M(1999)J Mol Catal 74: 247.
[24] (a)van de Water LGA, van der Waal JC, Jansen JC, Maschmeyer T(2004)J Catal 223: 170; (b)El Berrichi Z, Cherif L, Orsen O, Fraissard J, Tessonnier JP, Vanhaecke E, Louis B, Ledoux MJ, Pham-Huu C(2006)Appl Catal A Gen 298: 194; (c)Selvin R, Hsiu-Ling Hsu, Tze-Min Her(2008)Catal Commun 10: 169; (d)Pei Chun Shih, Jung-Hui Wang, Chung-Yuan Moub(2004)Catal Today 93: 365; (e)Shih PC, Wang JH, Mou CY(2004)Catal Today 365: 93; (f)Yadav GD, Asthana NS, Kamble VS(2003)J Catal 217: 88; (g)Parida KM, Mallick S, Pradhan GC, (2009)J Mol Catal A Chem 297: 93.
[25] (a)Corma A, Martınez A, Martınez C, (1996)J Catal 164: 422; (b)Pizzio LR, Blanco MN, (2003)Appl Catal A Gen 255: 265; (c) Saemin Choi, Yong Wang, Zimin Nie, Jun Liu, Charles HF Peden(2000)Catal Today 55: 117; (d)Yadav JS, Subba Reddy BV, Purnima KV, Nagaiah K, Lingaiah N(2008)J Mol Catal A Chem 285: 36.
[26] Liu Y, Xu L, Xu B, Li Z, Jia L, Guo W(2009)J Mol Catal A Chem 297: 86.
[27] Baeza B, Rodriguez J, Ruiz A, Ramos I(2007)Appl Catal A 333: 281.
[28] Hu J, Wang Y, Chen L, Richards R, Yang W, Liu Z, Xu W(2006)Microporous Mesoporous Mater 93: 158.
[29] Patel K, Shringarpure P, Patel A(2011)Trans Met Chem 36: 171.
[30] Pope MT(1983)Heteropoly and isopoly oxometalates. Springer, Berlin.
[31] Mizuno N, To-oru Hirose, Tateishi M, Iwamoto M(1994)J Mol Catal 88: 125.
[32] Knapp C, Ui T, Nagai K, Mizuno N(2001)Catal Today 71: 111.
[33] Maurya MR, Amit Kumar(2006)J Mol Catal A Chem 250: 190.
[34] Das DP, Parida KM(2006)Appl Catal A Gen 305: 32.
[35] Brunauer S, Deming LS, Deming E, Teller E(1940)J Am Chem Soc 62: 1723.
[36] Parida KM, Rath D(2004)J Mol Catal A Chem 258: 381.
[37] Nowinska K, Waclaw A, Masierak W, Gutsze A(2004)Catal Lett 92: 157.
[38] Narender N, Krishna Mohan KVV, Vinod Reddy R, Srinivasu P, Kulkarni SJ, Raghavan KV(2003)J Mol Catal A Chem 192: 73.
[39] Miyaura N, Suzuki A(1995)Chem Rev 95: 2457.
[40] Gruber M, Chouzier S, Koehler K, Djakovitch L(2004)Appl Catal A Gen 265: 161.
[41] Jin M-J, Taher A, Kang H-J, Choi M, Ryoo R(2009)Green Chem 11: 309.
[42] Choudary BM, Madhi S, Chowdari NS, Kantam ML, Sreedhar B(2002)J Am Chem Soc 124: 14127.
[43] Jamwal N, Gupta M, Paul S(2008)Green Chem 10: 999.
[44] Hagio H, Sugiura M, Kobayashi S(2006)Org Lett 8: 375.
[45] Han W, Liu C, Jin Z(2008)Adv Synth Catal 350: 501.
[46] Mori A, Miyakawa Y, Ohashi E, Haga T, Maegawa T, Sajiki H(2006)Org Lett 8: 3279.
[47] Rode CV, Vaidya MJ, Jaganathan R, Chaudhari RV(2001)Chem Eng Sci 56: 1299.
[48] Vaidya MJ, Kulkarni SM, Chaudhari RV(2003)Org Process Res Dev 7: 202.
[49] Kruk M, Jaroniec M, Ji Man Kim, Ryoo R(1999)Langmuir 15: 5279.
[50] Mehnert CP, Ying JY(1997)Chem Commun 2215.
[51] Kogan V, Aizenshtat Z, Neumann R(2002)New J Chem 26: 272.
[52] Ali Abdalla ZE, Li B, Tufail A(2009)Colloid Surf A Physicochem Eng Asp 341: 86.
[53] Yang H, Zhang G, Hong X, Zhu Y(2004)J Mol Catal A: Chem 210: 143.

第4章　二氧化钛负载的钒取代的磷钨酸——用于在室温下烯烃选择性氧化裂解制羰基化合物的催化剂

N. Lingaiah, K. T. Venkateswara Rao, and P. S. Sai Prasad

1　前言

有机质氧化成富含氧的化合物是合成化学中发展的最重要的反应之一。烯烃经氧化发生双键断裂和官能化成相应的羰基化合物是有机合成的重要转化过程[1]。这些化合物因可用作许多化学产品、农用化学品、香料、药物以及聚合物的中间体而具有高的商业价值。经典的烯烃双键断裂方法是通过适当的工艺进行臭氧分解实现的[2-5]。但是，它的用途通常因安全原因受到限制，已有几次严重的事故被报道[6,7]。可替代的方法是在均相催化剂如 $Pd(OAc)_2$[8]，AuCl 与氧化剂 TBHP 的组合[9]以及 $RuCl_3$[10]的作用下发生烯烃的双键断裂。从经济性和环境友好的角度来看，这些均相催化剂并非是优先选用的。因此，希望发展一些在更环境友好情况下进行碳碳双键氧化断裂的非均相催化剂。在这方面，近来已报道了几种用于苯乙烯氧化的催化剂如负载型 Keggin 型杂多酸[11-13]、钒的络合物[14]和铁酸锶尖晶石[15]。虽然这些过程是有效的，但它们仍有局限性。它需要更长的反应时间、更高的反应温度，且对其他的烯烃并未见有使用催化剂的报道。

过去的十多年中，多金属氧酸盐尤其是 Keggin 型杂多酸(HPAs)作为酸和氧化催化剂广泛应用于几个工业过程[16-18]。HPAs 具有非常强的 B 酸强度和适宜的氧化还原性质。HPAs 的酸性和氧化还原性质可在分子水平上改变其组成而调节。这些催化剂的主要缺点是它们的热稳定性不好，表面积低和在极性溶剂中的溶解度高。在克服这些不足方面人们正在作出努力，如将 HPAs 负载在各种不同的酸性载体上，或用不同的金属离子交换 HPAs 中的质子。人们一直在研究各种改性的 Keggin 型杂多酸以适应各种不同氧化反应的要求[19-21]。

在此，我们展示负载在二氧化钛上钒取代的磷钨酸作为非均相催化剂，用于在室温下烯烃选择性氧化为相应羰基化合物的反应。该催化剂还被用于其他不同烯烃的氧化反应。钒含量和钒在 TPA 的 Keggin 离子中的位置对烯烃双键的氧化断裂的影响也是本研究的目标之一。

2 实验部分

2.1 催化剂的制备

按照文献[22]报道的类似方法制备钒取代的 TPA($H_4PW_{11}V_1O_{40}$，TPA V_1)，使用的原料有 $NaVO_3$，Na_3PO_4 和 $NaWO_4 \cdot 2H_2O$。在 80℃下将 7.33mmol $NaVO_3$ 溶解在 50mL 去离子水中，并与事先配制好的 Na_2HPO_4 溶液混合(将 7.3mmol Na_2HPO_4 溶解在 20mL 水中形成的溶液)。将混合溶液降至室温，然后加入 5mL 浓硫酸，得到红色的溶液。另将 80.63mmol$NaWO_4 \cdot 2H_2O$ 溶解在 50mL 蒸馏水中，然后在强烈搅拌的情况下逐滴加入到以上的红色溶液中，随后缓慢加入浓硫酸。通过乙醚萃取和蒸发的方法可得到 TPA V_1。将得到的黄色固体溶解在水中，然后浓缩直至结晶出现。同样，通过改变起始原料的配方可制备 TPA V_2 和 TPA V_3 催化剂。

2.2 VOTPA 催化剂的制备

用钒交换 TPA 中的质子(以 VOTPA 表示)所得的催化剂是用$(VO)^{+2}$离子交换 $H_3PW_{12}O_{40}$(TPA)的质子制备的[23]。在 100℃下将计算量的 V_2O_5 溶解在草酸中，随后将溶液冷却至室温。将该溶液在不断搅拌情况下加入到 TPA 的水溶液中。在水浴上加热除去过量的水，得到的样品在 120℃进一步干燥 12h。

2.3 二氧化钛负载的 TPA V_1 催化剂的制备

采用浸渍法将不同含量的 TPA V_1(10%~25%)负载在二氧化钛上形成一系列催化剂。即将计量好的 TPA V_1 溶解在去离子水中，然后加入到盛有二氧化钛的容器中，在水浴上加热除去过量的水，随后在 120℃干燥 12h，最后在 300℃焙烧 2h。

3 催化剂表征

傅立叶红外(FT-IR)谱图是在 DIGILAB 红外光谱仪(美国制造)上通过 KBr 压片法测定的。

XRD 谱图是在 RIGAKUMINIFLEX 衍射仪上用 CuKα 辐射线($\lambda = 1.54$Å)测定的。2θ 角扫描范围从 2°到 60°，扫描速度为 2°/min。

拉曼光谱图(Raman)是在装配有相同焦距显微镜的 Horiba-Jobin Yvon LabRAM-HR 光谱仪上测定的，显微镜带有 2400/900 凹槽/mm 光栅和一个凹式滤片。由一台 Yag 双二极管激光发生器(20mV)提供 532nm 处激发态的可见激光

(可见的/绿色的)，散射的光子直射和聚焦在一个单阶单色器上，并用一台 LN2 冷却的紫外光检测器测定(CCD)。

程序升温还原(TPR)图测定条件为：载气组成为 10%H_2/Ar，流速为 30mL/min，升温速率为 10℃/min。在进行 H_2-TPR 测定之前，催化剂样品在 Ar 气氛下于 250℃预处理 2h。用热导检测器测定氢气的消耗量。

X 射线光电子谱是在一台型号为 KRATOSAXIS 165 的仪器上测定的，该仪器带有使用 MgKR 阳极的双阳极(Mg 和 Al)装置。非单色的 AlKRX 射线源(1486.6eV)在 12.5kV 和 16mA 下操作。获取数据之前，样品在 100℃和 1.0×10^{-7}Torr 真空度下脱气处理 3h，以使其表面的污染降至最低。X 射线光电子谱仪用 Au 作标准校准。每次校准，使用碳的 1s 光电子谱线。碳的 1s 键合能约为 285eV。用 2eV 进行电荷中和以平衡样品的电荷升高。光谱图用一台基于太阳系列 Vision-2 曲线解析器消除噪声影响。起始用纯样品光谱图计算光谱最高峰一半处的位置和满宽度，在所有情况下使用对称的高斯形状的光谱图。

4　一般反应流程

在一个典型的实验中，使用一个 25mL 配有磁力搅拌器的圆底烧瓶，加入 1mmol 苯乙烯、3mL 乙腈、3mmol30%的双氧水和 50mg 催化剂(20% TPA V_1/TiO_2)。将混合体系在室温下搅拌 10h。反应完成后，过滤分离出催化剂，并用无水硫酸钠干燥，产品经 DB-5 色谱柱分离后用 GC-MS 色质联用仪(型号：SHIMADZU-2010)鉴别。

5　结果与讨论

首先，苯乙烯作为一个模型化合物用于考察其烯烃双键的氧化断裂反应，该反应在室温和常压下进行，以含钒的 TPA 作催化剂，结果见表 4-1。主要的氧化产物是苯甲醛，其他产物是环氧化苯乙烯、1-苯基乙基-1,2-二醇、苯甲酸和甲醛。不使用催化剂，苯乙烯的氧化不产生任何产物。

表 4-1　用于苯乙烯氧化的催化剂种类

序　号	催　化　剂	苯乙烯转化率[b]/%	选择性[b]/%	
			苯甲醛	其他
1	TPA	—	—	—
2	TPAV	50[a]	79	21
3	$TPAV_1$	70	80	20
4	$TPAV_2$	72	77	22

续表

序号	催化剂	苯乙烯转化率[b]/%	选择性[b]/%	
			苯甲醛	其他
5	$TPAV_3$	80	62	35

反应条件：1mmol 苯乙烯、3mL 乙腈、3mmol30%的双氧水和 50mg 催化剂；反应温度，室温；反应时间：10h。

[a]：在 80℃。

[b]：基于 GC-MS 分析得出的结果。

苯乙烯的氧化裂解反应见图 4-1。

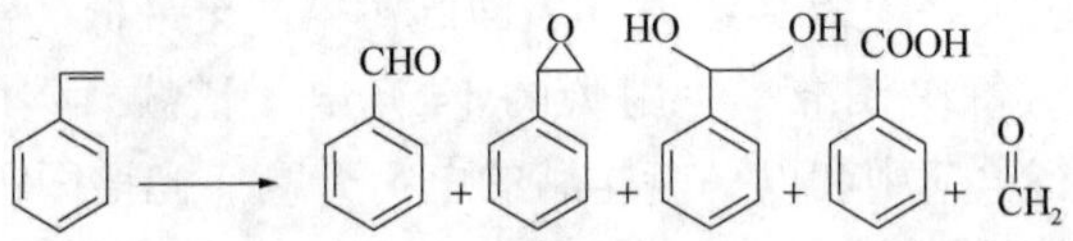

图 4-1 苯乙烯的氧化裂解反应示意图

TPA 本身在室温下并无活性，当反应温度升至 80℃，TPA 表现出 50%的苯乙烯转化率和 79%的对苯甲醛选择性。仅用钒取代的 TPA($TPAV_1$)催化剂，在室温下即可得到 70%的苯乙烯转化率和 80%的对苯甲醛选择性。众所周知，TPA 具有高的酸性特点，用钒取代其初级结构中的钨导致其产生了氧化还原特性[23]。随着更多的钨原子被钒原子取代，如 $TPAV_2$、$TPAV_3$，苯乙烯的转化率增加，但是，可观察到对苯甲醛的选择性则呈下降趋势。

钒在钨杂多酸结构中的位置对其催化氧化能力有重大影响[23]。钒的位置在苯乙烯氧化反应中还起关键性作用。当钒存在于 TPA 的次级结构中时(VOTPA)，相比其存在于 TPA 的初级结构中，催化剂的活性是低的，见表 4-1 的序号 5 的实验结果。实验已经观察到 $TPAV_1$ 在室温下对苯乙烯氧化是有效的催化剂，但是，它是均相的催化剂。

为了制备非均相的 $TPAV_1$ 催化剂，将其负载在 TiO_2 上。$TPAV_1/TiO_2$ 催化剂在室温下用于苯乙烯氧化反应的活性是 $TPAV_1$ 负载量的函数，见表 4-2。TiO_2 本身未发现对该反应有活性，它的作用是将活性组分分散在其表面上。苯乙烯的转化率随 $TPAV_1$ 负载量的增加而增加，至 20%时达到最大(97%)。进一步增加负载量，可观察到转化率下降。

表 4-2 $TPAV_1$ 负载在 TiO_2 上用于苯乙烯氧化反应的效果

催化剂	苯乙烯转化率[a]/%	选择性[a]/%	
		苯甲醛	其他
10% $TPAV_1/TiO_2$	65	82	17
15% $TPAV_1/TiO_2$	80	80	20

续表

催化剂	苯乙烯转化率[a]/%	选择性[a]/%	
		苯甲醛	其他
20% $TPAV_1/TiO_2$	97	85	14
25% $TPAV_1/TiO_2$	85	72	28

反应条件：1mmol 苯乙烯、3mL 乙腈、3mmol30%的双氧水和 50mg 催化剂；反应温度，30℃；反应时间：10h。

[a]：基于 GC-MS 分析得出的转化率和选择性。

为了寻找所观察到的活性随 TiO_2 上 $TPAV_1$ 负载量变化的原因，对这些催化剂进行了表征以了解其表面性质和结构特点。

$TPAV_1/TiO_2$ 催化剂的 X 射线衍射图如图 4-2 所示。为了比较，TPA 和 $TPAV_1$ 的 XRD 图列于图的右上部分。纯 TPA 的 Keggin 特征峰在 2θ 角为 10.4°、25.3°、34.6°处观察到[24]。这些特征谱线甚至在钒取代进入 TPA 的初级结构中仍然存在，表明紧密的 Keggin 结构的存在。对低 $TPAV_1$ 负载量的催化剂，并未观察到任何 $TPAV_1$ 晶体的衍射峰。它们显示的主要是 TiO_2 载体的衍射峰。这可能是由于 Keggin 结构的 $TPAV_1$ 在 TiO_2 载体上呈良好分散所致。与 Keggin 结构相关的 XRD 衍射峰在高 $TPAV_1$ 负载量(>20%)的催化剂中可观察到。

图 4-3 是这些催化剂的傅立叶红外谱图。TPA 和 $TPAV_1$ 的 IR 图列于图的右上部分。TPA 在 1100~1500cm^{-1} 范围内出现了 4 个吸收峰，主峰的位置分别在 1081cm^{-1}、986cm^{-1}、890cm^{-1} 和 800cm^{-1}，分别对应于 P—O、W ═O、W—Oc—W 和 W—Oe—W 等键的伸缩振动，与 Keggin 离子的结构相关[25]。IR 图显示出 V 进入了 12-磷钨酸的晶格中后 Keggin 结构未受损坏。随着钒原子取代 OXO 阴离子($TPAV_1$ 催化剂)初次结构中的钨原子，由于结构对称性下降[23]，P—O 和 W ═O 键的吸收峰移向更小的波数。该位移表明钒进入了 Keggin 晶格结构中。因此，XRD 图和傅立叶红外谱图所揭示的结果是一致的。

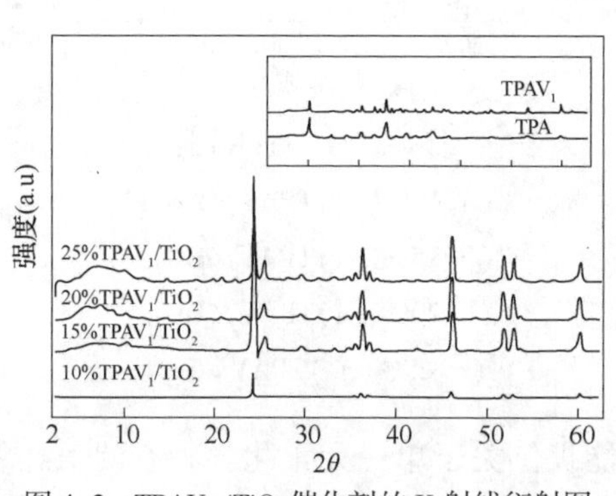

图 4-2 $TPAV_1/TiO_2$ 催化剂的 X 射线衍射图

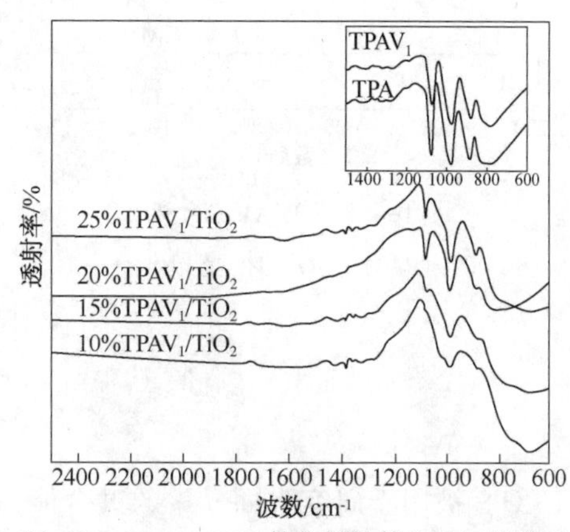

图 4-3 $TPAV_1/TiO_2$ 催化剂的傅立叶红外谱图

图 4-4 是这些催化剂的拉曼光谱图，纯的 TPA 在 $1006cm^{-1}$、$991cm^{-1}$ 和 $905cm^{-1}$ 处显示出特征拉曼吸收峰，与 Keggin 离子中 W ═O 的对称和非对称振动相关[26]。这表明钒进入了 TPA 的 Keggin 晶格结构中。负载型催化剂主要在 $394cm^{-1}$、$511cm^{-1}$ 和 $635cm^{-1}$ 处出现拉曼吸收峰，对应于 TiO_2 的特征吸收峰[27]。在负载型催化剂中，TiO_2 的吸收峰为主，但在 $1007cm^{-1}$ 处观察到一个小的吸收峰，对应于 $TPAV_1$ 的 Keggin 离子。这表明 $TPAV_1$ 在 TiO_2 载体表面分散良好，且保留了 Keggin 结构。

H_2-TPR 技术提供了关于单一物种还原能力的重要信息，使之成为表征杂多酸催化剂的一个有用的工具。图 4-5 列出了 $TPAV_1$ 负载量为 10%~25% 的 $TPAV_1/TiO_2$ 催化剂的 TPR 图。在所有催化剂中都观察到两类还原峰。一般来说，杂多酸在 500℃以上开始分解，而还原峰对应于在 H_2-TPR 实验中产生的金属氧化物的还原。可以观察到在 400~700℃范围内的 603℃处的第一个还原峰对应于孤立状态的钒氧化物种的还原[21,28]。Chen 等观察到，将 V_2O_5-WO_3 负载在 TiO_2 上所得到的 TPR 图中，520℃处的还原峰对应于 V(Ⅴ)还原成 V(Ⅲ)[2]。随着 $TPAV_1$ 负载量从 10%增加至 25%，单位钒的氢耗量增加，且还原峰稍向较低的温度位移。高温还原峰源于 $TPAV_1$ 分解产生的 WO_3 的还原。如前面所提及的[29]，可以推测高温还原峰对应于 W(Ⅵ)还原成 W(0)。

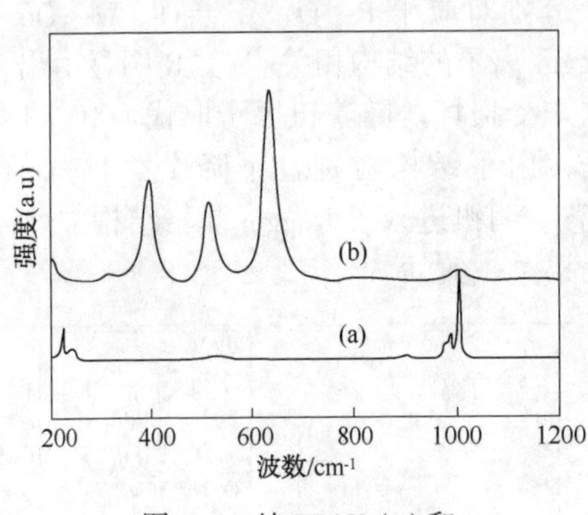

图 4-4 纯 $TPAV_1$(a)和 20%$TPAV_1/TiO_2$ 的拉曼光谱图

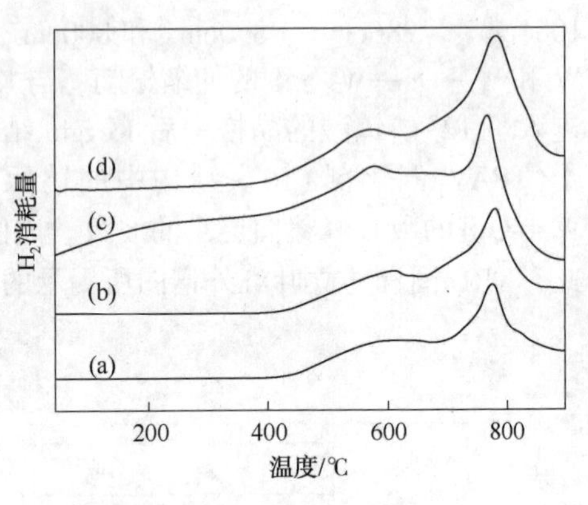

图 4-5 H_2-TPR 图：
(a)10%(质)$TPAV_1/TiO_2$；
(b)15%(质)$TPAV_1/TiO_2$；
(c)20%(质)$TPAV_1/TiO_2$；
(d)25%(质)$TPAV_1/TiO_2$

XPS 被用于研究表面元素的键合能，能提供关于单一元素化学状态的信息。图 4-6 给出了高活性催化剂[20%(质)$TPAV_1/TiO_2$]的 XPS 表征结果。在核心的

P2p 的键合能为 133.9eV。P2p 光电子峰位置值证实了磷是以磷酸盐形态存在的[30]。已观察到 Ti2p 核的键合能在 458.2eV 和 464eV 分别对应于 Ti $2p_{3/2}$和 Ti $2p_{1/2}$，表明 Ti 的氧化态是 Ti^{4+}[31]。O1s 核的两个分辨良好的峰在 530.1eV 和 531.5eV。在 530.1eV 的峰对应于 TiO_2的 O1s。第二个峰与 W—O—W 的 O1s 相关[32]。测得的 W4f 键合能显示在 34.2eV、35.5eV、36.6eV 和 37.3eV 处有 4 个光电子峰。在 35.5eV 和 36.6eV 处的键合能分别归于 $4f_{7/2}$和 $4f_{5/2}$。这些与由于自旋分裂导致的 Keggin 离子的特征键相关。这些值与文献资料[33]的数据一致。已有报道在 34.2eV 和 37.3eV 处的键合能与表面上存在的水有关[32]。V2p 核的键能为 517.2eV，是 V^{+5}离子的特征[34]。

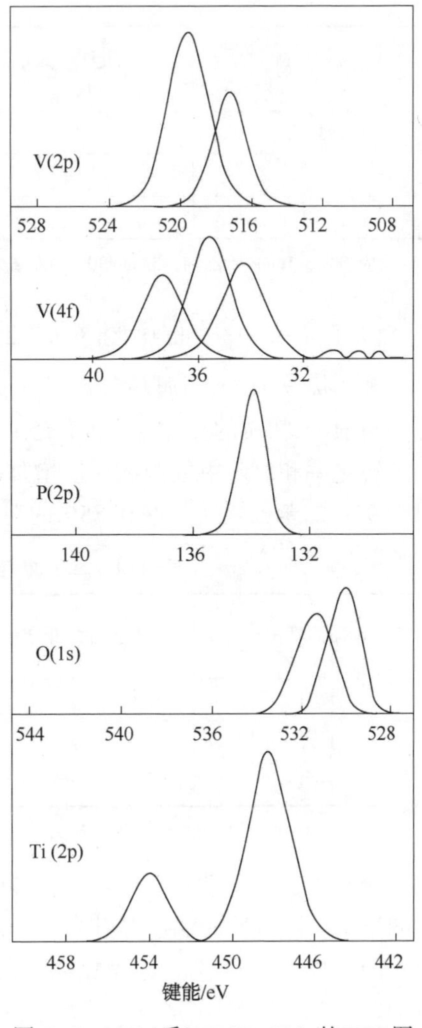

图 4-6　20%(质)$TPAV_1/TiO_2$的 XPS 图

表征结果支持了 $TPAV_1/TiO_2$的 Keggin 离子未被破坏。$TPAV_1$在 TiO_2的表面分散良好，且 $TPAV_1$负载量为 20%时，分散度最好，并表现出高的催化活性。

对活性最好的催化剂[20%(质)$TPAV_1/TiO_2$]进一步研究以估算反应参数。使用不同的溶剂进行反应，得到的结果列入表 4-3。结果显示反应在极性溶剂中的选择性比在非极性溶剂更好。在无溶剂时，反应不能进行。已发现丙烯腈是用于该反应的较佳溶剂。

表 4-3　溶剂对苯乙烯氧化裂解的影响

溶　　剂	苯乙烯转化率ª/%	选择性ª/%	
		苯甲醛	其他
甲醇	75	25	75
DCE	27	98	2
DCM	35	93	7

续表

溶　　剂	苯乙烯转化率[a]/%	选择性[a]/%	
		苯甲醛	其他
丙烯腈	97	85	15
甲苯	—	—	—
DMF	—	—	—

反应条件：1mmo 苯乙烯、3mmol30%的双氧水、3mL 溶剂和 50mg 催化剂；反应温度，30℃；反应时间：10h。

[a]：基于 GC-MS 分析得出的转化率和选择性。

苯乙烯与 H_2O_2 物质的量比对催化活性的影响研究结果列入表 4-4。改变苯乙烯与 H_2O_2 物质的量比从 1∶1 至 1∶3，并进行反应。随着 H_2O_2 浓度增加，苯乙烯转化率和对苯甲醛的选择性增加，在苯乙烯与 H_2O_2 物质的量比为 1∶3 时，得到 97%的苯乙烯转化率和 85%的对苯甲醛选择性。

表 4-4　苯乙烯与 H_2O_2 物质的量比的影响

物质的量比	苯乙烯转化率[a]%	选择性[a]/%	
		苯甲醛	其他
1∶1	54	95	5
1∶2	73	86	14
1∶3	97	85	15

[a]：基于 GC-MS 分析得出的转化率和选择性。

研究了反应温度对苯乙烯氧化裂解的影响，当反应在室温下进行时获得了最好的结果。随着反应温度的升高，苯乙烯的转化率并未有较大变化，同时，对苯甲醛的选择性下降了。这是由于苯甲醛进一步氧化成更加稳定的苯甲酸所导致的。

此外，还在优化的反应条件下探索了各种苯乙烯衍生物的氧化反应，结果列入表 4-5。在芳环上有给电子基团和吸电子基团时，反应能顺利进行，见序号 1-9。对 α-甲基苯乙烯(序号 10)，可获得 98%的转化率和 97%的对 acetophenone 选择性。当 stilbene(序号 13)被使用时，催化剂的活性是低的，只有 30%的转化率和 96%的对苯甲醛的选择性。对这类烯烃的低催化活性是由于它的空间位阻所导致的。目前的催化剂还对脂肪族烯烃的氧化裂解具有活性。如 1-己烯，可有 20%的转化率和 95%的对 pentanal 选择性，而对 3-甲基-1-pentene，可有 20%转化率和 90%的对 2-甲基 bunal 选择性。

表 4-5　各种苯乙烯衍生物和脂肪烯烃的氧化裂解

序号	反应物	转化率/%	产物	选择性/%
1	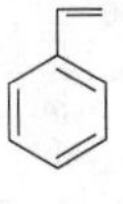	97	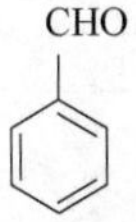 CHO	85
2	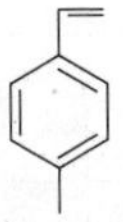	99	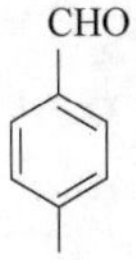 CHO	87
3	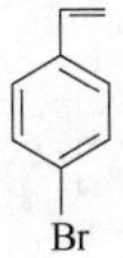 Br	95	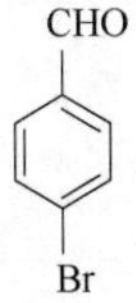 CHO Br	82
4	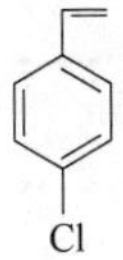 Cl	96	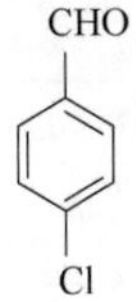 CHO Cl	88
5	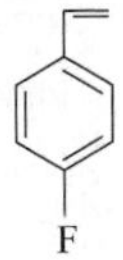 F	85	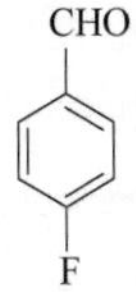 CHO F	82
6	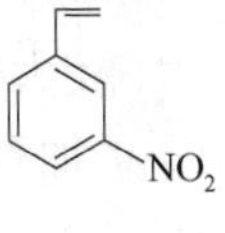 NO_2	90	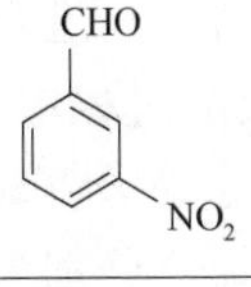 CHO NO_2	79
7	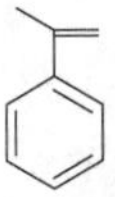	92	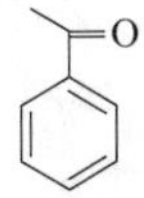 O	81
8	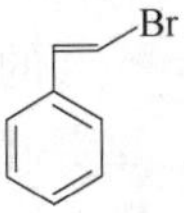 Br	88	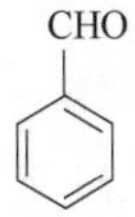 CHO	89
9	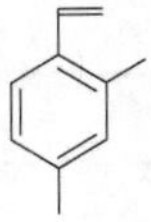	96	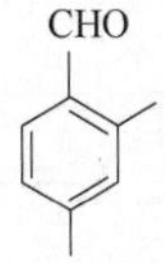 CHO	85

续表

序号	反应物	转化率/%	产物	选择性/%
10	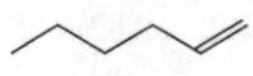	98	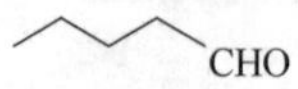 CHO	88
11	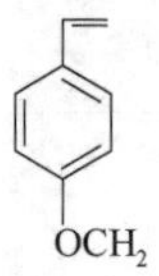 OCH$_2$	30	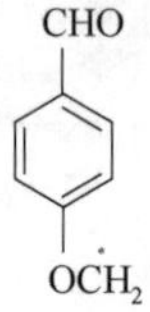 CHO OCH$_2$	98
12	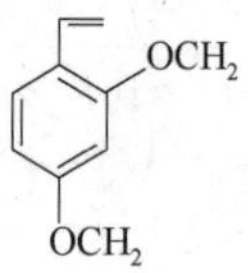 OCH$_2$ OCH$_2$	20	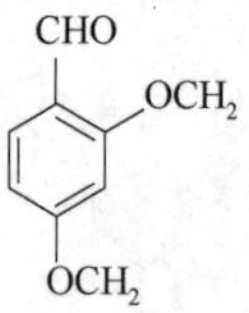 CHO OCH$_2$ OCH$_2$	95
13	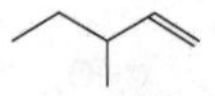	23	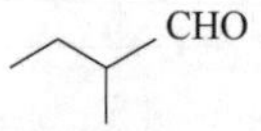 CHO	89

反应条件：1mmo 苯乙烯、3mL 乙腈、3mmol30%的双氧水和 50mg 催化剂；反应温度，30℃；反应时间：10h。

[a]：基于 GC-MS 分析得出的转化率和选择性。

对催化剂的循环重复使用性能进行了研究，结果列入表 4-6。即使循环重复使用三次后，催化剂仍表现出几乎相同的活性和选择性。使用过的催化剂的傅立叶红外谱图和拉曼光谱图见图 4-7。表征结果支持了 $TPAV_1$ 中完整的 Keggin 离子的存在。循环的结果再现了催化剂用于烯烃氧化裂解反应的非均相特性。为了证实催化剂的非均相特性，进行了一个独立的实验，使用 20%(质) $TPAV_1/TiO_2$ 作催化剂，在 4h 的反应过程中获得了 50%的苯乙烯转化率和 87%的对苯甲醛选择性。快速地通过过滤除去催化剂后，在相同条件下进一步反应 4h，转化率和选择性没有明显的增加，分别为 50%和 86. 5%。该结果揭示了苯乙烯的氧化反应是发生在催化剂上的。

表 4-6　$TPAV_1/TiO_2$ 催化剂循环重复使用的结果

重复次数	转化率/%	选择性/%	催化剂回收率/%
1	95	85	96
2	92	86	92
3	92	85	90
4	85	90	85

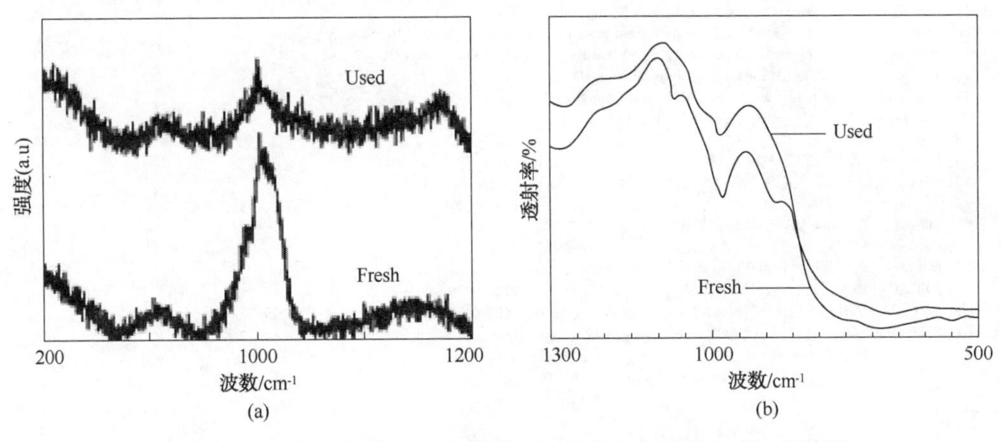

图 4-7 (a)拉曼光谱和(b)新鲜和用过的催化剂的傅立叶红外谱图

6 结论

本章展示了一种用于在室温下催化烯烃氧化裂解为羰基化合物反应的简单高效的催化剂。催化剂的活性决定于在 Keggin 离子的初级结构中存在的钒，而不是次级结构中的钒。活性还决定于在载体上 $TPAV_1$ 的分散量。该催化剂还对苯乙烯衍生物的氧化反应有效。该催化剂价格便宜、无腐蚀性和环境友好，且易于回收和循环使用，而活性和选择性不会下降。

致谢

KTVR 感谢印度科学与工业研究理事会(CSIR)以高级研究奖学金形式提供的资金支持。

参 考 文 献

[1] Kuhn FE, Fischer RW, Herrmann WA, Weskamp T(2004) In: Beller M, Bolm C(eds) Transition metals for organic synthesis. Wiley-VCH, Weinheim.
[2] Hudlicky M(1990) Oxidations in organic chemistry, American Chemical Society Monograph 186. American Chemical Society, Washington, DC.
[3] Larock RC(1999) Comprehensive organic transformations, 2nd edn. Wiley-VCH, New York.
[4] Bailey PS(1982) Ozonation in organic chemistry. Academic, New York.
[5] Criegee R(1975) Angew Chem Int Ed Engl 14: 745-752.
[6] Koike K, Inoue G, Fukuda T(1999) J Chem Eng Jpn 32: 295-299.
[7] Ogle RA, Schumacher JL(1998) Process Saf Prog 17: 127-133.
[8] Wang A, Jiang H(2010) J Org Chem 75: 2321-2326.
[9] Xing D, Guan B, Cai G, Fang Z, Yang L, Shi Z(2006) Org Lett 8: 693-696.
[10] Yang D, Zang C(2001) J Org Chem 66: 4814-4818.
[11] Sharma P, Patel A(2009) J Mol Catal A Chem 299: 37-43.
[12] Pathan S, Patel A(2011) Dalton Trans 40: 348-355.
[13] Hu J, Li K, Li W, Ma F, Guo Y(2009) Appl Catal A Gen 364: 211-220.
[14] Maurya MR, Bisht M, Avecilla F(2011) J Mol Catal A Chem 344: 18-27.
[15] Paradeshi SK, Pawar RY(2011) J Mol Catal A Chem 334: 35-43.
[16] Kozhevnikov IV(1995) Catal Rev Sci Eng 37: 311-352.
[17] Lim SS, Kim YH, Park GI, Lee WY, Song IK, Youn HK(1999) Catal Lett 60: 199-204.
[18] Mori H, Mizuno N, Misono M(1990) J Catal 131: 133-142.

[19] Nagaraju P, Pasha N, Sai Prasad PS, Lingaiah N(2007)Green Chem 9: 1126–1129.
[20] Venkateswara Rao KT, Rao PSN, Nagaraju P, Sai Prasad PS, Lingaiah N(2009)J Mol Catal A Chem 303: 84–89.
[21] Lingaiah N, Mohan Reddy K, Nagaraju P, Sai Prasad PS, Wachs IE(2008)J Phys Chem C 112: 8294–8300.
[22] Tsigdinos GA, Hallada CJ(1968)Inorg Chem 7: 437–441.
[23] Lingaiah N, Molinari JE, Wachs IE(2009)J Am Chem Soc 131: 15544–15554.
[24] Dias JA, Osegovic JP, Drago RS(1998)J Catal 183: 83–90.
[25] Thouvenot R, Fournier M, Franck R, Rocchiccioli–Deltcheff C(1984)Inorg Chem 23: 598–605.
[26] Rocchiccioli–deltcheff C, Fournier M, Franck R, Thouvenot R(1983)Inorg Chem 22: 207–216.
[27] Mallick K, Witcomb MJ, Scurrell MS(2004)Appl Catal A Gen 259: 163–168.
[28] Kompio PGWA, Brückner A, Hipler F, Auer G, Löffl er E, Grünert W(2012)J Catal 286: 237–247. doi: 10. 1016/j. jcat. 2011. 11. 008.
[29] Chena L, Li J, Gea M(2011)Chem Eng J 170: 531–537.
[30] Damyanova S, Fierro JLG, Sobrados I, Sanz J(1990)Langmuir 15: 469–476.
[31] Damyanova S, Fierro J(1998)Chem Mater 10: 871–879.
[32] Jalil PA, Faiz M, Tabet N, Hamdan NM, Hussain Z(2003)J Catal 217: 292–297.
[33] Xu L, Li W, Hu J, Li K, Yang X, Ma F, Guo Y, Yu X, Guo Y(2009)J Mater Chem 19: 8571–8579.
[34] Delichere P, Bere EK, Abon M(1998)Appl Catal A 172: 295–309.

第5章　用于大宗和精细化学合成的环境友好型负载型杂多酸和多组分聚氧金属酸盐

G. V. Shanbhag, Ankur Bordoloi, Suman Sahoo, B. M. Devassy, and S. B. Halligudi

1　前言

杂多酸(HPAs)是一类独特的材料，既可作氧化还原反应的催化剂又可作酸性催化剂[1,2]。这些聚氧金属酸盐由以M—O八面体作为基本结构单元的杂多酸大阴离子组成。基于初级结构，HPAs属于Keggin、Wells-Dawson和Anderson-Evans等。其中Keggin型HPAs因其高的热稳定性、高的酸强度和氧化还原性质和易于制备在催化领域最为重要。它们是强的布朗斯特酸性催化剂，其酸强度高于传统的固体酸如分子筛和混合氧化物。

HPAs能催化在液体中进行的多种均相反应，其酸性比矿物酸更强。而且，HPA催化过程可避免使用矿物酸作催化剂时会发生的磺化、氯化和硝化等副反应。HPAs是稳定的、无毒的晶体材料，具有安全性和易于处理的优点[3]。

但是，使用均相催化遇到的主要共性问题是催化剂的回收和循环使用困难，限制了其应用。因相比矿物酸，HPAs价格较贵，HPA催化剂能循环使用是其能否获得应用的关键因素[3]。HPAs既可直接使用，也可以制备成负载型非均相催化剂使用，后者可解决以上提到的问题。相比于直接作催化剂(5~8m^2/g)，制备成负载型催化剂具比表面积大，反应物与活性中心的可接近性更好的优势，据报道能与HPAs发生弱的相互作用的酸性或中性固体如二氧化硅、活性炭和酸性离子交换树脂等适于作HPA的载体[4]。但是，负载在这些传统载体上的杂多酸在极性反应介质中稳定性不好，且会发生部分均相催化反应。与这类材料相关的严重问题是在有机反应过程中由于在催化剂表面形成了含碳胶质沉积物易于使催化剂失活。HPAs没有足够的稳定性可以忍受传统的再生处理，即在500~550℃下进行烧炭处理，如再生分子筛和无定性硅酸铝[2]。因此，利用这类材料制备稳定性好和活性高的负载型HPA催化剂是至关重要的。

近年来，二氧化锆作为催化剂和催化剂载体，因其高的稳定性和氧化还原性质正在引起大家的关注[5,6]。关于用阴离子如SO_4^{2-}和WO_4^{2-}改性的二氧化锆已进行了广泛的研究，它可用作有效的固体酸催化剂[7-10]。但是，鲜有文章报道关于用杂多酸改性的二氧化锆用作大宗和精细化学品合成过程催化剂的研究[11,12]。杂多酸与二氧化锆载体间相互作用是影响这类催化剂性能的一个重要方面，而且，其活性可以通过将杂多酸分散在介孔二氧化硅载体如 SBA-15 上而大幅提高。

通过固载和封装的方法直接将 POMs 负载在介孔材料上是设计和制造催化剂体系的途径，该催化剂体系可以得到几乎 100%的目标产物，且没有活性损失、能耗更低[13]。在受限的环境中，与在本体状态下比较，活性的 POMs 失去了一些自由度，并采用一个特殊的空间结构，通过表面的功能基团锚定在载体上，这改变了其配位球体结构，并且松弛或张紧了其球体结构，这依赖于它们是否固定在介孔载体的孔道内部。因此，对立体化学控制的反应，能显著改善其催化性能[14]。

近期的报告描述了 POMs 和过渡金属取代的 POMs 在各种载体上的固载化，这些载体有二氧化硅、炭、介孔二氧化硅如 MCM-41 和 SBA-15，它们通过一种有机交联剂结合在一起。该报告还探索了这些固载化材料在各种学术研究和一些重要工业转化过程中的应用[15]。与钨基杂多酸相比，钼基杂多酸对氧化反应是更好的催化剂。通过钒取代 Keggin 结构中部分钼，进而将其化学组成式由 $H_3PMo_{12}O_{40}$变为 $H_4PMo_{10}V_2O_{40}$，这些催化剂的活性得到改进。与钒取代的材料相关的较高的电荷平衡质子数量是由于在含 Mo 离子(+6)和含 V 离子(+5)之间的电荷差异所导致的。含有两个 V 原子的杂多酸在催化氧化反应中活性更高[16]。

Kholdeeva 等报道了使用不同的技术固载 POMs 的近期研究结果，如通过溶胶-凝胶方法将 POMs 植入二氧化硅的晶格中，或不可逆地吸附在活性炭表面，或通过静电附着在 NH_2-改性的二氧化硅上，以及将其插入金属有机骨架 MIL-101 中[17]。它们在液相选择性氧化反应中的催化性能良好，因其良好的稳定性和可重复使用性而引起了特别关注。

本章分为两部分。第一部分讨论了负载型杂多酸极其在酸催化反应中的应用。第二部分讨论了将多组分 POMs 固载在固体载体上的不同技术方法，以及使用负载型催化剂研究了一些模型化合物的氧化反应。

2　第一部分：用作强固体酸催化剂的二氧化锆负载的杂多酸

2.1　实验部分

2.1.1　催化剂制备

首先，在 0.5mol/L 氯化氧锆水溶液中滴加 10mol/L 氨水溶液使其水解制备氢氧化氧锆，终点 pH 值为 10。然后，过滤出沉淀物，用氨水洗涤至用硝酸银溶液检测滤液中不含氯离子。将所得到的氢氧化氧锆滤饼在120℃干燥12h，然后碾碎成粉末状，再在马弗炉中焙烧。将所得的焙烧物悬浮在一定量的磷钨酸(PTA)溶液中制备出催化剂样品。每次，按每克固体载体加入4mL甲醇，将所得混合物在旋转蒸发器中搅拌处理8~10h。然后，在抽真空下于50℃左右除去过量的甲醇。所得的固体材料在120℃干燥24h，再碾碎成粉末状。以甲醇作溶剂，改变磷钨酸的浓度制备了一系列不同PTA负载量的催化剂。然后将干燥后的样品在给定温度下于空气中进行焙烧处理[18]。

2.1.2 催化剂表征

催化剂通过如下技术进行表征，如X射线衍射、N_2物理吸附、热重-差热分析、紫外吸收光谱、吡啶吸附傅立叶变换红外光谱、NH_3-TPD(程序升温脱附)、傅立叶变换拉曼光谱、^{31}P魔角自旋固体核磁共振光谱检测等[19]。

2.1.3 催化剂活性评价

所有的液相反应既可在玻璃间歇反应器中进行，也可在50mL高压釜中进行。连续化反应是在下流式固定床石英反应器中进行的。

2.2 结果与讨论

2.2.1 X射线衍射

采用X射线衍射技术检测纯ZrO_2以及负载型STA催化剂的体相结构，结果见图5-1。载体在350℃之前表现出无定形物质的行为，并逐渐结晶成一个单斜晶相和四方晶相的混合物。单斜晶相的衍射强度随焙烧温度升高而增加。不同STA负载量的催化剂经750℃焙烧后测定的X射线衍射图显示出STA的存在，它会强烈地影响氢氧化氧锆向二氧化锆的转晶过程。在750℃焙烧后的ZrO_2主要呈单斜晶相，仅含少量的四方晶相。对低STA负载量的催化剂，其经750℃焙烧后测定的X射线衍射图可以描述为单斜晶相和四方晶相的叠合。对15%STA负载量的催化剂，四方晶相是主要的物相。如图5-1所示，15%STA负载量的催化剂在450℃之前呈无定形状态，随着焙烧温度上升，二氧化锆逐渐结晶成四方晶相，在750℃时，催化剂主要以四方晶相存在，在750℃以上可以观察到单斜晶相二氧化锆的形成[20]。同样的现象在制备ZrO_2负载的PTA催化剂时也观察到。

2.2.1.2 N_2物理吸附研究

纯的氢氧化氧锆在120℃干燥后，其比表面积为$332m^2/g$，经750℃焙烧后其比表面积减少至$16m^2/g$。在载体中加入杂多酸(如硅钨酸)导致比表面积增加，在HPA负载量为15%时达到最大，见表5-1。这可解释为HPA与载体间的强相互作用减少了二氧化锆的表面扩散，阻止了烧结，稳定了二氧化锆的四方晶相，导致比表面积增加。STA负载量在15%以上时，比表面积没有明显的变化，这可

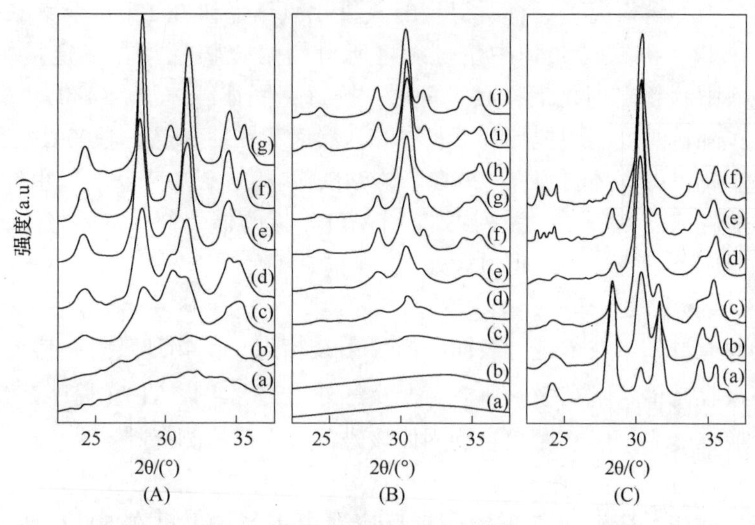

图 5-1　X 射线衍射图

(A)：分别在(a)120℃、(b)250℃、(c)350℃、(d)450℃、(e)550℃、(f)650℃、(g)750℃等温度下焙烧得到的 ZrO_2；(B)：分别在(a)120℃、(b)250℃、(c)350℃、(d)450℃、(e)550℃、(f)650℃、(g)700℃、(h)750℃、(i)800℃、(j)850℃等温度下焙烧得到的 15SZ；(C)：在 750℃焙烧后的不同负载量的催化剂(a)0、(b)5%、(c)10%、(d)15%、(e)20%、(f)25%

能是由于 WO_3 晶体的形成，使样品的孔道变窄或堵塞。

与不同 STA 负载量对应的理论上的 WO_3 负载量以及不同 STA 负载量和焙烧温度下催化剂的比表面积可用来计算理论上的钨的表面密度(或分散度)。钨的表面密度是由公式计算得到，即：W 表面密度 = {[WO_3 负载量(质)/100]×6.023×1023}/[231.8(WO_3 相对分子质量)×比表面积(m^2/g)×10^{18}]，计算结果列入表 5-1。该数据表明增加 STA 负载量会导致钨表面密度的增加。SZ 催化剂的比表面积还决定于焙烧温度，随焙烧温度上升钨表面密度增加，原因在于 ZrO_2 表面积的减少(表 5-1)。

表 5-1　各种催化剂的表面积、表面密度和酸度

催化剂	表面积/(m^2/g)	表面密度/(W/nm^2)	酸度[a]/(NH_3/nm^2)
Z-750	16	0	[b]n. e
5SZ-750	43	3.1	2.63
10SZ-750	50	5.4	2.77
15SZ-750	55	7.4	2.81
20SZ-750	54	10	2.71
25SZ-750	52	13.1	2.65

续表

催化剂	表面积/(m^2/g)	表面密度/(W/nm^2)	酸度[a]/(NH_3/nm^2)
15SZ-600	125	3.2	n. e
15 SZ-650	108	3.7	1.93
15 SZ-700	80	5.0	2.43
15 SZ-800	46	8.7	2.61
15 SZ-850	36	11.4	n. e

a：由 NH_3-TPD 测得的酸值；

b：未评估。

2.2.2 NH_3-TPD(程序升温脱附)

氨吸附-脱附技术被用于测定催化剂表面的酸中心强度以及总酸度。不同 STA 负载量的催化剂以及 15%STA 负载在 ZrO_2上(表示为 15SZ)的催化剂，在不同温度下焙烧得到的样品，其 NH_3-程序升温脱附曲线如图 5-2 所示，每 nm^2表面脱附的 NH_3量列入表 5-1。

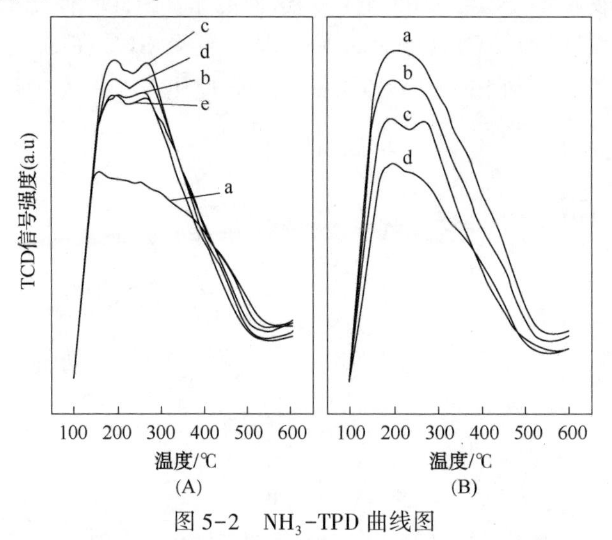

图 5-2 NH_3-TPD 曲线图

(A)不同 STA 负载量的催化剂在 750℃焙烧后：(a)5%，(b)10%，(c)15%，(d)20%，(e)25%；
(B)15SZ 催化剂在不同温度下焙烧后：(a)650℃，(b)700℃，(c)750℃，(d)800℃

所有的样品均给出了宽的程序升温脱附曲线，揭示出表面酸强度呈宽泛的分布。由表 5-1 可知，随着 STA 负载量增加，表面酸度增加，至 15%时达到最大，随后进一步增加负载量，表面酸度减少。对在不同温度下焙烧的 15SZ 催化剂，表面脱附的 NH_3量随焙烧温度升高而增加，至 750℃达到最大[20]，15%STA/ZrO_2的总酸度比 15%PTA/ZrO_2更高[19]。

2.2.3 吡啶吸附傅立叶变换红外光谱

利用红外光谱检测吸附的吡啶使我们能够分辨不同的酸性中心。不同STA负载量的催化剂在750℃焙烧后的样品以及在不同温度下焙烧所得的15SZ催化剂样品，所测定的吡啶吸附傅立叶变换红外光谱见图5-3。从图中可以看出在$1604cm^{-1}$，$1485cm^{-1}$，$1444cm^{-1}$，$1636cm^{-1}$和$1534cm^{-1}$处有尖锐的吡啶吸收带。与路易斯酸(L酸)中心结合的吡啶分子在$1604cm^{-1}$和$1444cm^{-1}$处有吸收带，而那些吸附在布朗斯特酸中心(B酸)吡啶离子在$1534cm^{-1}$和$1636cm^{-1}$处有吸收带[21]。在$1485cm^{-1}$处的吸收带则来自于吡啶分子同时与L酸中心和B酸中心键合所致。在较低的STA负载量时，催化剂表面主要表现出L酸，随STA负载量增加，L酸强度减少，而B酸强度增加，至15%时达到最大。在15%以上时，增加STA负载量，会减少B酸强度，但是，L酸强度仍保持与15%STA负载量的催化剂相同。15%以上STA负载量时酸度的减少可能是由于形成了晶体状的WO_3所致，这会阻止吡啶分子接近活性中心。如在不同负载量的催化剂情况下，酸的性质还决定于焙烧温度。在较低焙烧温度下(如450℃)，15SZ催化剂主要表现出L酸，只有非常低的B酸强度，直至750℃时都是这种情况。因此，催化剂的B酸强度随着STA负载量增加和焙烧温度上升而增加，直至STA在ZrO_2的表面铺满单层[19]。从图中可观察到15%STA/ZrO_2的B酸强度比15%PTA/ZrO_2的更高。

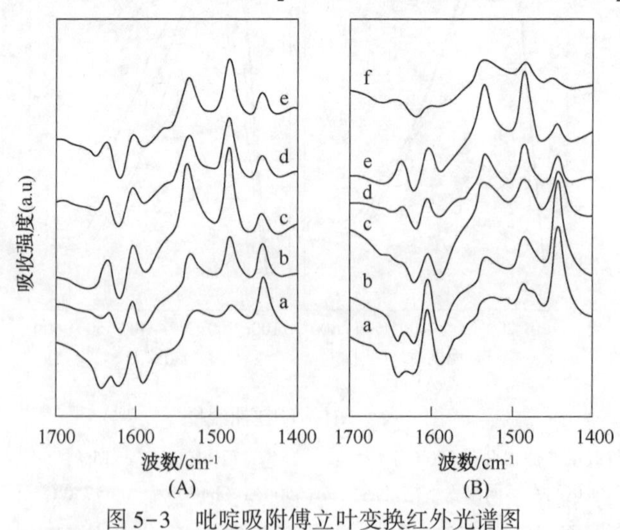

图5-3 吡啶吸附傅立叶变换红外光谱图

(A)不同STA负载量的催化剂在750℃焙烧后：(a)5%，(b)10%，(c)15%，(d)20%，(e)25%；(B)15SZ催化剂经300℃在位活化和不同温度下焙烧后：(a)450℃，(b)550℃，(c)650℃，(d)700℃，(e)750℃，(f)800℃

2.2.4 拉曼光谱

为了理解杂多酸与ZrO_2载体间的相互作用，纯STA以及在不同温度下焙烧的

15SZ 催化剂所测定的拉曼光谱见图 5-4。在 700cm^{-1}以下载体的强拉曼吸收带与含钨物种的特征拉曼吸收带相互干扰。而在 700cm^{-1}以上，没有 ZrO_2载体的特征吸收带，因此，与含钨物种结构的测定相关。纯的 STA 在 998cm^{-1}处有一个尖锐的吸收峰，并在 974cm^{-1}处有一个明显的肩峰。在 998cm^{-1}处和 974cm^{-1}处的吸收峰归因于 $\nu_{(W=O)}$的对称和非对称伸缩振动。此外，在 893cm^{-1}处观察到的一个宽的吸收带可归因于 $\nu_{(W-O-W)}$的非对称伸缩振动[22,23]。纯的磷钨酸(PTA)表现出与纯 STA 类似的拉曼光谱图。15SZ-120 催化剂在 973cm^{-1}处和 946cm^{-1}处出现了一个宽的双组分吸收峰。这些吸收峰与纯的 STA 相比较出现了红移，这可能是由于 STA 与载体间的相互作用致使 W ═O 键发生部分弱化[24]。随着焙烧温度从 120℃升高至 750℃，$\nu_{(W=O)}$吸收峰的位置从 973cm^{-1}处移至 992cm^{-1}处，表明 W ═O 键级增加。随着焙烧温度增加 $\nu_{(W=O)}$的波数增加可能是由于硅钨物种聚集增加所致[25]。这还可从随焙烧温度增加钨的表面密度增加获得证据支持(表 5-1)。在 650℃及以上焙烧温度时，拉曼光谱在 825cm^{-1}处出现一个新的吸收峰，Scheithauer 等将其归因于 $\nu_{(W-O-W)}$的伸缩振动[26]。近来，Loridant 等证实了这个吸收峰源于 $\nu_{(W-O-Zr)}$的振动，而不是 $\nu_{(W-O-W)}$的振动[25]。除了在 825cm^{-1}处和 992cm^{-1}处的吸收峰外，15SZ-750催化剂由于 $\nu_{(W-O-W)}$的伸缩振动在 910cm^{-1}处出现了另一个吸收峰。焙烧温度在 750℃之前，15SZ 催化剂的拉曼光谱在 720cm^{-1}处和 807cm^{-1}处没有出现 WO_3的特征吸收峰，表明 STA 没有分解成氧化物。整体结果显示 STA 的 Keggin 结构未受破坏，载体 ZrO_2稳定了杂多酸。15SZ-750 催化剂[15%PTA(磷钨酸)负载在 ZrO_2上，经 750℃焙烧处理)由于 $\nu_{(W=O)}$和 $\nu_{(W-O-Zr)}$振动分别在 988cm^{-1}处和 822cm^{-1}处出现吸收峰。

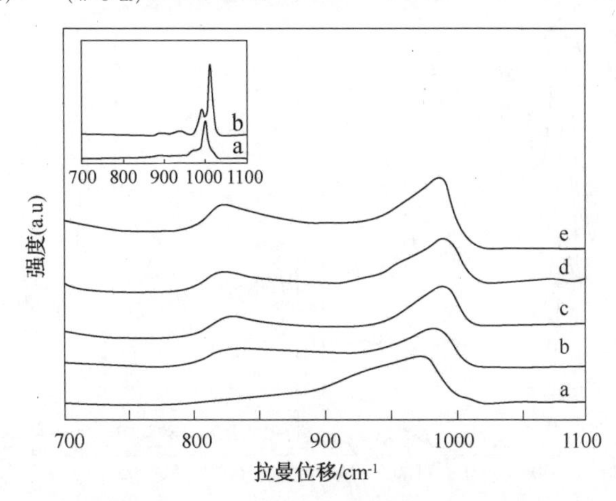

图 5-4　拉曼光谱：(a)15SZ-120，(b)15SZ-650，(c)15SZ-700，(d)15SZ-750，(e)15pz-750；插图：(a)STA，(b)PTA

2.2.5 ^{31}P MAS NMR(^{31}P 魔角自旋核磁共振光谱)

这是用于研究杂多酸中磷的状态最有用的表征技术之一。化学位移取决于磷的环境，如结晶水数目、添加的金属离子种类以及载体[27]。PTA(磷钨酸)负载量在5%~20%之间的催化剂，其焙烧温度从650~850℃变化，所得样品测定的^{31}P魔角自旋核磁共振光谱见图5-5,可以看出催化剂中磷的状态取决于PTA(磷钨酸)负载量和焙烧温度。对低PTA负载量的催化剂，经750℃焙烧处理后，在-20ppm以上观察到宽的信号峰，这归因于与ZrO_2载体发生相互作用的磷钨酸上的P—OH基团[27a,e]。而对高PTA负载量的催化剂，在750℃以上焙烧处理后，在-20ppm以下观察到新的信号峰，这归因于多氧金属盐分解生成的磷氧化物上的P—O—P[12]。对PTA负载量为15%和20%的PTA/ZrO_2，经750℃焙烧后的催化剂，这种磷氧化物占总磷的20%~45%(表示为15PZ-750等)。对15PZ-850催化剂，这种磷氧化物占总磷的80%。不同PTA负载量和不同焙烧温度处理的催化剂，其^{31}P MAS NMR谱显示PTA负载量为15%的催化剂在750℃时PTA开始分解。从不同表征技术所获结果分析可以得出对15PZ-750催化剂，PTA在ZrO_2表面上达到几何上的单层分散，这可能是ZrO_2负载的PTA催化剂经750℃焙烧处理后表面上存在Keggin阴离子的一个确定性证据。

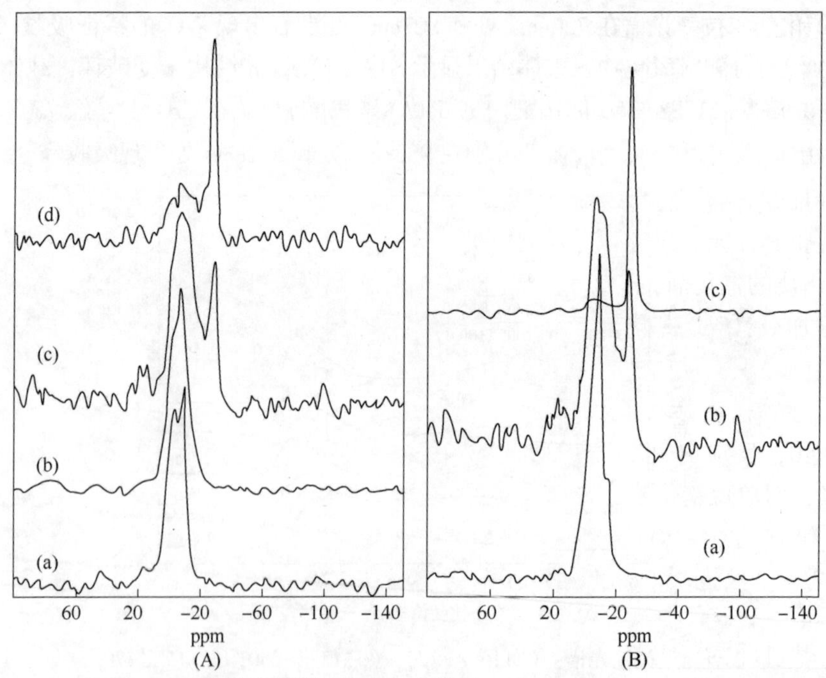

图5-5 (A)不同PTA负载量的催化剂在750℃焙烧后：(a)5%，(b)10%，(c)15%，(d)20%；(B)：15PZ催化剂经不同温度焙烧后：(a)650℃，(b)750℃，(c)850℃

因此，从不同表征技术所获结果总结如下：不同STA负载量和不同焙烧温度处理的催化剂的X射线衍射图以及15SZ催化剂的拉曼光谱表明：在STA负载量达到15%之前，焙烧温度为750℃时，ZrO_2锚定的单氧钨酸盐是主要的含钨种类。从其他表征技术如NH_3-TPD和吡啶吸附傅立叶变换红外光谱所获结果显示15SZ-750催化剂有最高的总酸度和B酸酸度。PZ催化剂的^{31}P MAS NMR谱表明在ZrO_2载体中存在磷钨酸。

2.3 催化剂活性研究

2.3.1 线性烷基苯合成(LAB)

苯与$C_{10\sim14}$的线性烯烃的烷基化反应被用于合成线性烷基苯，它是生产线性烷基苯磺酸盐的主要原材料，线性烷基苯磺酸盐是合成表面活性洗涤剂的中间体[28]。苯与1-辛烯的反应在一间歇型玻璃反应器中进行，体系呈液态。在这些催化剂作用下发生的主要反应有烯烃双键移动异构化反应和苯的烷基化反应。单烷基化苯(MOB)是主要产物，而双烷基化苯(DOB)和烯烃二聚物(DIM)也少量形成。液相烷基化反应是在一个50mL间歇式玻璃搅拌反应器中进行，反应器上连接了装有无水$CaCl_2$的防水管。

起始，将不同PTA载量的ZrO_2负载催化剂用于以上反应。发现在PTA载量为5%时，辛烯的转化率为1.3%，当PTA载量为15%时，辛烯的转化率增加至53%，但是，进一步提高PTA载量，辛烯的转化率减少[18]。这表明15%是PTA在ZrO_2载体表面达到单层分散所需要的量。为了研究焙烧温度对辛烯转化率和产物选择性的影响，将15PZ催化剂在650~850℃范围内改变温度进行焙烧处理，然后评价其性能。研究发现在650℃焙烧的催化剂，辛烯转化率为8.7%，而在750℃焙烧的催化剂，辛烯转化率则增加至53.4%(表5-2)。750℃前，随着焙烧温度增加，对双烷基化苯的选择性提高，750℃后，则相反。15PZ-750催化剂的最高活性归因于它更高的B酸酸度和总酸度。在优化的反应条件下，即催化剂用量为反应物总量的2%(质)，反应温度为84℃，苯与1-辛烯的投料比(物质的量比)为10，反应时间为1h，苯与1-辛烯发生烷基化反应，辛烯的转化率为98.1%，对单烷基化苯的选择性为93.7%(异构体分布为57.2%的2-PO、26%的3-PO和16.8%4-PO)，对双烷基化苯的选择性为6.3%。

表5-2 在各种催化剂作用下辛烯转化率和产物选择性

样 品	辛烯转化率/%(摩)	TOF/(10^{-3}mol/[mol/(W)·s]	MOB选择性/%	DOB选择性/%
5 PZ-750	1.3	3.7	100	0
10 PZ-750	14.9	20.8	100	0

续表

样　品	辛烯转化率/%(摩)	TOF/(10^{-3}mol/[mol/(W)·s]	MOB 选择性/%	DOB 选择性/%
15 PZ-750	53.4	50	95.5	4.5
20 PZ-750	47.6	33.6	97.9	2.1
25 PZ-750	41.1	23.1	98.7	1.3
15 PZ-650	8.7	8.1	100	0
15 PZ-700	34.6	32.5	97.8	2.2
15 PZ-800	24	22.5	99	1.0
15 PZ-850	5.4	5.0	100	0

反应条件：总质量 25g，催化剂质量 0.125g，温度 84℃，苯与 1-辛烯的投料比(物质的量比)为 10，反应时间为 1h。

使用后的 15PZ-750 催化剂经过滤、用溶剂洗涤、干燥和在 600℃焙烧进行再生。然后催化剂循环使用，其活性几乎没有损失，但第二次再生后，催化剂活性有所下降，如辛烯的初始转化率降至 96%。

2.3.2　苯甲醚与烯丙醇的烯丙基化反应

在工业上，芳烃的烯丙基化反应是重要的，因烯丙基化芳烃在高分子合成和香料制备工业找到了用途。苯甲醚烯丙基化反应的主要产物——p-烯丙基苯甲醚(或对烯丙基茴香醚)被用作食品和含酒精饮料行业的香料和调味剂。该反应在一个 50mL 搅拌带压反应釜中进行，反应过程通 N_2 保护。

表 5-3　不同催化剂的比较

催化剂	Si/Al	表面积/(m^2/g)	酸度/(mmol/g)	苯甲醚转化率/%	选择性(邻位+对位)/%
15% PTA/ZrO_2	-	53.2	0.46	25.9	86.3
15% PTA/SiO_2	-	16	Nil	0.5	50
H 型 β 分子筛	15	540	0.94	34	67.6
H 型 Y 分子筛	3	530	2.25	22	93.7
H 型丝光沸石	10	490	0.72	24.7	80.8
H 型 ZSM-5	50	364	0.82	2.3	92
PTA[a]	-	-	-	45.7	17.6

反应条件：反应混合物总质量 25g，催化剂质量 1.25g，温度 180℃，烯丙醇与苯甲醚的物质的量比为 1，反应时间 1h。

[a]：均相。

在相同反应条件下，将负载杂多酸的 ZrO_2 和 SiO_2 在苯甲醚烯丙基化反应中的活性与分子筛催化剂进行比较[29]。从表 5-3 的结果可以看出在所测试的催化剂中，PTA(均相)给出了最高的苯甲醚转化率(45.7%)，其后依次是H型β分子筛、15% PTA/ZrO_2、H型丝光沸石、H型Y分子筛、其他；而H型Y分子筛给出了最高的邻位、对位产物选择性(93.7%)，其后依次是H型ZSM-5、15% PTA/ZrO_2、H型丝光沸石、其他。有趣的是，15% PTA/SiO_2催化剂在苯甲醚烯丙基化反应中几乎没有活性，这可能由于其缺乏酸催化反应所需的酸性和酸度。15% PTA/SiO_2催化剂经750℃焙烧后缺乏酸性，证实了在SiO_2表面上的PTA是不稳定的，在高温下发生了分解。同样，在沸石催化剂中，Si/Al为50和平均孔径同比更小的H型ZSM-5沸石也表现出低的催化活性(2.3%)。总之，在苯甲醚烯丙基化反应中，对沸石催化剂，其催化性能取决于酸性和表面积的协同作用；而对负载型PTA催化剂，催化性能主要取决于载体表面上PTA的稳定性(Keggin结构的完整性)和其酸性。除此之外，人们发现经750℃焙烧处理的ZrO_2负载的杂多酸(15% PTA/ZrO_2)催化剂表现出与H型丝光沸石相当的活性，前者为25.9%，后者为24.7%。

2.3.3 邻二甲氧基苯与苯酐的酰基化反应

邻二甲氧基苯与苯酐(BA)在负载型HPA催化剂上发生的苯酰基化反应形成了3,4-二甲氧基苯甲酮。在这个反应中，文献[19]比较了STA/ZrO_2与PTA/ZrO_2、STA/SiO_2以及HY沸石的活性。在5%~30%STA负载量范围内，以15% STA负载在ZrO_2时，催化剂的活性最高。这归因于在15%负载量时，STA在ZrO_2表面上形成了单层分散。STA/ZrO_2的酸性可与具有强Brönsted酸的HY沸石(Si/Al=15)相当。转化频率(TOF/[mol/mol(H^+)·h^{-1}]数据显示STA/ZrO_2催化剂活性更高，其TOF数值几乎是HY沸石的2倍多(表5-4)。两种最普通的Keggin杂多酸是硅钨酸和磷钨酸。重要的是了解当它们负载在ZrO_2载体上时，两者之间的差异。有趣的是非均相催化剂STA/ZrO_2与PTA/ZrO_2显示出不同的催化性能。对STA/ZrO_2催化剂，苯酐的转化率随时间延长不断增加，在480min后达到76%，而PTA/ZrO_2催化剂，则显示出明显的活性减退，达到最大转化率之前在240~480min之间达到一个稳定的水平。PTA/ZrO_2催化剂的活性变化图类似于已报道的沸石和HPA催化的酰基化反应，其催化剂活性减退主要归因于酰基化产物在催化剂活性中心上的强吸附，这阻碍了反应物进入活性中心。通过傅立叶变换红外(FTIR)吡啶吸附法和NH_3-TPD法测定的催化剂酸度数据表明与15% PTA/ZrO_2相比，15%STA/ZrO_2催化剂具有最高的总酸度和Brönsted酸度。但是，FTIR吡啶吸附研究结果显示PTA/ZrO_2催化剂的Lewis酸度更高。Anderson等[30]指出具有高Lewis酸度的催化剂更易于受到产物强吸附造成的活性减退。因此，具有高Lewis酸度PTA/ZrO_2催化剂表现出活性减退。由于每个负载在ZrO_2上的Keggin杂多酸具有的酸中心类型以及总酸度不同，造成它们的催化性能存在差异。

表 5-4　邻二甲氧基苯与苯酐的苯酰基化反应

催 化 剂	邻二甲氧基苯转化率/%	TOF/[mol/mol(H^+)·h^{-1}]
H-Y[a]	75	14
15SZ-750	40	27

反应条件：邻二甲氧基苯，1.38g(10mmol)；苯酐，2.26g(10mmol)；氯苯，50mL；催化剂质量，0.5g；温度，130℃；时间，1h。

[a]：Si/Al=15。

2.3.4　苯酚或对甲酚与叔丁醇的烷基化反应

苯酚与不同的醇的烷基化反应在工业上具有重要意义，因其可用于合成多种化工产品。其中，苯酚或对甲酚与叔丁醇的烷基化反应合成叔丁基苯酚是重要的。例如，2-叔丁基苯酚(2-TBP)是合成抗氧剂和农用化学品的原料。而4-叔丁基苯酚(4-TBP)是用于合成香料和磷酸酯的原料；2,4-二叔丁基苯酚(2,4-DTBP)可用于合成取代的三酰基亚膦。2-叔丁基对甲酚(TBC)和2,6-二叔丁基对甲酚(DTBC)，商业上众所周知的丁基化羟基苯(BHT)，被广泛应用于制造酚醛树脂，用作抗氧剂和聚合物阻聚剂。商品叔丁基酚是由酚(或甲酚)与异丁烯在均相催化剂作用下反应制备的。这些反应是在一个连续下流式石英反应器中进行的。

已有报道负载在ZrO_2上的杂多酸是对酚的烷基化反应具有高的活性和稳定性的非均相催化剂。在优化的反应条件下，即140℃、LHSV为$4h^{-1}$、叔丁醇/苯酚(物质的量比)为2、使用15%STA/ZrO_2催化剂(在750℃焙烧)时，苯酚的转化率为95%，对4-TBP的选择性为59%，对2，4-DTBP的选择性为36%，对2-TBP的选择性为4%[31]。因此，该催化剂的活性类似于大孔沸石，但远高于其他微孔和介孔材料。反应50h后，苯酚的转化率以及对各目标产物的选择性不再发生变化，表明催化剂具有高的抗失活稳定性，见图5-6。负载在ZrO_2上的磷钼杂多酸[PMA]还可用于该反应。但是由于活性中心的萃取流失催化剂活性逐渐减退[32]。对甲酚与叔丁醇的叔丁基化反应，已采用15%PTA/ZrO_2催化剂(经750℃焙烧过)在连续下流时反应器下研究过[33]，对甲酚的转化率达到60%，对TPC的选择性高达90%。此外，催化剂在100h的连续反应中还表现出相当好的稳定性，在试验后期，对甲酚的转化率仍保持相当于初活性90%的水平。

负载在ZrO_2上的HPA还被应用于各种其他工业上重要的有机转化过程如苯醚与苯甲酰氯的酰基化反应、间苯二酚与丁醇的烷基化反应、正庚烷异构化、菜籽油与甲醇酯交换合成生物柴油反应以及苯甲醛与2-萘基甲酮的缩醛化反应[34]。

众所周知，钨酸锆是一种具有强酸性的固体酸催化剂，它属于负载型杂多钨酸催化剂类。选择的反应是苯酚与苯甲醇的苄化反应和2-甲氧基萘与醋酸酐的酰化反应。主要的产物分别是邻位和对位苄基苯酚和1-乙酰基-2-甲氧基萘(1-

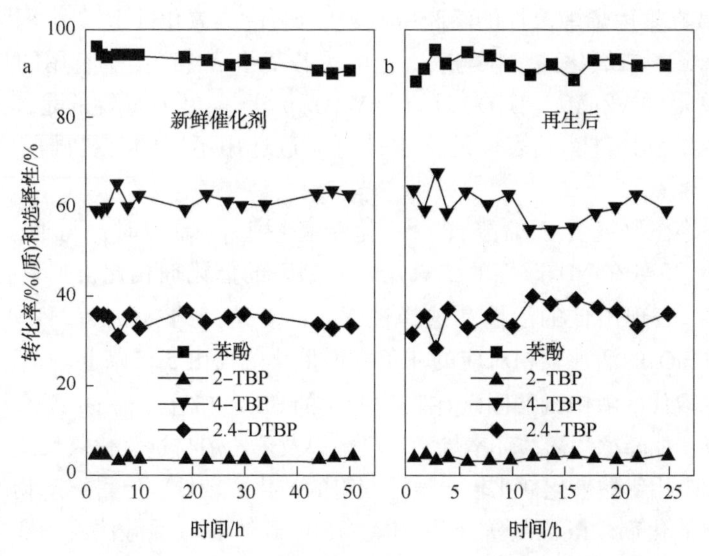

图 5-6　苯酚转化率和对产物的选择性随时间变化图

（条件：反应温度 140℃，空速 $4h^{-1}$，叔丁醇与苯酚的物质的量比为 2）

AcMN）。反应是在一个 50mL 间歇式玻璃反应器中进行的。应用 15%PTA/ZrO_2催化剂(经 750℃焙烧过)时，在第一个反应中，苯甲醇的转化率可达到 80%；但对另一反应，2-甲氧基萘的转化率则只有 50%，但对 1-AcMN 的选择性可达到 100%。PTA/ZrO_2催化剂的活性大约比钨酸锆催化剂高 2~3 倍，这主要归因于 PTA/ZrO_2催化剂具有更高的酸度[35]。

3　第二部分：用于氧化反应的多组分多金属氧酸盐固定在固体载体上的环境友好型催化剂

多金属氧酸盐在多孔型载体上的化学固定具有两个方面的优势：其一是具有分子络合物的特性；其二是可重复使用。而且由于限域性作用会产生新的活性和选择性。Kim 等报道了将杂多酸催化剂固定在介孔材料如介孔结构的泡沫二氧化硅、介孔炭材料上，并应用在一些模型氧化反应中[36]。已发现将铁取代的多金属氧酸盐负载在阳离子型二氧化硅上制备的催化剂对硫化物和醛的氧化反应具有活性[37]。还有研究发现将 $H_5PV_2Mo_{10}O_{40}$负载在介孔分子筛上，既可将其吸附在 MCM-41 上，也可通过静电作用力将其束缚在有机胺改性的 MCM-41 上，所制备的催化剂在异丁醛作牺牲剂时(sacrificial reagent)对烯烃和烷烃的氧化反应(aerobic oxidation)具有活性[38]。

$H_5PV_2Mo_{10}O_{40}$的固定还可通过溶剂锚定载体的液相路线进行，即将 H_5PV_2

$Mo_{10}O_{40}$负载在聚丙烯醇改性的溶胶-凝胶法合成的二氧化硅上[39]。因为多氧金属酸盐是阴离子，二氧化硅颗粒与表面上的季胺基团结合产生了有用的具有催化活性的结构单元{[$WZnMn_2(H_2O)_2$][$(ZnW_9O_{34})_2$]}。更为重要的是，采用溶胶-凝胶法合成二氧化硅，其表面的憎水性可通过选用不同的有机硅前驱物而加以控制[40]。

Kanno等在研究异丁烯醛气相氧化制备甲基丙烯酸时，与通过浸渍法将$H_4PMo_{11}VO_{40}$负载在NH_3改性的二氧化硅上制备的催化剂相比，二氧化硅负载的$H_4PMo_{11}VO_{40}$表现出低的活性和选择性，而前者达到约90%[41]。$H_4PMo_{11}VO_{40}$/NH_3改性的SiO_2的活性较相对应的非负载型催化剂高出5倍以上。

将单钒取代的磷钼钒酸固定在胺功能化的SBA-15上[42]，并评价其在氧化反应中的效果，如降冰片烯、环辛烯、环己烯以及苯乙烯与过氧化氢反应，将其结果与纯的均相磷钼钒酸催化剂比较，虽然获得的转化率较低，但目标产物的选择性高于非负载型催化剂。Ressler等还用SBA-15作载体通过预湿法将$H_4PMo_{11}VO_{40}$固定，并研究其在丙烯选择性氧化反应中的效果[43]。在该研究报告中，发现Keggin离子的热稳定性在反应条件下不如其在本体中。

在这儿，我们将讨论采用不同的路线将磷钼钒酸固定在固体载体上的工作以及采用负载催化剂所进行的模型氧化反应的研究。

3.1 结果与讨论

3.1.1 在胺改性介孔二氧化硅上固载化

我们将磷钼钒酸(V1PA、V2PA和V3PA，此处V1、V2、V3是钒原子数)固定在酸处理的丙烯酰胺改性的介孔SiO_2上(图5-7)[44,45]。先将介孔SiO_2改性成阳离子型，再与多金属氧酸盐接触以便更好地将其锚定，且在催化剂使用过程中可降低流失。我们已经在一些模型氧化反应中评价了这些催化剂体系。不同的表征技术显示固定后磷钼钒酸的结构得到了保留，证实成功实现了多金属氧酸盐的固定。

3.1.1.1 核磁共振谱(Mass NMR)

图5-8是(a)V1PA-NH_3^+-SBA-15，(b)V2PA-NH_3^+-SBA-15和(c)V3PA-NH_3^+-SBA-15的^{31}P NMR谱图。与文献[38]中报道的对应的纯多金属氧酸盐相比，负载型样品的^{31}P NMR谱的吸收峰位置有一定位移。V1样品^{31}P NMR吸收峰的位置在+4.05ppm，V2样品^{31}P NMR吸收峰的位置在+3.09ppm，V3样品^{31}P NMR吸收峰的位置在+1.68ppm，相对于文献值，分别位移了+2ppm、+1.5ppm和+1ppm，如图5-8(a)~(c)所示，这既可能是由于多金属氧酸盐与介孔二氧化硅之间的相互作用，也可能由于固定后多金属氧酸盐的水合度变化所致。这些NMR谱图的结果支

持了金属氧酸盐固定在介孔载体表面上，其结构仍然保留下来的观点[46]。

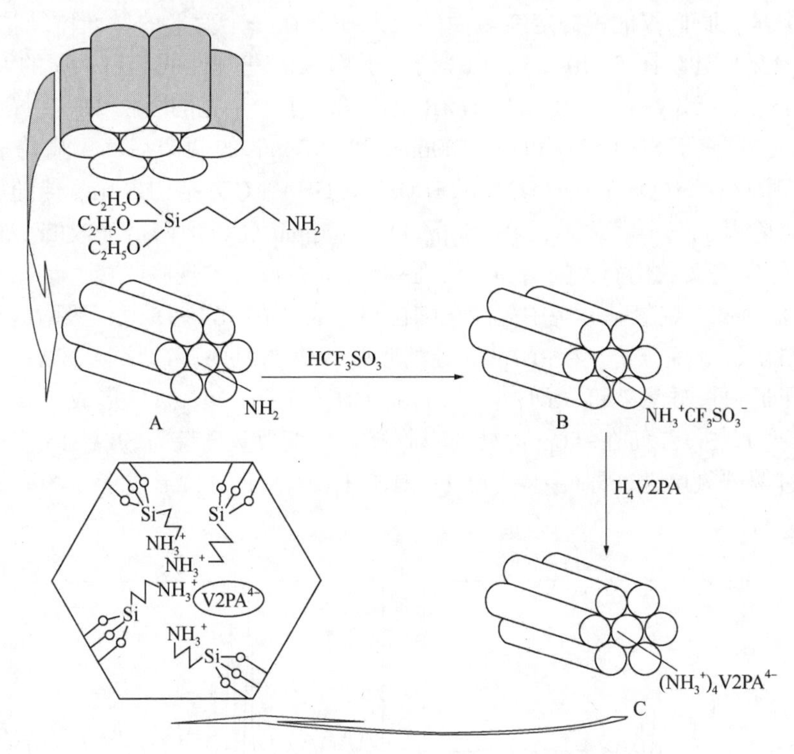

图 5-7　V2PA 在 SBA-15 上的固定过程

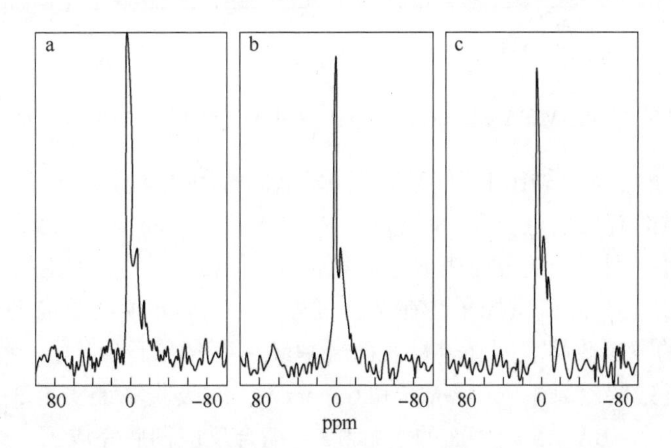

图 5-8　(a) V1PA-NH_3^+-SBA-15，(b) V2PA-NH_3^+-SBA-15 和 (c) V3PA-NH_3^+-SBA-15 的^{31}P MAS NMR 谱图

纯 V2PA 和它的锚定形态 V2PA-NH_3^+-SBA-15 的^{51}V NMR 谱图见图 5-9。钒谱显示在以-400ppm 为中心的附近存在数量较多的自旋侧键，这归因于各种可

能的异构体的存在。事实上，从^{51}V NMR 谱图，我们不可能清晰地分辨不同的异构体。但是，我们仅能说固定在表面的钒是在处在一个变形的八面体结构中的，如文献[47]所述。图 5-10(a)、(b)列出了用氨丙基改性的 SBA-15 的^{29}SiMAS NMR 谱图。纯 SBA-15 的^{29}SiMAS NMR 谱图给出了一个宽的吸收峰，主峰位置在-110ppm，对应于 $Si(OSi)_4$和在-100ppm 和-90ppm 的两个肩峰。肩峰表明在SBA-15 中存在 $Si(OSi)_3OH$(Q3)和 $Si(OSi)_2(OH)_2$(Q2)结构单元。伴随氨丙基的引入，除以上三个峰之外，在-56ppm 和-67ppm 处新增两个吸收峰，它们的强度随着^1H 交叉激化而大幅增加。但在-45ppm 处没有出现吸收峰，该峰对应于液相 3-氨丙基三烷氧基硅烷中硅的化学位移，表明在 SBA-15 表面吸附的物种中不存在自由的硅烷分子。在-67ppm 处的吸收峰表明氨丙基硅烷与 SBA-15 表面的硅原子通过三硅氧烷键，即$(—O—)_3Si-CH_2CH_2CH_2NH_2(T_3)$形成了新的硅氧烷键(Si—O—Si)；而在-56ppm 处的吸收峰表明氨丙基硅烷与 SBA-15 表面的硅原子通过两硅氧烷键，即$(—O—)_2Si-CH_2CH_2CH_2NH_2(T_2)$形成了新的硅氧烷键(Si—O—Si)。

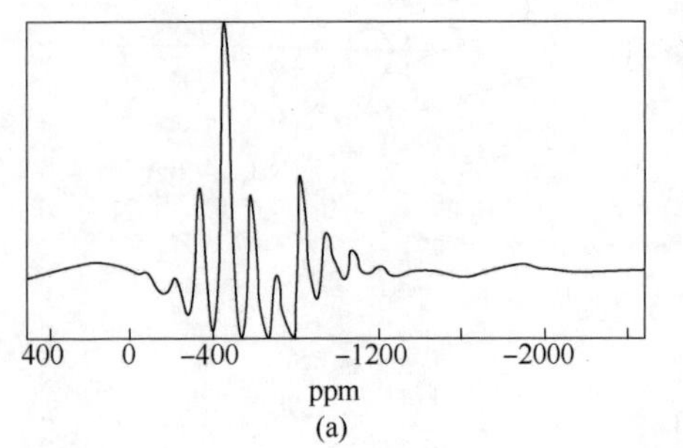

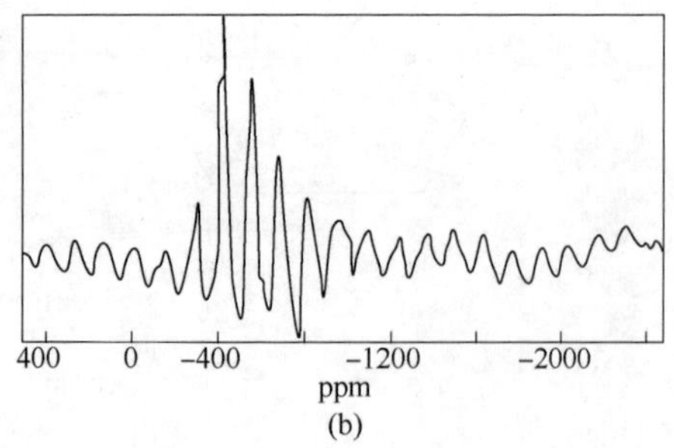

图 5-9　(a)V2PA 和(b)$V2PA-NH_3^+$-SBA-15 的^{51}V MAS NMR 谱图

图 5-10(c)、(d)列出的^{13}C MAS NMR 谱图提供了关于氨丙基在 SBA-15 内表面结合性质的有用信息。在-8.7ppm、22ppm 和 42ppm 处观察到的三个分辨率高的吸收峰可分别归于结合在表面上的氨丙基团$[(—O—)_3SiCH_2(1)CH_2(2)CH_2(3)NH_2]$的 C_1、C_2和 C_3碳原子。在结合过程中，氨丙基团的结构仍然是完整的。在 25ppm 处的宽吸收峰表明在过量表面羟基或水汽存在下会形成一些质子化的氨丙基团。缺乏残留乙氧基碳(18ppm 和 60ppm 处)的吸收峰证实了 3-氨丙基三乙氧基硅烷分子在 SBA-15 内表面的水解和/或缩合反应彻底完成了。

3.1.1.2　催化研究

(1) 蒽的氧化

由于蒽醌衍生物作为抗氧化剂和抗肿瘤剂在癌症化学治疗中潜在的用途，吸引了科学家们的强烈关注。9,10-蒽醌是最重要的蒽类物质(AN)醌的衍生物[48]。

它的最广泛的用途是作为工业上生产双氧水的工作液[49]。在商业上有几种生产方法，包括用铬酸氧化蒽[50]、苯与苯酐缩合以及通过 Diels-Alder 反应来生产[51]。蒽与空气在负载型铁钒钾催化剂作用下，在390℃下发生氧化反应的工艺已经获得实施[53]。在过去的20多年中，一些均相的催化剂体系已经应用于蒽的氧化过程。因为均相催化剂体系的缺陷，聚合的金属螯合物、固载化的酶和负载型的钒 POM($H_5PV_2Mo_{10}O_{40} \cdot 32.5H_2O$)也被研究用于蒽的氧化反应。蒽的液相催化氧化是在常压空气和新合成的固载化催化剂作用下进行的，并与它们的均相同类物进行比较[45]。

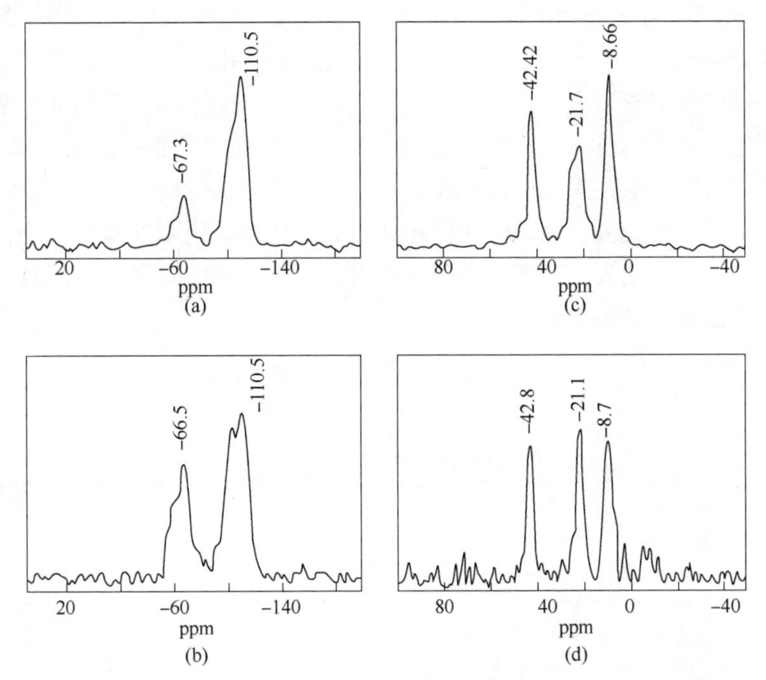

图 5-10 (a)NH_3^+-SBA-15，(b)V2PA-NH_3^+-SBA-15 的^{29}SiMAS NMR 谱图；(c)NH_3^+-SBA-15，(d)V2PA-NH_3^+-SBA-15 的^{13}C CP-MAS NMR 谱图

表 5-5 列出了不同催化剂(如纯的和固载化的)在叔丁基过氧化氢(TBHP)氧化蒽(AN)的反应中催化活性的结果和氧化反应进行的条件，该反应的主要产物是蒽醌。在研究的反应条件下[催化剂 0.1g，56mmol(1g)蒽，3mL 苯，蒽/催化剂物质的量比 430，AN/TBHP 物质的量比 5，80℃，12h]，均相催化剂(V1PA、V2PA 和 V3PA)给出的蒽醌选择性在66%～72%之间，其余的产物为蒽酮和氧化蒽酮。从表 5-5 的结果可以看出，V2PA 和 V3PA 的蒽转化率几乎相同(约58%)，而 V1PA 只有50%。V1PA 较低的活性可能因为其较低的还原电位，或由

于多变的钒异构体的存在所致[52]。因此，用更活泼的 V2PA 和介孔二氧化硅载体如 MCM-41、MCM-48 和 SBA-15 制备固载化催化剂，并研究这些催化剂在蒽氧化反应中的作用。从表 5-5 中催化活性数据可以看出，固载化催化剂相当活泼，蒽的转化率与非固载的纯催化剂相当。但是在产物选择性上不同，非固载的纯催化剂对蒽醌的选择性在 66%~72%之间(表 5-5 的 1~3 列)，有趣的是固载型催化剂对蒽醌的选择性为 100%，这是该类催化剂最重要的功能。在固载化催化剂中，虽然 SiO_2V_2(30)无定形二氧化硅给出了 59%的蒽转化率，但是对蒽醌的选择性较低(69%)。固载化催化剂在蒽氧化反应中保持了它们均相同类物的活性水平(TOFs)，并选择性地形成了蒽醌(100%)。反应完后，过滤分离出催化剂，洗涤，在烘箱中于 100℃ 干燥 1h，然后重新使用，但使用新鲜的反应混合物，并在相同反应条件下进行，首次反应给出了 60%蒽转化率和 100%蒽醌选择性。从这些结果可以看出在四次催化剂重复使用的反应中蒽的转化率几乎相同，且对蒽醌的选择性也几乎相同(100%)，表明 NH_3^+-SBA-15($SBAV_2$(30))催化剂可重复使用且不会失去活性。每次循环使用后，蒽的转化率都略有下降，这可能是由于处理过程的损失，而不是由于活性组分流失进入反应介质中所致，这进一步由热过滤试验得到证实。

表 5-5　蒽氧化反应的催化活性数据

蒽 —(TBHP，催化剂 / 苯)→ 9,10-蒽醌 + 氧蒽酮 + 蒽酮

编号	催化剂	蒽的转化率/%(摩)	TOF	产物选择性/%(摩)		
				蒽醌	蒽酮	氧化蒽酮
1	V1PA(纯)	50	17	66	22	12
2	V2PA(纯)	58	20	72	15	13
3	V3PA(纯)	57	20	70	16	14
4	SiO_2V_2(30)	59	11	69	16	15
5	MCM-41V_2(30)	50	17	100	0	0
6	MCM-48V_2(30)	49	17	100	–	–
7	$SBAV_2$(10)	30	10	100	–	–
8	$SBAV_2$(20)	46	16	100	–	–
9	$SBAV_2$(30)	60	21	100	–	–

续表

编号	催化剂	蒽的转化率/%(摩)	TOF	产物选择性/%(摩)		
				蒽醌	蒽酮	氧化蒽酮
10	$SBAV_2(40)$	55	19	100	–	–

备注：$SiO_2V_2(30)$ = 30%(质)，V2PA 负载在 SiO_2-NH_3^+上；MCM-41$V_2(30)$ = 30%(质)，V2PA 负载在 NH_3^+-MCM-41 上；MCM-48$V_2(30)$ = 30%(质)，V2PA 负载在 NH_3^+-MCM-48 上；$SBAV_2(10-30)$ = 10%~30%(质)，V2PA 负载在 NH_3^+-SBA-15 上；V1PA = $H_4[PMo_{11}VO_{40}]\cdot 32.5H_2O$；V2PA = $H_5[PMo_{10}V_2O_{40}]\cdot 32.5H_2O$；V3PA = $H_6[PMo_9V_3O_{40}]\cdot 34H_2O$；AN = 蒽；AQ = 9，10-蒽醌；反应条件：0.013mmol 催化剂(0.1g)，56mmol 蒽(1g)，280mmolTBHP(2.5g)，3mL 苯，80℃，12h，蒽/催化剂物质的量比 430，TBHP/AN 物质的量比 5。

(2) 金刚烷的氧化功能化：动力学和力学研究

烷烃的 C—H 键活化由于其动力学稳定性是相当困难的。克服动力学稳定性所需要的能量会导致深度氧化而不能实现选择性氧化[53]。金刚烷通常被众多研究者用作模型化合物来研究 C—H 键的活化，因为取代的金刚烷衍生物，尤其单取代、二取代的，被用于制备光敏电阻化合物和药品中间体的重要前体[54]。难以获得金刚烷的单氧化和二氧化产物。传统上，1-金刚醇和 1,3-金刚二醇是先由金刚烷和溴发生溴化反应，随后将溴化产物进行水解得到的；而 2-金刚醇是用浓硫酸进行叔 C—H 键氧化的金刚烷重排得到的。由于产生了大量的副产物和有害的物质，传统的技术无法用于以上化合物的制备。因此，仍然需要开发一种环境友好和经济的金刚烷氧化工艺。我们已经使用了固载化催化剂体系(见前面章节)进行金刚烷氧化过程的动力学和力学研究[55]。

表 5-6　金刚烷氧化过程的催化数据

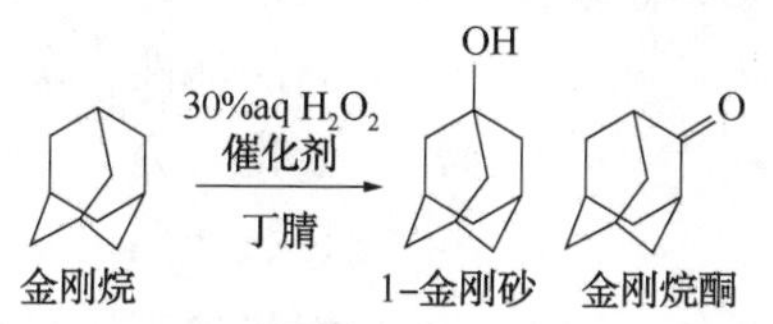

编　号	催　化　剂	金刚烷转化率/%(摩)	产物选择性/%(摩)	
			金刚醇	金刚酮
1	SBA-15WO_x(30)	0	–	–
2	SBA-15MoO_x(30)	0	–	–
3	SBA-15VO_x(30)	46	82	18
4	SBA-15PTA(30)	0	–	–
5	SBA-15STA(30)	0	–	–
6	SBA-15MPA(30)	0	–	–

续表

编　号	催　化　剂	金刚烷转化率/%(摩)	产物选择性/%(摩)	
			金刚醇	金刚酮
7	SBA-15V1(30)	49	81	19
8	SBA-15V2(30)	65	80	20
9	SBA-15V3(30)	61	76	24

备注：SBA-15V2(30)= 30%(质)，$H_5[PMo_{10}V_2O_{40}]\cdot 32.5H_2O$ 负载在 NH_3^+-SBA-15 上；V1 = $H_4[PMo_{11}VO_{40}]\cdot 32.5H_2O$；V3 = $H_6[PMo_9V_3O_{40}]\cdot 34H_2O$；STA = 硅钨酸；PTA = 磷钨酸；MPA = 磷钼酸；WO_x = 钨酸钠；MoO_x = 钼酸钠；VO_x = 钒酸钠。反应条件：0.02mol/L 金刚烷，0.02mol/L 氧化剂(30%双氧水溶液)，催化剂，2.6×10^{-5}mol/L，10cm^3，丁腈(溶剂，10mL)，358K，12h。

金刚烷氧化的主要产物是叔 C—H 键氧化的 1-金刚醇。从表 5-6 中的结果可以看出含钒催化剂相对于其他催化剂表现出更高的催化活性，显示出钒中心是获得高的氧化产物收率的关键。如从表 5-6 中的数据可以清楚地看出(1、2、4、5 和 6 行)，由无钒的同多酸和杂多酸构成的催化剂对用 30%双氧水氧化金刚烷的反应是不活泼的，而含钒的 SBA-15VO_x(30) 和钒取代的 SBA-15V1(30)、SBA-15V2(30) 和 SBA-15V3(30)(表 5-2 中 3、7、8、9 行)在金刚烷氧化反应中分别表现出良好的活性(金刚烷转化率在 46%～65%之间)。在这些之中，SBA-15V2(30) 显示出最高的活性，金刚烷的转化率达到 65%。催化研究表明由钒取代的磷钼酸固载在胺功能化的 SBA-15 上制得的催化剂催化金刚烷氧化反应的主要产物是 1-金刚醇，并产生少量的金刚酮。

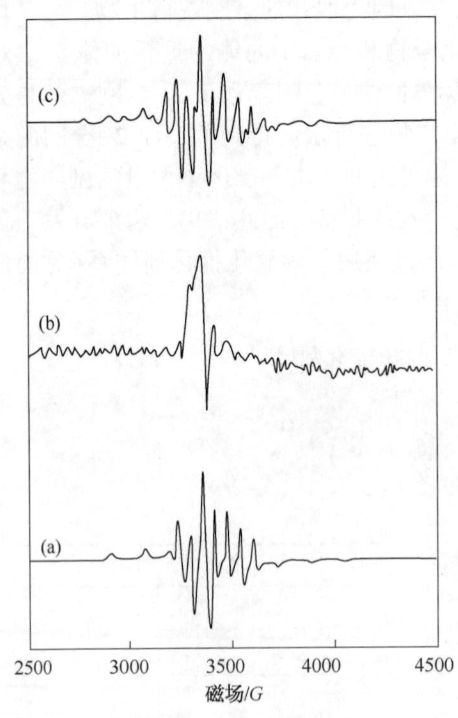

图 5-11　EPR 谱图：
(a) SBA-15V2(30) 溶于丁腈中；
(b) SBA-15V2(30) + 30%H_2O_2 溶于丁腈中；
(c) 反应混合物在 0.5h 时

为了理解反应机理，我们尝试通过 EPR 试验找出反应中间体。图 5-11(a) 的谱图是纯催化剂在室温下得到的，由于催化剂中存在痕量的 V(+4) 物种，它显示出各向同性的 ^{51}V 超精细线。由于 V(+4) 物种的顺磁电子与它的核($I = 7/2$)之间相互作用，EPR 谱图包含 8 条超精细线谱。基于计算机模拟，该物种的汉米尔顿参数 giso = 1.92，Aiso = 158G。由于二级超精细线效应，可注意到 8 条不同谱线之间存在小的差异。将催化剂和 30%双氧水的混合物加热至 358K，并测定其 EPR 谱图。V(+4)物种的消失[图 5-11(b)]表明 V(+4)中心被氧化成 V(+5)。由于 V(+5)(图 5-12)与 H_2O_2的相互作用，该物种产生过氧化氢自由基，这可能部分地与 V(+5)-过氧基物种之间达成平衡(图 5-12)。V(+5)-过氧化物种可能是通过不稳定的钒(V)羟基-过氧化氢自由基(46b)形成的。基于 EPR 研究，提出了一个看似合理的反应机理如图 5-12 所示。该谱图显示金刚烷氧化反应的机理涉及到稳定的钒-过氧化物种的形成，这部分与钒过氧化氢自由基物种达成平衡。

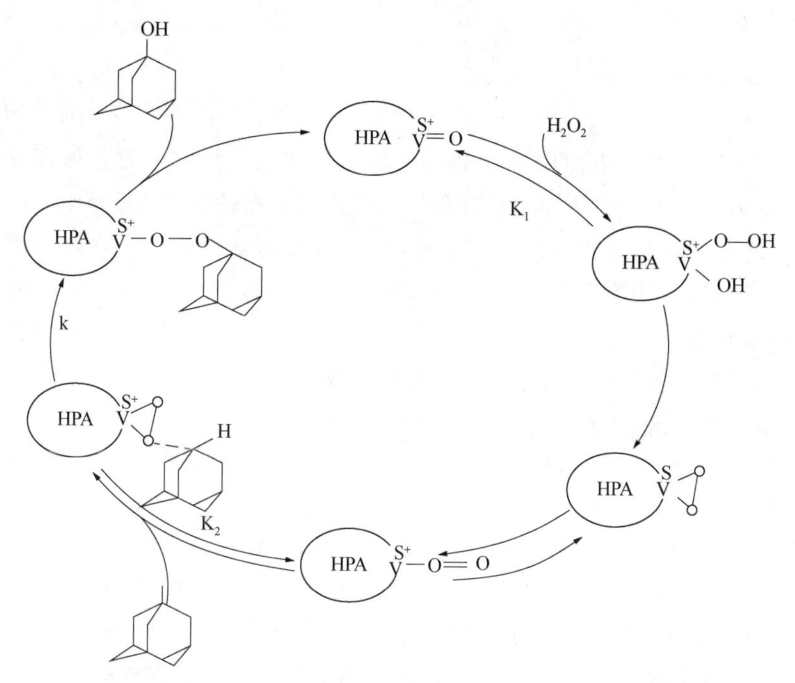

图 5-12　金刚烷氧化反应的机理[催化剂 SBA-15V2(30)，氧化剂 30%H_2O_2]

由图 5-11(c)可见，可观察到稍有不同的 V(+4)谱图，这可归于由钒-过氧化物种与金刚烷分子相互作用形成的金刚烷金属超氧化物中间体。少量的金刚酮产物可能由二次氧化生成，即一部分金刚醇可能转化为金刚酮。该反应主要受钒物种促进，Keggin 离子的其他部分提高催化活性。催化剂通过从金刚烷上抽取一个电子产生金刚烷基自由基。可以相信氧化反应是通过反应性中间体进行的，这些中间体包括 V(+5)过氧化自由基和 V(+4)超氧化自由基。我们首次观察到在磷钼钒酸/胺功能化的 SBA-15 催化剂上进行的选择性氧化反应中有 V(+4)超氧化自由基参与的 EPR 谱图证据。

3.1.2 基于功能化有机二氧化硅和介孔炭的无机-有机杂化材料

由于有序结构炭材料极高的比表面积和均匀的孔径分布，科学家们在非均相催化研究中往往探索它们应用的可能性[56]。$H_5PV_2Mo_{10}O_{40}$($PMo_{10}V_2$)催化剂被作为一个化学上电荷匹配组分固载在含氮介孔结构的多孔泡沫二氧化硅(N-MCF-C)上，N-MCF-C是以聚吡咯为模板剂由介孔结构的多孔泡沫二氧化硅(MCF-S)和炭前驱体合成得到[15u]。表征的结果显示$H_5PV_2Mo_{10}O_{40}$($PMo_{10}V_2$)是通过强的化学相互作用被精细地分散在N-MCF-C载体上的。在苯甲醇的气相氧化反应中，相对于非负载的催化组分，固载化的催化剂表现出更高的转化率、更高的苯甲醛选择性，且其酸催化活性受到抑制。在2-丙醇气相催化氧化反应中，使用$H_5PV_2Mo_{10}O_{40}$($PMo_{10}V_2$)化学固载在改性的含氮球形炭载体(N-SC)上[57]和富氮大孔炭载体(N-MC)[15t]制得的催化剂也观察到同样的反应行为。$[PV_2Mo_{10}O_{40}]^{5-}$和$[PV_2Mo_{10}O_{40}]^{9-}$浸渍在炭载体上的$[PV_2Mo_{10}O_{40}]^{5-}$和$[PV_2Mo_{10}O_{40}]^{9-}$已经用于催化醇、胺、酚类的氧化反应[15k,58]。同样，$[PV_2Mo_{10}O_{40}]^{5-}$负载在几种载体如炭、纤维上对各种挥发性恶臭有机物如乙醛、丙硫醇以及四氢噻吩等的氧化反应具有较好的活性[59]。

我们之前的讨论表明固载在SBA-15上的含钒多氧金属酸盐在液相氧化反应中是活性良好的催化剂[45,55]。为了拓宽固载化的范围，我们将含钒多氧金属酸盐固载在介孔SiO_2、有机SiO_2和炭载体上，并研究在2MN氧化反应中载体对催化活性和2MNQ选择性的影响[66]。在这些非均相催化剂体系中亲水基团-憎水基团间相互作用已经做了专门讲述。

有机SBA-15(OSBA-15)是以1，2-双[三甲氧基甲硅烷基]乙烷(BTME)作为有机硅源，按SBA-15合成的标准流程制备的[67]。然后，经胺改性和酸处理使之形成能使钼钒磷酸能有效固载的阳离子态[68]。介孔炭(MC)是用二氧化硅作模板剂[69](图5-13)，经氧化和含硫基化合物的改性合成的，然后，用双(3-氨丙基)胺(噻吩)改性，并将钼钒磷酸固载在其表面[71]。小角XRD、N_2物理吸附、SEM以及HRTEM等表征技术结果提供了有关新合成催化剂体系结构完整性的证据。

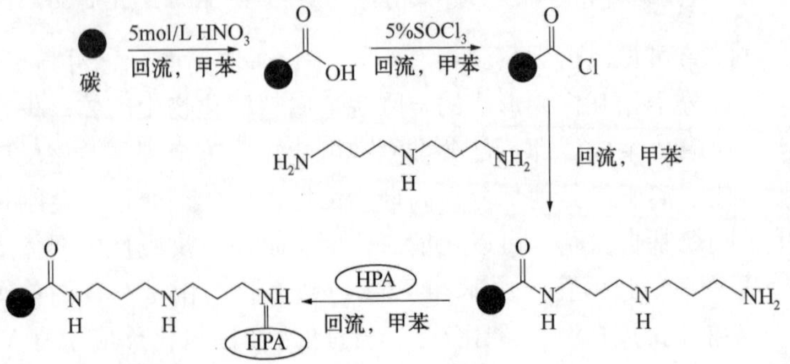

图5-13 介孔炭的功能化流程

2-MNQ(甲萘醌，维生素K3)是一种重要的化合物，它是由芳烃氧化法制备的，并用作兽药中维生素K1和K2的辅助成分[60]。已报道了在多种不同催化剂体系中使用一系列氧化剂控制2-MN氧化的方法[61]。用硫酸和铬酸进行2-MN的氧化，按化学计量计算，每千克产物(30%~60%产率)大约产出18kg铬，会形成大量对环境有毒的含铬废水[62]。已有报道介绍了醋酸、双氧水和甲基三氧基铑，Pd-聚苯乙烯磺酸树脂、金属卟啉化合物和过硫酸氢钾，以及沸石催化剂体系等应用于2-MN的氧化[63,64]。直到现在，在2-MN的选择性氧化反应研究中所取得的最好结果是用冰醋酸作溶剂，硫酸作催化剂，醋酐作脱水剂，获得大约80%的2-MNQ产率[65]。用于2-MN氧化的传统工艺的缺点是使用了会产生大规模环境污染的酸溶剂和矿物酸催化剂。因此，为了改进2-MN的产物选择性以及在中性环境下的衍生物种类，发展非均相催化剂体系和使用30%双氧水作氧化剂仍然是一个重要的追求目标。

表5-7列出了关于不同催化剂如纯化合物或其固载体系用于30%过氧化氢氧化2-MN过程中的研究结果、主要产物(2-甲基-1,4萘醌)以及反应条件。为了比较均相纯化合物和其固载体系在30%过氧化氢氧化2-MN反应中的活性，采用改变催化剂用量但其含钒量相同的方法。如在前面章节中所讨论的，我们观察到在介孔载体上负载30%的多氧金属酸盐是合成一个有效催化剂体系的最佳负载量。在所研究的反应条件下，均相催化剂V2PA给出了40%2-MN转化率和59%的2-甲基-1,4萘醌选择性(表5-7)。余下的产物是2-甲基-1-酰萘和2-萘甲酸。因此，使用V2PA和介孔二氧化硅载体如SBA-15、OSBA-15以及MC合成固载型催化剂，并研究它们在2-MN氧化反应中的行为。从表5-7的催化活性数据中可以看出固载型催化剂是相当活泼的，2-MN的转化率与均相纯化合物催化剂的相当。但是，它们的产品选择性不同，均相纯化合物催化剂对2-甲基-1,4萘醌选择性在59%左右(见表5-7中1~3列)，有趣的是，其固载型催化剂对2-甲基-1,4萘醌选择性达到99%，这是我们开发功能化催化剂体系所取得的重要结果。在固载型催化剂中，V2SBA-15给出了33%的2-MN的转化率和良好的2-甲基-1,4萘醌选择性(99%)；V2OSBA表现出更好的活性(38%的2-MN的转化率)，对2-甲基-1,4萘醌选择性也达到99%。V2OSBA催化活性的提高归因于该材料的憎水性能。V2MC表现出较低的活性(24%的2-MN的转化率)和99%的酮选择性，这归因于将多氧金属酸盐固载在介孔炭材料上堵塞了孔道所致，因为MC的孔径尺寸较SBA-15和OSBA-15更低(表5-7)。固载型催化剂V2OSBA在2-MN氧化反应中保持了对应的均相纯化合物催化剂的活性，并给出了纯的产品2-甲基-1,4萘醌(选择性达到99%)。

表 5-7　2-MN 氧化反应中催化剂的物化性质和催化性能

编号	材料	钒/(mmol/g)	钼/(mmol/g)	比表面积/(m^2/g)	BJH 孔直径/nm	转化率/%(摩)	选择性/%(摩)
1	V2PA	2.51	13.01	-	-	40	59
2	SBA	-	-	970	9.1	0	0
3	V2SBA	2.48	12.89	422	6.5	33	99
4	OSBA	-	-	894	5.8	0	0
5	V2OSBA	2.49	12.92	209	5.7	38	99
6	MC	-	-	1432	9.3	0	0
7	V2MC	2.45	12.84	1133	4.3	24	99

备注：V2PA=$H_5[PMo_{10}V_2O_{40}]\cdot 32.5H_2O$；SBA=SBA-15；V2SBA=30%V2PA 负载在 NH_3^+-SBA-15 上；OSBA=有机改性 SBA-15；V2OSBA=30%V2PA 负载在 NH_3^+-OSBA-15 上；MC=介孔炭；V2MC=30%V2PA 负载在 MC 上；反应条件：0.1g(0.7mmol)2-MN，0.24g(7mmol)氧化剂(30%双氧水)，催化剂 0.1g(0.013mmol)，乙腈 10mL(溶剂)，反应温度 353K，反应时间 10h。

这类新材料是真正非均相的，且对 2-甲基-1,4 萘醌合成是有效的(甲萘醌，合成维生素 K3 的前驱体)。与传统的维生素 K3 制备方法相比，该方法因避免了矿物酸和铬盐的使用，经济上可行且环境友好。

3.1.3　$H_5[PMo_{10}V_2O_{40}]\cdot 32.5H_2O$ 固载在离子液体改性的介孔二氧化硅上

迄今为止，离子液体(完全由熔点在 100℃以下的离子组成的)由于其独特的性质如低挥发性、高极性、在宽温度范围内的良好稳定性以及通过适当选择阳离子和阴离子所带来的选择性溶解能力[72]，其应用已经成为离子液体研究最为活跃的领域之一。但是，因为离子液体价格昂贵，故在通常的两相反应体系中尽可能将其用量降到最小。近来，在负载的离子液体膜上溶解有机金属络合物已经被引入作为固载分子催化剂的一种方法[73,74]，即众所周知的负载离子液体相方法(SILP)。该方法允许在一个宽的可裁剪的环境下固定分子催化剂。Shi 等近来报道了过氧化钨酸在多层离子液体刷改性的二氧化硅上的固载以及作为双氧水选择性氧化硫化物反应的有效和可循环使用的催化剂[74]。我们已尝试用阳离子交换的 $H_5[PMo_{10}V_2O_{40}]\cdot 32.5H_2O$ 固载在 1-丁基-3-甲基咪唑六氟磷酸盐离子液体改性的 SBA-15(V2ILSBA)上制备的催化剂(图 5-14)[75]，开发一种有效使伯醇和仲醇在温和条件下高效氧化转化成相应的醛和酮的方法。基于我们与一些其他研究小组早期的研究，我们选择 SBA-15 作为载体固载离子液体和 $H_5[PMo_{10}V_2O_{40}]\cdot 32.5H_2O$ 以得到活性的催化剂。

3.1.3.1　^{31}P Mass NMR 光谱

固载后杂多酸阴离子的结构已经用 NMR 光谱进行了表征。由于离子液体改

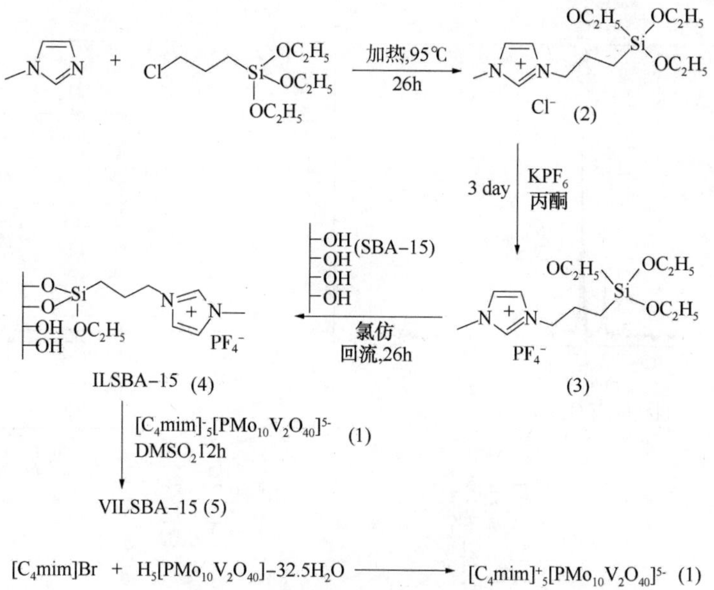

$[C_4mim]Br + H_5[PMo_{10}V_2O_{40}]-32.5H_2O \longrightarrow [C_4mim]^+_5[PMo_{10}V_2O_{40}]^{5-}$ (1)

图 5-14　V 2ILSBA 合成工艺路线

性的 $H_5[PMo_{10}V_2O_{40}]\cdot 32.5H_2O$(相当黏稠)的特性，我们不能有一个高的旋转，故$^{31}P$ Mass NMR 光谱在 4.2ppm 处附近显示出数量较多的旋转侧带[图 5-15(a)]。离子液体改性的 SBA-15 的^{31}P NMR 光谱显示只有 PF_6^-的共振对应于 $BMIM^+\cdot PF_6^-$的化学式，因为该阴离子在-150ppm 处给出了一个信号[图 5-15(b)]。固载在离子液体改性的 SBA-15 上的离子液体改性的 $H_5[PMo_{10}V_2O_{40}]\cdot 32.5H_2O$ 催化剂，其^{31}P NMR 光谱显示在 4.2ppm 和 150ppm 处有两个信号，对应于杂多酸阴离子和 PF_6^-(多重态对应于 P—F 耦合)。

3.1.3.2　醇的催化氧化

作为一种模型反应物，首先研究了 1-(萘基-2-)乙醇的氧化反应，即用 V 2ILSBA 作催化剂，乙腈作溶剂，α，α-偶氮二异丁腈(AIBN)或叔丁基过氧化氢(TBHP)作自由基引发剂，反应在常压下进行(表 5-8)。我们高兴地发现醇被完全氧化成甲基萘甲酮，产率达到 99%。为了评估该反应工艺的适用范围，进一步研究了其他醇的氧化反应。由表 5-8 可知(2~6 列)，仲醇如二苯基甲醇、环己醇、苯基乙醇、2-己醇以及 2-苯基丙醇氧化成相应的酮，产率很高。对芳环上有吸电子基团和给电子基团的反应物，如 4-甲氧基、4-甲基、4-氯基、4-溴基以及 4-氮基-苯基乙醇等，将其氧化成相应的酮，也观察到相似的反应行为，收率也很高(表 5-8 7~11 列)。

对一些复杂结构的醇类，其氧化反应也进行得非常理想，也获得高产率的产

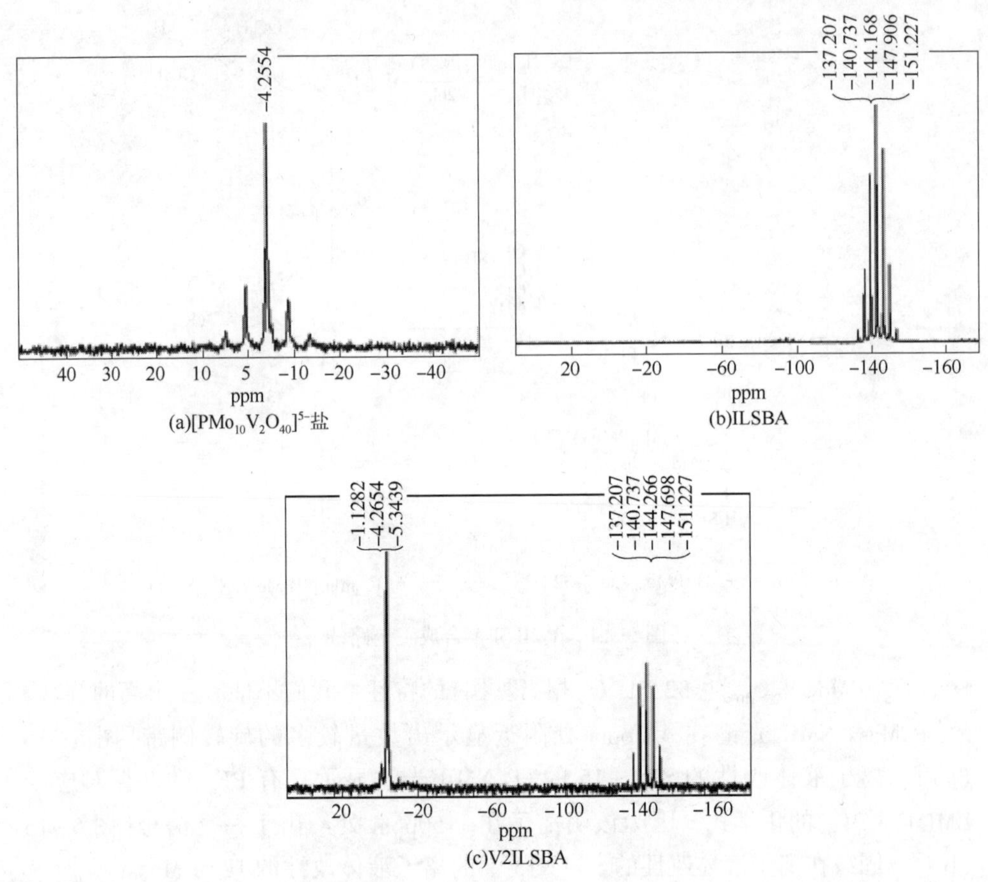

(a)$[PMo_{10}V_2O_{40}]^{5-}$盐　(b)ILSBA　(c)V2ILSBA

图 5-15　^{31}P Mass NMR 光谱图

物，如安息香、薄荷醇、[1,7,7]三甲基双环[1,2,2]-2-庚醇以及 3,5,5-三甲基环己基-2-醇(表5-8 12~15 列)。苯乙醇在 12h 内被氧化成苯乙醛，获得极高的产率(表 5-8 16 列)。从苯甲醇和苯乙醇按 1∶1 的混合物的氧化反应数据(图 5-16)可发现仲醇(苯甲醇)的反应速率比伯醇(苯乙醇)更快。

表 5-8　醇氧化成醛和酮[a]

列号	反应物名称	产　物	反应时间/h	产率/%
1	1-(萘基-2-)乙醇	2-甲基萘甲酮	7	99
2	二苯基甲醇	二苯甲酮	7	99
3	环己醇	环己酮	6	99
4	苯基乙醇	苯乙酮	6	99
5	2-己醇	2-己酮	5	98

续表

列号	反应物名称	产　　物	反应时间/h	产率/%
6	2-苯基丙醇	苯丙酮	7	93
7	4-甲氧基-苯基乙醇	4-甲氧基-苯乙酮	6	98
8	4-甲基-苯基乙醇	4-甲基-苯乙酮	6	96
9	4-氯基-苯基乙醇	4-氯基-苯乙酮	6	98
10	4-溴基-苯基乙醇	4-溴基-苯乙酮	6	98
11	4-氮基-苯基乙醇	4-氮基-苯乙酮	6	94
12	安息香	苯偶酰	7	95
13	薄荷醇	薄荷酮	6	96
14	[1,7,7]三甲基双环[1,2,2]-2-庚醇	莰酮	8	95
15	3,5,5-三甲基环已基-2-醇	3,5,5-三甲基环已基-2-酮	7	94
16	苯甲醇(苄醇)	苯甲醛	12	98
17	1, 3-丁二醇	4-羟基-2-丁酮	8	83
18	香叶醇	香叶醛	10	97
19	肉桂醇	肉桂醛	13	98
20	吡啶-2-甲醇	2-吡啶-甲醛	11	96

[a]：反应物(1mmol)，催化剂(V2ILSBA)[100mg，0.02%(摩)V2]，在100℃、20mL乙腈中，在耐压反应器中(压力为3.4atm)，以α，α-偶氮二异丁腈(AIBN)或叔丁基过氧化氢(TBHP)作自由基引发剂。以气相色谱(GC)测定收率。

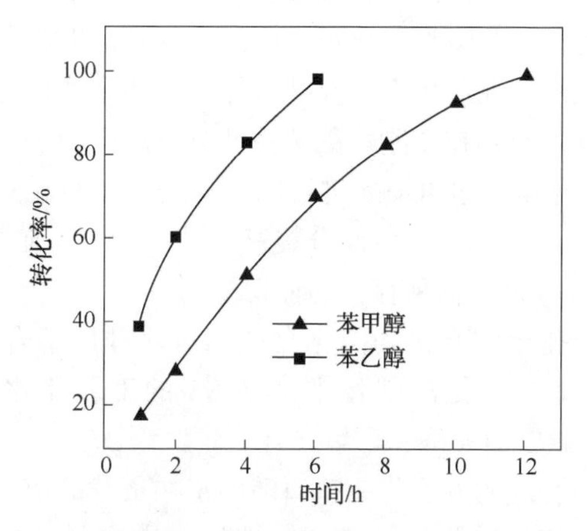

图5-16　苯甲醇和苯基乙醇氧化反应进行情况

伯醇和仲醇分别选择性氧化成对应的醛和酮，没有发现醛进一步氧化成羧酸，表明电子转移发生在钼钒混合型Keggin阴离子的杂多氧金属酸盐上[45]。如文献所述，这样的反应被认为是按照图 5-17 的反应方程式 1 的机理进行的。

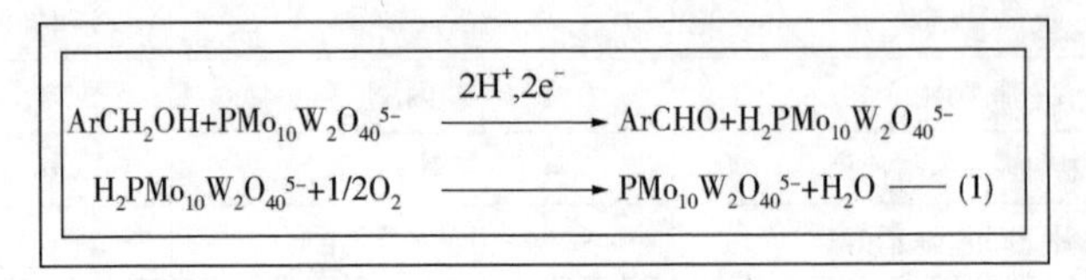

图 5-17 醇氧化过程可能的机理

4 结论

本章第一部分对用于各种酸催化反应的环境友好型固体催化剂——二氧化锆负载 Keggin 杂多酸进行了详细的描述。HPA 的用量是基于在二氧化锆表面形成的单层计算出来的。二氧化锆表面可负载 15%的 HPA，为了获得高的催化剂活性，需要进行焙烧，最高温度可达到 750℃。杂多酸的 Keggin 结构在 750℃以下是稳定的。二氧化锆表面上杂多酸的高热稳定性是由于形成了 W—O—Zr 键。STA/ZrO_2催化剂较 15%PTA/ZrO_2催化剂具有更高的酸度。这些催化剂可有效用于各种酸催化反应，如芳烃与醇、烯烃和酐之间的烷基化反应和酰基化反应。这些催化剂在大多数反应中表现出高的活性和长时间的可重复使用性能。PTA/ZrO_2催化剂在苯酚与苯甲醇之间的苄基化反应中，以及 2-甲氧基萘的酰基化反应中表现出较钨酸锆更好的性能，这可能归因于 PTA 催化剂有更高的酸度。

本章第二部分，采用不同的方法将多组分多氧金属酸盐固载在固体载体上，并研究和讨论了它们在一些模型氧化反应中的表现。借助各种表征技术已经证实杂多酸固载在胺改性的介孔载体上，介孔载体以及杂多酸结构的稳定性被很好地保留下来；并将其有效地用在金刚烷的选择性氧化反应中。而且，在金刚烷的氧化过程中 C—H 的活化是通过 IOHM 进行的。首先，已经观察到该反应主要是含钒物种促进的，Keggin 离子的其余部分提高催化剂活性。通过 ERP 光谱测定获得在反应机理中 V(4+)超氧物种存在的证据。

此外还探索了介孔炭和有机功能化介孔二氧化硅用于合成一组新的 IOHM。与传统的通过 2-甲基萘氧化法制备维生素 K3 的工艺相比，使用这些特殊的 IOHM 催化剂体系可能更加经济和环境友好。

已经开发了一种有效的方法将钼钒磷酸固定在负载的离子液体相上，并将其用于各类醇的氧化反应中。使用 V2ILSBA 催化剂获得了高的化学选择性。研究发现仲醇的反应速率较伯醇更快。

致谢

Shanbhag G V，Bordoloi A，Sahoo S 和 Devassy B M 感谢 CSIR(印度)和 NCL

（普纳）的支持。Halligudi S B 感谢 Vapi 卓越中心理事会。

参 考 文 献

[1] Hill CL(1998) Chem Rev 98：1.

[2] Okuhara T，Mizuno N，Misono M(1996) Adv Catal 41：113.

[3] Kozhevnikov Ⅳ(1998) Chem Rev 98：171.

[4] Wu Y，Ye X，Yang X，Wang X，Chu W，Hu Y(1996) Ind Eng Chem Res 35：2546.

[5] Tanabe K，Yamaguchi T(1994) Catal Today 20：185.

[6] Chuah GK(1999) Catal Today 49：131.

[7] Yadav GD，Nair JJ(1999) Microporous Mesoporous Mater 33：1.

[8] Barton DG，Soled SL，Iglesia E(1998) Topics Catal 6：87.

[9] Kuba S，Lukinskas P，Grasselli RK，Gates BC，Knözinger H(2003) J Catal 216：353.

[10] Gregorio FD，Keller V(2004) J Catal 225：45.

[11] Lopez-Salinas E，Hermandez-Cortez JG，Cortes-Jacome MA，Navarrete J，Llanos ME，Vazquez A，Armendariz H，Lopez T(1998) Appl Catal A 175：43.

[12] Lopez-Salinas E，Hermandez-Cortez JG，Schifter I，Torres-Garcia E，Navarrete J，Gutierrez-Carrillo A，Lopez T，Lottici PP，Bersani D (2000) Appl Catal A 193：215.

[13] Song H，Rioux RM，Hoefelmeyer JD，Komor R，Niesz K，Grass M，Yang P，Somorjai GA(2006) J Am Chem Soc 128：3027.

[14] Ganesan R，Viswanathan B(2000) Bull Catal Soc India 10：1-10.

[15] (a) Mazeaud A，Dromzee Y，Thouvenot R(2000) Inorg Chem 39：4735-4740；(b) Kukovecz Â，KoÂnya Z，Kiricsi I(2001) J Mol Struct 565：121-124；(c) Johnson BJS，Stein A(2001) Inorg Chem 40：801-808；(d) Kaleta W，Nowinska K(2001) Chem Commun 535-536；(e) Maldotti A，Molinari A，Varani G，Lenarda M，Storaro L，Bigi F，Maggi R，Mazzacani A，Sartori G(2002) J Catal 209：210-216；(f) Li HL，Perkas N，Li QL，Gofer Y，Koltypin Y，Gedanken A(2003) Langmuir 19：10409-10413；(g) Wang J，Zhu HU(2004) Catal Lett 93：209-212；(h) Errington RJ，Petkar SS，Horrocks BR，Houlton A，Lie LH，Patole SN(2005) Angew Chem Int Ed 44：1254-1257；(i) Kato N，Tanabe A，Negishi S，Goto K，Nomiya K(2005) Chem Lett 34：238-239；(j) Izumi Y，Urabe K(1981) Chem Lett 663-663；(k) Neumann R，Levin M(1991) J Org Chem 56：5707-5710；(l) Fujibayashi S，Nakayama K，Nishiyama Y，Ishii Y(1994) Chem Lett 1345-1345；(m) Karimi Z，Mahjoub AR，Harati SM(2011) Inorg Chimi Acta 376：1-9；(n) Hajian R，Tangestaninejad S，Moghadam M，Mirkhani V，Mohammadpoor B，Iraj K，Reza A(2011) J Coord Chem 64：4134-4144；(o) Aoki S，Kurashina T，Kasahara Y，Nishijima T，Nomiya K (2011) Dalton Trans 40：1243-1253；(p) Ferreira P，Fonseca IM，Ramos AM，Vital J，Castanheiro JE(2010) App Catal B 98：94-99；(q) Panchenko VN，BorbathI，Timofeeva MN，Goboeloes S(2010) J Mol Catal A 319：119-125；(r) Qi W，Wang Y，Li W，Wu L(2010) Chem Eur J 16：1068-1078；(s) Zhang R，Yang C(2008) J Mater Chem 18：1691-2703；(t) Lee J，Kim H，La KW，Park DR，Jung JC，Lee SH，Song IK(2008) Catal Lett 123：90-95；(u) Kim H，Jung JC，Park DR，Lee H，Lee J，Lee SH，Baeck SH，Lee KY，Yi J，Song IK(2008) Catal Today 132：58-62.

[16] (a) Okuhara T，Mizuno N，Misono M(1996) Adv Catal 41：113-252；(b) Mizuno N，Misono M(1998) Chem Rev 98：199-218；(c) Kozhevnikov Ⅳ(1998) Chem Rev 98：171-198.

[17] Kholdeeva OA，Maksimchuk NV，Maksimov GM(2010) Catal Today 157：107-113.

[18] Devassy BM，Lefebvre F，Halligudi SB(2005) J Catal 231：1-10.

[19] Devassy BM，Halligudi SB(2005) J Catal 236：313-323.

[20] Devassy BM，Halligudi SB(2006) J Mol Catal A Chem 253：8-15.

[21] Busca G(1998) Catal Today 41：191-206.

[22] Rocchiccioli-Deltcheff C，Fournier M，Franck R，Thouvenot R(1983) Inorg Chem 22：207-216.

[23] Teague CM，Li X，Biggin ME，Lee L，Kim J，Gewirth AA(2004) J Phys Chem B 108：1974-1985.

[24] Echizen MT，Nagata K，Yoshinaga Y，Okuhara T(2003) J Mol Catal A 201：145-153.

[25] Loridant S，Feche C，Essayem N，Figueras F(2005) J Phys Chem B 109：5631-5637.

[26] Scheithauer M，Grasselli RK，Knözinger H(1998) Langmuir 14：3019-3029.

[27] (a) Misono M(2001) Chem Commun 1141；(b) Dillon CJ，Holles JH，Davis RJ，Labinger JA，Davis ME(2003) J Catal 218：54；(c) Ghanbari-Siahkali A，Philippou A，Dwyer J，Anderson MW(2000) Appl Catal A 192：57；(d) Molnar A，Beregszaszi T，Fudala A，Lentz P，Nagy JB，Konya Z，Kiricsi I(2001) J Catal 202：379；(e) Uchida S，Inumaru K，Misono M(2000) J Phys Chem B 104：8108.

[28] Kocal JA，Vora BV，Imai T(2001) Appl Catal A Gen 221：295-301.

[29] Shanbhag GV，Devassy BM，Halligudi SB(2004) J Mol Catal A Chem 218：67-72.

[30] Bachiller-Baeza B，Anderson JA(2004) J Catal 228：225-233.

[31] Devassy BM，Shanbhag GV，Mirajkar SP，Böhringer W，Fletcher J，Halligudi SB(2005) J Mol Catal A Chem 233：141-146.

[32] Devassy BM，Shanbhag GV，Halligudi SB(2006) J Mol Catal A Chem 247：162-170.

[33] Devassy BM，Shanbhag GV，Lefebvre F，Halligudi SB(2004) J Mol Catal A Chem 210：125-130.

[34] (a) Sawant DP，Devassy BM，Halligudi SB(2004) J Mol Catal A Chem 217：211-217；(b) Devassy BM，Halligudi SB，Elangovan SP，Ernst S，Hartmann M，Lefebvre F(2004) J Mol Catal A Chem 221：113-119；(c) Devassy BM，Lefebvre F，Böhringer W，Fletcher J，Halligudi SB (2005) J Mol Catal A Chem 236：162-167；(d) Sunita G，Devassy BM，Vinu A，Sawant DP，Balasubramanian VV，Halligudi SB(2008) Catal Commun 9：696-702；(e) Justus J，Vinu A，Devassy BM，Balasubramanian VV，Böhringer W，Fletcher J，Halligudi SB (2008) Catal Commun 9：1671-1675.

[35] (a) Devassy BM，Halligudi SB，Hegde SG，Halgeri AB，Lefebvre F(2002) Chem Commun 1074-1075；(b) Devassy BM，Shanbhag GV，Lefebvre F，Böhringer W，Fletcher J，Halligudi SB(2005) J Mol Catal A Chem 230：113-119.

[36] Kim H，Jung JC，Song IK(2007) Catal Surv Asia 11：114-122.

[37] (a) Okun NM，Anderson TM，Hill CL(2003) J Am Chem Soc 125：3194-3195；(b) Okun NM，Anderson TM，Hill CL(2003) J Mol Catal A 197：283-290.

[38] Khenkin AM, Neumann R, Sorokin AB, Tuel A(1999)Catal Lett 63: 189-192.
[39] (a)Neumann R, Cohen M(1997)Angew Chem Int Ed 36: 1738-1740; (b)Cohen M, Neumann R(1999)J Mol Catal A 146: 291-298.
[40] Neumann R, Miller H(1995)J Chem Soc Chem Commun 2277-2278.
[41] Kanno M, Yu-ki M, Yasukawa T, Hasegawa T, Ninomiya W, Ooyachi K, Imai H, Tatsumi T, Kamiya Y(2011)Catal Commun 13: 59-62.
[42] Kala Raj NK, Deshpande SS, Ingle RH, Raja T, Manikandan P(2004)Catal Lett 98: 217-223.
[43] Ressler T, Dorn U, Walter A, Schwarz S, Hahn AHP(2010)J Catal 275: 1-10.
[44] Mizuno N, Yamaguchi K, Kamata K(2011)Catal Sur Asia 15: 68-79.
[45] Bordoloi A, Lefebvre F, Halligudi SB(2007)J Catal 247: 166-175.
[46] (a)Siahkali AG, Philippou A, Dwyer J, Anderson MW(2000) Appl Catal A 192: 57-69; (b)Kanda Y, Lee KY, Nakata S, Asaoka S, Misona M(1988)Chem Lett 1: 139-139; (c) Mastikhin VM, Kulikov SM, Nosov AV, Kozhevnikov Ⅳ, Mudrakovsky IL, Timofeeva MN (1990)J Mol Catal 60: 65-70; (d)Huang W, Todaro L, Yap GPA, Beer R, Francesconi LC, Polenova T(2004)J Am Chem Soc 126: 11564-11573.
[47] (a)Kasai J, Nakagawa Y, Uchida S, Yamaguchi K, Mizuno N(2006)Chem Eur J 12: 4176-; (b)Casarini D, Centi G, Jiru P, Lena V, Tvaruzkova Z(1993)J Catal 143: 325-344.
[48] (a)Giles GI, Sharma RP(2005)J Peptide Sci 11: 17-423; (b)Priebe W(ed)(1993)Anthracycline antibiotics, new analogues, methods of delivery, mechanisms of action] In: American Chemical Society Symposium Series 574; (c) Driscoll JS, Hazard GF, Wood HB, Goldin A (1974)Cancer Chemother Rep 2: 1-362; (d)Cairns D, Michalitsi E, Jenkins TC, Mackay SP(2002)Bioorg Med Chem 10: 803-807; (e) Lown JW(1993)Pharmacol Ther 60: 185-214; (f)Cheng C, Zee-Cheng RKY(1983)Prog Med Chem 20: 83-118; (g)Huang HS, Chiou JF, Fong Y, Hou CC, Lu YC, Wang JY, Shih JW, Pan YR, Lin JJ(2003)J Med Chem. 46: 3300-3307; (h) Ge P, Russell RA(1997) Tetrahedron 53: 7469-17476; (g)Lee CP, Singh KH(1982)J Nat Prod 45: 206-210.
[49] Monneret C(2001)Eur J Med Chem 36: 483-493.
[50] Ullmann F, Gerhartz W, Yamamoto YS, Campbell FT, Pfefferkorn R(1985)Ullmann's encyclopedia of industrial c hemistry, vol 2. VCH, Weinheim, pp 347-348.
[51] Butterworth BE, Mathre OB, Ballinger K(2001)Mutagenesis 16: 169-177.
[52] Kozhevnikov I(1995)Catalyst for fi ne chemical synthesis: catalysis by polyoxometalates. Wiley, New York, p 138.
[53] (a)Hill CL(1998)In: Baumstark AL(ed)Advances in oxygenated processes, vol 2. JAI Press, London, pp 1-30; (b)Hudlucky M(1990)In: Oxidations in organic chemistry, ACS monograph series. American Chemical Society, Washington, DC; (c)Shilov AE, Shul'pin GB(2000)In: Activation and catalytic reactions of saturated hydrocarbons in the presence of metal complexes. Kluwer Academic Publishers, Dordrecht; (d) Shilov AE, Shul'pin GB(1997)Chem Rev 97: 2879-2932; (e)Mizuno N, Kamata K, Yamaguchi K(2010)Topics Catal 53: 876-893.
[54] (a)Barton DHR(1996)Chem Soc Rev 25: 237-239; (b)Perkins MJ(1996)Chem Soc Rev 25: 229-236.
[55] Bordoloi A, Lefebvre F, Halligudi SB(2007)Appl Catal A Gen 333: 143-152.
[56] (a)Bang Y, Park DR, Lee YJ, Jung JC, Song IK(2011)J Chem Engg 28: 79-83; (b)Ferreira P, Fonseca IM, Ramos AM, Vital J, Castanheiro JE(2011)Catal Commun 12: 573-576.
[57] Hong UG, Park DR, Park S, Seo JG, Bang Y, Hwang S, Youn MH, Song IK(2009)Catal Lett 132: 377-382.
[58] Fujibayashi S, Nakayama K, Hamamoto M, Sakaguchi S, Nishiyama Y, Ishii Y(1996)J Mol Catal A 110: 105-117.
[59] Xu L, Boring E, Hill CL(2000)J Catal 195: 394-405.
[60] Bordoloi A, Mathew N, Lefebvre F, Halligudi SB(2008)Microporous Mesoporous Mater 115: 345-355.
[61] Guo W, Park JY, Oh MO, Jeong HW, Cho WJ, Kim I, Ha CS(2003)Chem Mater 15: 2295-2298.
[62] Zhang WH, Daly B, O'Callaghan J, Zhang L, Shi JL, Li C, Morris MLA, Holmes JD(2005)Chem Mater 17: 6407-6415.
[63] Hu Q, Pang J, Wu Z, Lu Y(2006)Carbon 44: 1298-1352.
[64] Jarrais B, Silva AR, Freire C(2005)Eur J Inorg Chem 2005: 4582-4589.
[65] Khenkin AM, Vigdergauz I, Neumann R(2000)Chem Eur J 6: 875-882.
[66] Fieser LF, Tushler M, Sampson WL(1941)J Biol Chem 137: 659-692.
[67] (a)Periasamy M, Bhatt MV(1978)Tetrahedron Lett 4: 4561-4562; (b)Kreh RP, Spotnitz RM, Lundquist JT(1989)J Org Chem 54: 1526-1531; (c)Skarzewski J(1984)Tetrahedron 40: 4997-5000; (d)Hiranuma H, Miller SI(1982)J Org Chem 47: 5083-5088; (e)Kowalski J, Ploszynska J, Sobkowiak A(1998)J Appl Electrochem 28: 1261-1264.
[68] Fieser LF(1940)J Biol Chem 133: 391-396.
[69] (a)Sheldon RA(1993)Top Curr Chem 164: 21-43; (b)Adam W, Herrmann WA, Lin J, Saha-Moller CR, Fischer RW, Correia JDG(1995) Angew Chem Int Ed 33: 2475-2477; (c)Adam W, Herrmann WA, Lin J, Saha-Moller CR(1994)J Org Chem 59: 8281-8283.
[70] (a)Song R, Sorokin A, Bernadou J, Meunier B(1997)J Org Chem 62: 673-678; (b)Anunyiata OA, Pierella LB, Beltramone AR(1999)J Mol Catal A 149: 255-261.
[71] Bohle A, Schubert A, Sun Y, Thiel WR(2006)Adv Synth Catal 348: 1011-1015.
[72] (a)Welton T(1999)Chem Rev 99: 2071-2084; (b)Zhao D, Wu M, Kou Y, Min E(2002)Catal Today 74: 157-189.
[73] (a)Riisager A, Fehrmann R, Flicker S, Van Hal R, Haumann M, Wasserscheid P(2005)Angew Chem Int Ed 44: 815-819; (b)Gruttadauria M, Riela S, Aprile C, Meo PL, D'Anna F, Noto R(2006)Adv Synth Catal 348: 82-92; (c)Mehnert CP(2004)Chem Eur J, 1: 50-56; (d)SahooS, Kumar P, Lefebvre F, Halligudi SB(2009)Appl Catal A Gen 354: 17-25.
[74] Shi X, Han X, Maa W, Wei J, Li J, Zhang Q, Chen Z(2011)J Mol Catal 341: 57-62.
[75] Bordoloi A, Sahoo S, Lefebvre F, Halligudi SB(2008)J Catal 259: 232-239.

第6章　负载型 $H_3PW_{12}O_{40}$ 促进丙三醇与低碳醇的酯化反应

Rodrigo Lopes de Souza，Wilma Araujo Gonzales，and Nadine Essayem

1　前言

可再生能源使用指导(RED)已经将2020年欧盟的生物柴油的使用比例定为10%。因此，未来几年生物柴油的用量有望获得7%~8%的年增长率。这既关系到生物柴油，也关系到生物原油或油脂。经菜籽油与乙醇的酯交换反应生产生物柴油的过程会副产甘油，其数量占原材料总量的10%。酯交换反应过程的经济平衡依赖于甘油的定价。甘油醚是甘油的衍生物，可作为燃料添加剂使用。甘油醚的混合物可用作生物柴油的调和组分[1]。一般地说，甘油醚被认为是燃料组成中必不可少的组分[2,3]。将甘油醚加入生物乙醇中可降低蒸气压，将其加入生物柴油中可降低黏度[1]。而且，甘油醚作为传统含氧化合物油品添加剂如MTBE的替代物具有很大的优势，MTBE被认为对环境有负面影响[3]。甘油醚的使用对降低微细颗粒物的排放具有正面影响已有文献做了很好综述。需要注意的是，部分醚化的甘油醚分子上羟基有助于与燃料中少量水分协同作用可降低 NO_x 排放的观点已成共识[3]。

叔丁基甘油醚可以使用酸性树脂[1,4]或沸石[5]作催化剂通过甘油与异丁烯反应生产。通过与叔丁醇的醚化反应生产也有文献报道[6,7]。这两个反应都是由酸性树脂催化的。使用烯烃代替醇的主要优点是避免副产水，水的存在会降低酸性催化剂的活性。已经清楚的是乙基甘油醚作为燃料添加剂具有更大的优势，因为乙醇可循环使用于酯交换过程。然而，这是一个仅有少数几个研究团队提出的具有更大挑战性的目标[8]。在这里，为了强调按照酸强度选择所需要的催化剂，我们报告一个关于甘油与叔丁醇和乙醇醚化反应研究结果的比较。

为了达到这个目标，使用优化的工艺将 $H_3PW_{12}O_{40}$ 负载在不同载体上制备出固体酸催化剂，并以Amberlyst 35作为参照催化剂。对制备的催化剂进行详细表征，它们的活性通过微热量法进行 NH_3 吸附检测。并研究了它们在甘油与叔丁醇和乙醇醚化反应中的催化性能。

2 试验部分

2.1 催化剂制备

从 Aldrich 公司采购 $H_3PW_{12}O_{40} \cdot xH_2O$。$SiO_2$载体采购自 Grace Davidson 公司。该介孔 SiO_2载体的孔径范围为 5~10nm，BET 表面积为 $320m^2/g$。水合氧化铌(HY-340)采购自 CBMM 公司，其 BET 表面积为 $130m^2/g$。活性炭采购自 Sigma-Aldrich 公司，其 BET 表面积为 $160m^2/g$。$ZrOH_x$ 按照前面介绍的方法制备[9]，其 BET 表面积为 $211m^2/g$。HPA 负载量按照 Keggin 阴离子覆盖载体 40% 表面进行调节。假设一个 Keggin 结构单元占据 $1.44\times10^{-18}m^2$表面，采用前面报道的优化工艺制备负载型催化剂[10]，即：首先将载体在旋转蒸发器中于真空和100℃处理 1h，然后，在室温下将 $H_3PW_{12}O_{40}$水溶液逐滴加入处理后载体上进行预湿浸渍，之后，使预湿后的载体在旋转蒸发器中在室温下搅拌处理 1h。最后采用冰冻干燥法干燥。其化学组成列于表 6-1 中。

表 6-1 负载型催化剂的化学组成

样 品	目 标 值				实验值
	SBET/(m^2/g)	$S_{HPA}/S_{载体}$	$H_3PW_{12}O_{40}$/%(质)	W/%(质)	W/%(质)
HPA/SiO_2	320	0.4	31	21	19
HPA/C	1600	0.4	70	48	47.2
HPA/$NbOH_x$	130	0.4	16	11	10.8
HPA/$ZrOH_x$	211	0.4	24	16	16

2.2 微热量法 NH_3吸附

催化剂的酸性质是使用 Tian-Calvet 量热仪耦合体积仪在 80℃下通过 NH_3 吸附测定的。首先将催化剂样品(约 0.1g)在二段真空下于 200℃抽真空处理 1h，然后将其放入量热仪中直至试验温度稳定在 80℃，然后，固体少量气体接触达到平衡，记录吸附过程微分熵和吸附的 NH_3量。

2.3 催化性能测试

采用的甘油、叔丁醇和乙醇均为分析纯。醚化反应在一个 $70cm^3$不锈钢耐压磁力搅拌反应釜中进行。反应中使用过量的乙醇作溶剂，反应介质用氩气冲压至17bar。在一个典型试验中，在反应釜中加入各种物料量如下：5g(0.0543mol)甘油，0.375g 催化剂（相当于 7.5%的甘油质量），0.22mol 乙醇（乙醇/甘油物质的量比为 4）。反应测试之前，将固体酸催化剂进行仔细脱水处理。磺酸树脂需要在 110℃干燥处理 12h。为了得到无水形态的负载型 12-磷钨酸，将负载型催化剂置于带真空的玻璃容器中。温度调节程序为：以 1.6℃/min 升温至 200℃处理 2h，反应混合物用气相色谱分析，采用极性毛细管色谱柱 CP-WAX52CB（30m×0.25mm×0.25μm）和如下温度调节程序：以 8℃/min 从 50℃升温至 220℃，并在 220℃保持 10min。

3 结果与讨论

3.1 催化剂表征

3.1.1 差热分析（DTA）

通过 TGA-DTA 表征各种载体，体相和负载型 $H_3PW_{12}O_{40}$。仅有 DTA 曲线能给出清晰的结果。图 6-1（a）给出了载体的 DTA 曲线图。在 100℃以下观察到的吸热现象是由于失去结合水而产生的，而 100～200℃之间的吸热峰可能归于 $ZrOH_x$ 和 $NbOH_x$ 的部分脱羟基。在 420℃和 560℃观察到两个放热峰，分别归于 $ZrOH_x$ 和 $NbOH_x$ 的分解形成相应的氧化物 ZrO_2 和 Nb_2O_5。图 6-1（b）给出了体相和负载型的 $H_3PW_{12}O_{40}$ DTA 曲线图。12-磷钨酸的 DTA 曲线图显示在 300℃以下，由于释放了化合物中结晶水分子呈现两个吸热峰，并且，放热峰应归于当 Keggin 结构被破坏时简单的 ZrO_2 和 Nb_2O_5 氧化物产生的晶化现象。

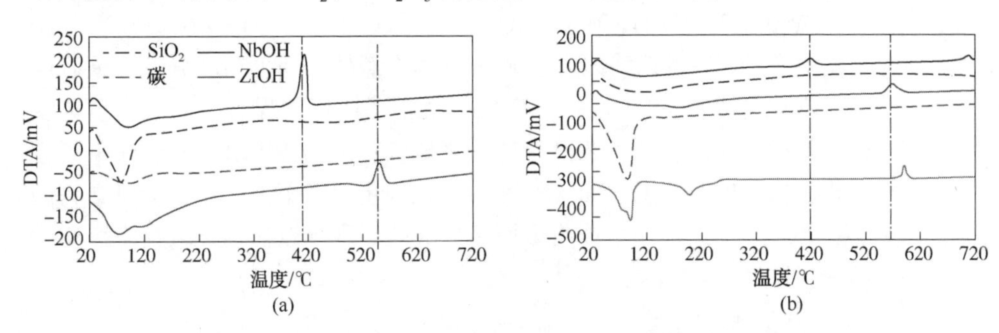

图 6-1 （a）载体的 DTA 曲线图，SiO_2、炭、$NbOH_x$ 和 $ZrOH_x$；（b）体相和负载型 $H_3PW_{12}O_{40}$ 的 DTA 曲线图

对 HPA/SiO_2 样品，在 100℃以下观察到的强吸热峰似乎是由于固体中 HPA 的结晶水的失去所导致的。相反，HPA/C 的 DTA 曲线图在低温下并没有显示出失去结合水或结晶水所表现出的明显的吸热现象，这说明 HPA/C 具有良好的憎

水性能。通过 HPA/SiO_2和 HPA/C 的 DTA 曲线图，在 600℃附近，不可能观察到放热峰，这可能归因于 WO_3和 P_2O_5的结晶。这种明显的行为表明 HPA 在载体 SiO_2和炭的表面上呈高度分散状态。这也将在下面的 XRD 检测报告中予以证实。

在 $HPA/ZrOH_x$和 $HPA/NbOH_x$样品中，记录的 DTA 曲线图显示在低温下没有观察到明显的吸热峰，而在高温下观察到放热峰，放热峰的温度与无负载的本体 HPA 所观察到的相近。对 $HPA/ZrOH_x$，在 720℃观察到一个额外的放热峰。总之，我们可以说负载型 HPA 的 DTA 曲线图与体相 HPA 的有明显不同，表明相对于体相 HPA，分散态的金属杂多酸盐的一次结构和二次结构发生了变化。

3.1.2　XRD 分析

图 6-2 给出了负载型催化剂的 XRD 检测图。

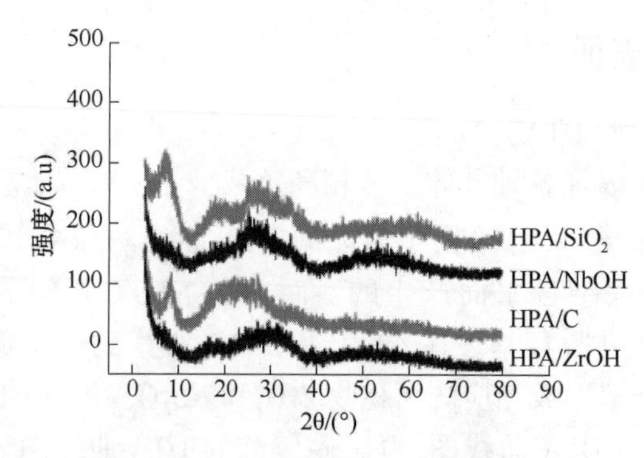

图 6-2　负载型 $H_3PW_{12}O_{40}$的 XRD 图

这些 XRD 图是无定形材料的检测图，图中，难以分辨稳定的 12-磷钨酸结晶水合物($H_3PW_{12}O_{40}\cdot 21H_2O$、$H_3PW_{12}O_{40}\cdot 13H_2O$、$H_3PW_{12}O_{40}\cdot 6H_2O$)的 XRD 峰。不存在结晶态的 12-磷钨酸证实了 Keggin 簇在载体表面上高度分散，或者阴离子的一次和/或二次结构单元发生了变化，阻止了任何长程有序的结合。这些结果充分说明我们采用的浸渍工艺可有效地将较大量的 $H_3PW_{12}O_{40}$分散在不同载体上，甚至相当惰性的载体上，如 SiO_2和炭。在初步研究中，已经表明对更高的 HPA 负载量>[50%(质)]，不可能将金属杂多酸盐高度分散在 SiO_2载体上。XRD 图显示存在 $H_3PW_{12}O_{40}\cdot 6H_2O$[11]。

3.1.3　微热量法 NH_3吸附

采用微热量法检测 NH_3吸附研究催化剂的酸性特征。在 NH_3吸附之前，将体相和负载型 $H_3PW_{12}O_{40}$样品在真空和 200℃预处理 1h。图 6-3 给出了微热量曲线图。总的说来，我们能观察到与体相 $H_3PW_{12}O_{40}$酸或它的酸式铯盐相反[12]，所有负载型 HPA 催化剂都不具有均匀强度的酸中心。对所有负载型催化剂，都观察到随着吸附的 NH_3量增加，微分吸附热连续减少，说明催化剂表面存在不同强度的酸性中心。这表明 HPA 与载体间相互作用的发生导致酸强度发生改变。基于在 50% NH_3覆盖度时平均的 NH_3吸附热，观察到如下酸强度顺序：

$$H_3PW_{12}O_{40}>HPA/SiO_2>HPA/C>HPA/NbOH_x>HPA/ZrOH_x$$

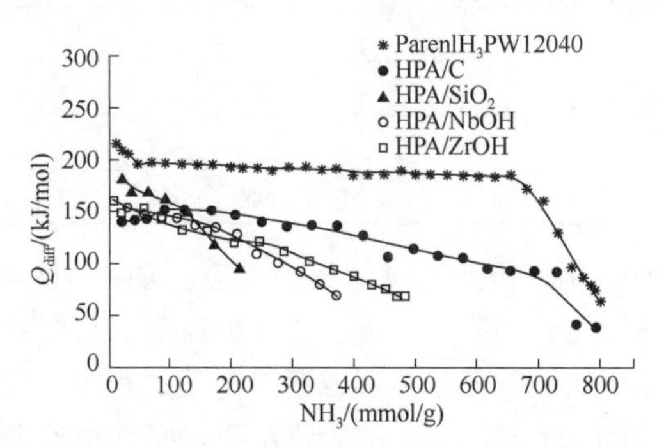

图 6-3　不同负载型 HPA 催化剂的酸性强度

该顺序与预期相一致，因为 HPA 与载体间相互作用将依赖载体的酸碱度，因此，氢氧化锆（$ZrOH_x$）有望较 SiO_2和炭与 $H_3PW_{12}O_{40}$发生更强的相互作用。

为了保持 HPA 在不同载体上覆盖度相同，制备了不同负载量的催化剂样品（表 6-1）。有趣的是我们注意到假如 HPA/C 是具有最多数量酸性中心的催化剂，与其最高的负载量相一致，但是，HPA/SiO_2所测得的总酸性中心数量显著低于 HPA/$NbOH_x$和 HPA/$ZrOH_x$。对后面的两个催化剂，载体可能对总的酸性中心数量有贡献。

3.2　催化活性

3.2.1　参照固体酸催化剂（Amberlyst 35）存在下甘油的醚化反应

首先研究参照固体酸催化剂（Amberlyst 35）在甘油醚化反应中的催化行为。甘油与叔丁醇和乙醇的醚化反应用作比较（表 6-2）。结果清楚地表明甘油与乙醇的醚化反应较甘油与叔丁醇的醚化反应要苛刻得多。的确，Amberlyst 35 在相当低的温度下（约 120℃）就促进了甘油与叔丁醇的醚化反应，甘油的转化率达到 55%。但在相同条件下，用乙醇代替叔丁醇，仅有少量的甘油转化成醚。

表 6-2　在 Amberlyst 35 催化作用下甘油与叔丁醇和乙醇的醚化反应

醇	反应温度/℃	转化率/%	选择性/%		
			单烷基醚	双烷基醚	三烷基醚
叔丁醇	60	32	92	8	-
	80	54	91	9	-
	120	55	79	21	-

续表

醇	反应温度/℃	转化率/%	选择性/%		
			单烷基醚	双烷基醚	三烷基醚
乙醇	60	1	-	-	-
	80	2	-	-	-
	120	2.5	-	-	-
	160	9	95	-	-

获得较高的甘油转化率需要更高的反应温度，如在160℃，可达到9%。但是，由于磺酸树脂热稳定性的限制，无法进行更高温度的试验研究。该反应的初始活化步骤极可能是低碳醇的质子化形成碳正离子中间体。这有助于合理解释甘油与乙醇的醚化反应和甘油与叔丁醇的醚化反应之间存在差别的原因。叔丁基正碳离子的稳定性远高于乙醇质子化形成的伯正碳离子。

3.2.2 负载型杂多酸的催化活性

在负载型杂多酸催化体系中可使用更高的反应温度：如该催化剂用于甘油与叔丁醇的醚化反应，可在120℃进行性能评价；用于甘油与乙醇的醚化反应，可在200℃进行评价性能(表6-3)。

对甘油与叔丁醇的醚化反应，炭载体和二氧化硅负载的$H_3PW_{12}O_{40}$是最活泼的催化剂，转化率分别为48.5%和37%。这些数据与其总酸性中心数量并未相关联，炭基载体具有三倍于二氧化硅载体的活性中心数。它们的效率似乎与其酸中心强度相关。这种观点对$NbOH_x$和$ZrOH_x$负载的HPA体系也成立。比HPA/$ZrOH_x$更活泼的HPA/$NbOH_x$具有更强的酸中心。其次，还观察到甘油与乙醇的醚化反应较甘油与叔丁醇的醚化反应需要更强的酸中心催化。仅有最强的酸如HPA/SiO_2和HPA/C能促进甘油与乙醇的醚化反应。具有最低酸强度的负载型$H_3PW_{12}O_{40}$催化剂如HPA/$NbOH_x$和HPA/$ZrOH_x$不能催化甘油与乙醇的醚化反应(表6-3)。两种活性催化剂SiO_2和HPA/C具有的强酸中心数通过吸附热≥150kJ/mol的NH_3吸附量进行表征。

表6-3 负载型杂多酸催化的甘油与叔丁醇和乙醇的醚化反应

催化剂	叔丁醇	乙醇	微分吸附热/(kJ/molNH_3)
	120℃转化率/%	200℃转化率/%	50% NH_3覆盖度时平均值
HPA/C	48.5	35	150
HPA/SiO_2	37	23	160
HPA/$NbOH_x$	19	0.5	135
HPA/$ZrOH_x$	14	-	130

反应条件：醇/甘油物质的量比=4，反应时间=4h，催化剂用量=0.39g，甘油用量=0.275mol。

所观察的反应选择性强烈依赖于反应进行的程度。图 6-4 表明在甘油转化率达到 20%之前似乎仅有单乙基甘油醚产生。然后，形成二乙基甘油醚，当甘油转化率达到 50%时，其总收率达到 10%。当甘油转化率超过 50%时，仅有少量的三乙基甘油醚被检测到。

单乙基甘油醚
二乙基甘油醚
三乙基甘油醚
醚的产率/%
甘油转化率/%
0
5
10
15
20
25
30
35
40
0
10
20
30
40
50
60

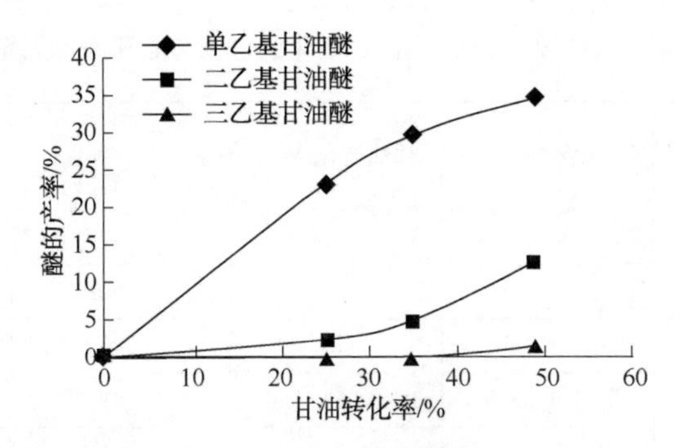

图 6-4　在 HPA/C 催化剂作用下醚的产率随甘油转化率变化的趋势

醚的产率随甘油转化率变化的趋势图支持连续串联反应路径，即最初的产物是单乙基甘油醚，随后它进一步反应转化为二乙基甘油醚，最终生成三乙基甘油醚，见图 6-5。

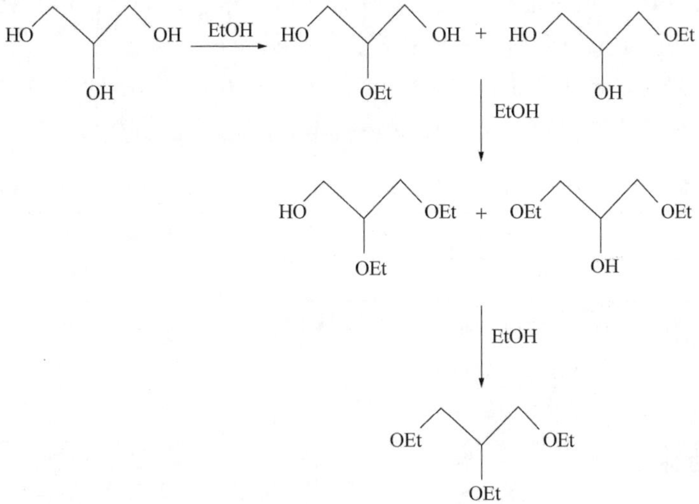

HO
OH
OH
EtOH
HO
OH
OEt
+
HO
OEt
OH
EtOH
HO
OEt
OEt
+
OEt
OEt
OH
EtOH
OEt
OEt
OEt

图 6-5　甘油醚形成的连续串联反应路径

3.2.3　HPA/C 和 Amberlyst 35 的耐水性

在大多数活性催化剂体系中，如炭基催化剂，通常研究了在反应介质中加入水的影响。这样做的原因有两个：其一，反应本身会产生水，它可能引起催化剂活性下降；其二，从工艺过程的经济性考虑，优先使用了含有水分的原材料。甘油与叔丁醇的醚化是在含有2%~5%水分的反应介质中进行的。已经观察到在水含量为5%以下，在醚中甘油的转化率对水的加入是相当不敏感的(表6-4)。Amberlyst 35与HPA/C在加入水时相近的表现可以通过用炭载体所具有的憎水性能来解释。

表6-4 加入水对HPA/C和Amberlyst 35催化的甘油与叔丁醇和乙醇醚化反应的影响

催化剂	水含量/%	甘油转化率/%	产率/%	
			单叔丁基甘油醚	双或三叔丁基甘油醚
Amberlyst 35	0	55	42	10
Amberlyst 35	2	66	50	16
Amberlyst 35	5	60	49	11
HPA/C	0	52	42	10
HPA/C	2	55	43	12
HPA/C	5	58	47	11

反应条件：温度=120℃，叔丁醇/甘油物质的量比=4，催化剂(HPA/C)=0.39g，甘油=0.275mol。

3.2.4 催化剂耐流失性

为了测定HPA流失情况的发生，在甘油与乙醇于200℃进行4h醚化反应后，用化学分析法测定回收介质中钨的含量，结果见表6-5。

这些数据清楚地表明HPA/SiO_2、HPA/C和HPA/$ZrOH_x$的含W物种发生了部分溶解。有趣的是，HPA/$NbOH_x$是最抗W物种流失的负载型催化剂。

表6-5 在甘油-乙醇醚化反应中流失的在反应介质中钨的化学分析数据

催化剂	HPA/SiO_2	HPA/$NbOH_x$	HPA/C	HPA/$ZrOH_x$
W/%(质)	0.21	0.03	0.76	0.24

反应条件：温度=200℃，时间=4h，乙醇/甘油物质的量比=4，催化剂(HPA/C)=0.39g，甘油=0.275mol。

4 结论

为了获得覆盖度为0.4的HPA/载体，制备了12-磷钨酸高度分散在SiO_2、C、$ZrOH_x$和$NbOH_x$等载体上的催化剂。XRD图没有显示出$H_3PW_{12}O_{40}$晶体的存在，表明采用在真空条件下进行浸渍的方法的有效性。载体的性质影响负载型催化剂的酸强度。基于微热量法NH_3吸附热数据，提出了如下排列顺序：HPA/SiO_2>HPA/C>HPA/$ZrOH_x$>HPA/$NbOH_x$。该顺序反映了HPA与载体之间的亲和力。

负载型12-磷钨酸在甘油与叔丁醇的醚化反应中的催化性能主要受催化剂的酸强度控制。甘油与乙醇的醚化反应较甘油与叔丁醇的醚化反应需要更强的酸中心催化。最强的酸催化剂如 HPA/SiO_2和 HPA/C 能促进甘油与乙醇的醚化反应。具有最低酸强度的催化剂如 HPA/$NbOH_x$和 HPA/$ZrOH_x$不能催化甘油与乙醇的醚化反应。

然而，最强的酸催化剂在极性的醇介质和200℃情况下由于 HPA 的流失而稳定性较差。相反，HPA/$NbOH_x$在这些反应条件下表现出良好的耐 HPA 流失性能，这将吸引科学家们对该类催化剂在极性液相介质中发生的酸催化反应中的应用产生较大的兴趣。

致谢

感谢 CAPES/Brazil 授予 R. Lopes de Souza 博士学位以及 CAPES-COFECUB 项目 512/05 的支持。

参考文献

[1] Noureddini H, US2000/6015440, University of Nebraska.
[2] Kesling H Jr, Karas LJ, Liotta F Jr, US1994/5308365, ARCO Chemical Technology.
[3] Bradin D, Grune G, WO2007/061903, CPS Biofuels INC.
[4] Delford B, Hillion G, WO2005/093015, IFP.
[5] Xiao L, Mao J, Zhou J, Gao X, Zhang S(2011) Appl Catal A Gen 393: 88-95.
[6] Arredondo VM, Back DJ, WO2007/113776, Procter&Gamble.
[7] Frusteri F, Arena F, Bonura G, Cannilla C, Spadaro L, DiBlas O(2009) Appl Catal A Gen 367: 77-83.
[8] Pariente S, Tanchoux N, Fajula F(2008) Green Chem 11: 1256-1261.
[9] Hamad B, Perrard A, Figueras F, Rataboul F, Prakash S, Essayem N(2010) J Catal 269: 1-4.
[10] Ivanov E, Zausa E, Ben Taârit Y, Essayem N(2003) Appl Catal A Gen 256(1-2): 225.
[11] Zausa E, PhD Thesis, University Lyon1, 26 septembre 2002.
[12] Hamad B, Lopes de Souza RO, Sapaly G, Carneiro Rocha MG, Pries de Oliveira PG, Gonzalez WA, Andrade Sales E, Essayem N(2008) Catal Commun 10: 92-97.

第 7 章　萜烯在 SiO_2 固载的磷钨酸作用下的烷氧基化反应

M. Caiado, D. S. Pito, and J. E. Castanheiro

1　简介

单萜烯类化合物是一种重要的可再生原料，用于制药、香料和香水工业中[1,2]。萜烯的酸催化烷氧基化反应是合成在香料和制药工业中有多种用途的非常有价值的萜烯醚的重要路线[1-3]。α-蒎烯、β-蒎烯和柠檬烯转化生成的 α-松油基烷基醚是生产肥皂、化妆品和药品的配方原料[4-6]（图 7-1）。在这些反应中，矿物酸如硫酸经常被用作催化剂，且用量超出化学计量，导致产生大量废料。该问题可通过使用固体酸催化剂予以克服。优选的催化剂应易于通过过滤与反应物和产物进行分离，并且对环境危害小，无腐蚀或无废水处理问题。非均相催化剂还可重复使用。

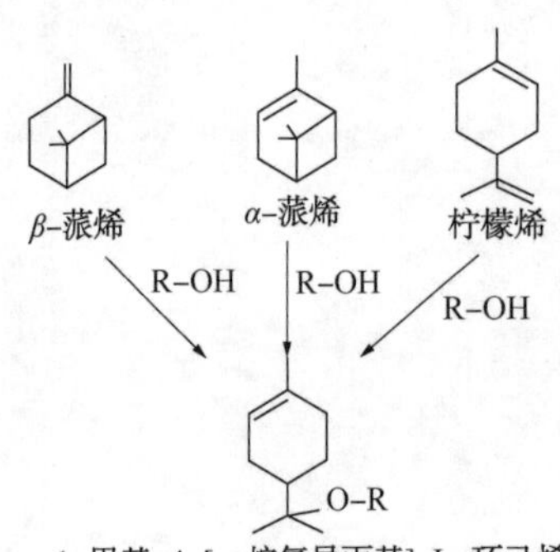

图 7-1　从 α-蒎烯、β-蒎烯和柠檬烯合成 1-甲基-4-[α-烷氧异丙基]-L-环已烯

α-蒎烯和柠檬烯在 β 沸石存在下在液相中环氧化生成 1-甲基-4-[α-烷氧异丙基]-L-环已烯已经在间歇反应器中和连续固定床反应器中进行了研究[7]。在两类反应器中，甲醇和柠檬烯作为原料反应生成 1-甲基-4-[α-烷氧异丙基]-L-环已烯，产率大约 85%。对这类反应，β 沸石对柠檬烯的甲氧基化反应的活性和选择性较在文献中描述的其他催化剂更好。但是，对 α-蒎烯的甲氧基化反应，对应的 α-松油基烷基醚的最高产率只能达到 50%，因为有几个双环和双加成反应产物同时形成。对所有加成产物的选择性能达到 85%[7]。

人们已经在 β 沸石[7]、酸性阳离子交换树脂[8]、硫酸改性的介孔 SiO_2[9]、具有磺酸基团的 PVA[10] 以及 SiO_2 负载的杂多酸[11] 上进行了 α-蒎烯的甲氧基化反应研究。

杂多酸（HPAs）是强的 Brönsted 酸，用作精细化学品合成的酸催化剂已得到很多关注。一般说来，相比矿物酸、离子交换树脂和分子筛，HPAs 表现出更高的催化活性[12-15]。HPA 催化可避免发生使用矿物酸催化剂所导致的副反应如磺化、氯化。但是，HPAs 也有一些缺点，如比表面积小（1~10m^2/g），与反应混合物不易分离以及热稳定性低[12-14]。这些不足可以通过将 HPAs 固载在不同载体（沸石、SiO_2、活性炭、聚合物等）上予以克服[12-14]。已有报道 HPAs 对不同的反应（Friedel-Craft 酰化反应、Fries 重排、醚化、酯化、异构化、水合以及水解等）是有效的催化剂[14,15]。

杂多酸还被用作不同酸性反应的催化剂，其中涉及到单萜烯，如 α-蒎烯[16-18]、柠檬烯[19]和莰烯[20]的水合，α-蒎烯[21]的异构化，假紫罗酮[22]的环化。

在这些工作中，我们报告 SiO_2固载的磷钨酸（PW/S）作为固体酸催化剂应用于萜烯（α-蒎烯、β-蒎烯和柠檬烯）与不同醇的烷氧基化反应。

2　试验部分

2.1　催化剂制备和表征

通过之前描述的溶胶-凝胶法[11]制备 SiO_2固载的磷钨酸（PW）。即将 2mol 水、0.2mol 1-丁醇和 8.3×10^{-4}mol 磷钨酸的混合物在 3h 内在搅拌的情况下于 80℃加入到正硅酸四乙基酯（0.2mol）中，所获得的水凝胶在 80℃抽真空（25Torr，1Torr=133.322Pa）1.5h 缓慢脱水。将获得的干凝胶放入索氏抽提器中用甲醇抽提 72h，并在 100℃干燥过夜。在使用之前，将 SiO_2固载的磷钨酸在 100℃干燥 3h。催化剂标记为 PW/S。

采用 ICP 法测定 PW 含量。BET 表面积为 254m^2/g，总孔体积为 0.12cm^3/g，平均孔体积为 0.12cm^3/g。通过 FT-IR 检测结果证明 PW 的 Keggin 结构的完整性（图 7-2）。不同 W—O 键的对称和非对称振动在振动光谱图的下列区域可以观察到：W—Od 键（1000~960cm^{-1}）、W—Ob—W（890~850cm^{-1}）、W—Oc—W（800~760cm^{-1}）

从 XRD 光谱图（图 7-3）中可以看出，催化剂中并未显示存在任何与杂多酸有关的晶体相[11]。

2.2　催化性能评价

反应在一个带磁力搅拌器的间歇反应釜中进行，反应温度为 60~80℃。在一个典型试验中，将 3mmol 萜烯、30mL 乙醇和 1gPW/S 催化剂的混合物在空气中和特定温度下进行强烈搅拌。

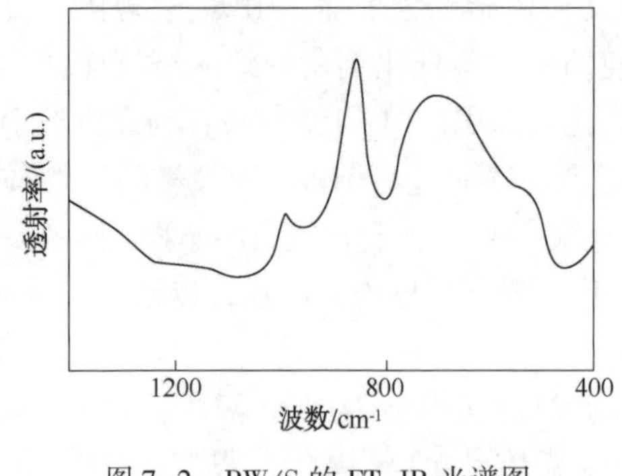

图 7-2　PW/S 的 FT-IR 光谱图

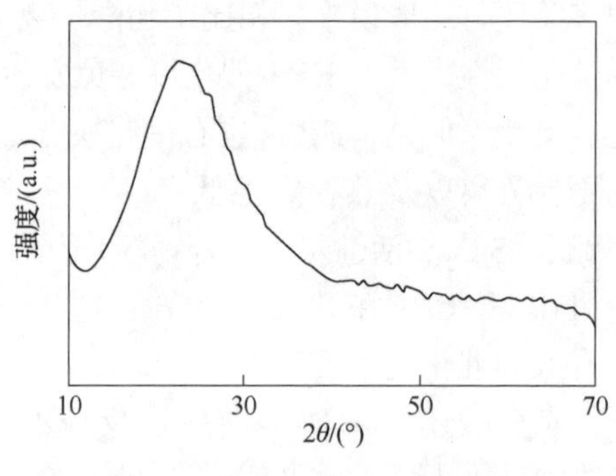

图 7-3　PW/S 的 XRD 光谱图

通过连续 4 次催化剂重复使用试验检查催化剂的稳定性，四次试验的反应条件相同。在两次试验之间，催化剂经过滤与反应混合物分离，然后用乙醇洗涤，并在 100℃ 干燥过夜。

使用壬烷作为内标物，用气相色谱(GC)跟踪反应进程，色谱型号 KONIC HRGC-3000C，色谱柱为 30m×0.25mm DB-1，火焰离子检测器。

GC 质量平衡是基于反应物投料量的。差异产生是由于形成了色谱无法检测的低聚物。产物通过色质联用仪(GC-MS)鉴别。仪器型号 FISONSMD800(Leicestershire，英国)。配置色谱柱为 30m×0.25mm DB-1。

3　结果与讨论

α-蒎烯、β-蒎烯和柠檬烯烷氧基化反应的主要产物为 α-松油基烷基醚，此外还形成了双环产物(内冰片基烷基醚、β 葑基烷基醚、外冰片基烷基醚、冰片烯以及莰烯)，以及单环产物(γ-松油基烷基醚、β 松油基烷基醚、萜品油烯和柠檬烯)等副产物。α-蒎烯、β-蒎烯和柠檬烯烷氧基化反应的机理如图 7-4 所示。

3.1　α-蒎烯烷氧基化

α-蒎烯与醇类(甲醇、乙醇、1-丙醇、2-丙醇、1-丁醇、2-丁醇)在 SiO_2 固载的磷钨酸作用下烷氧基化反应的主要产物是松油基烷基醚。α-蒎烯烷氧基化反应的机理如图 7-4 所示。

图 7-5 显示了 PW/S 催化剂在 α-蒎烯与不同醇[甲醇(C_1)、乙醇(C_2)、1-丙醇(1-C_3)、2-丙醇(2-C_3)、1-丁醇(1-C_4)、2-丁醇(2-C_4)]烷基化反应中的催化活性。已经研究了 α-蒎烯与甲醇在 SiO_2 固载不同的磷钨酸催化剂上的烷氧基化反应[11]。PW/S 催化剂的活性为 9.6×10^{-5} mol/(h · g_{cat})[11]。随着醇链碳原

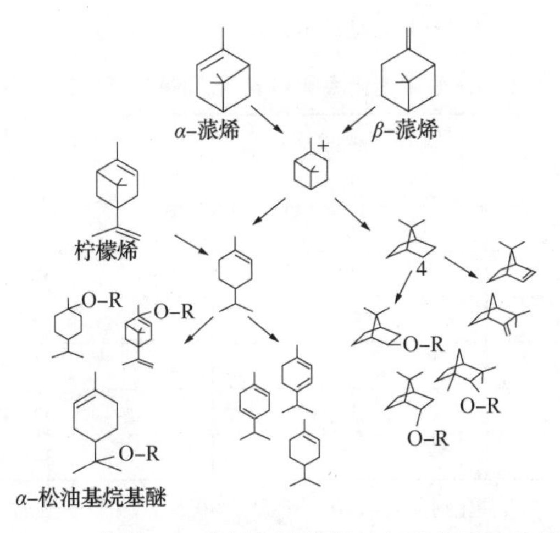

图 7-4　α-蒎烯、β-蒎烯和柠檬烯烷氧基化反应的机理

子数增加，催化剂活性减少。这种行为可解释为是由于醇在催化剂孔道结构中的扩散限制所致。曾预期在亲电加成反应中较长碳链醇有更高的反应活性。这可能是由于在 SiO_2 固载的磷钨酸孔道结构中存在空间位阻，以致较长碳链的醇不易形成过渡态所致。图 7-5 还显示由直链醇(1-丙醇和 1-丁醇)到支链醇(2-丙醇和 2-丁醇)，催化剂活性下降，这种现象可能是由于 2-丙醇和 2-丁醇在催化剂的孔道中存在强的扩散限制所致。K. Hensen 等在研究柠檬烯在 β 沸石作用下的烷氧基化反应时也观察到同样的结果[7]。

图 7-6 显示了温度对 α-蒎烯的乙氧基化反应的影响。可观察到随着温度的上升，催化剂活性增加。

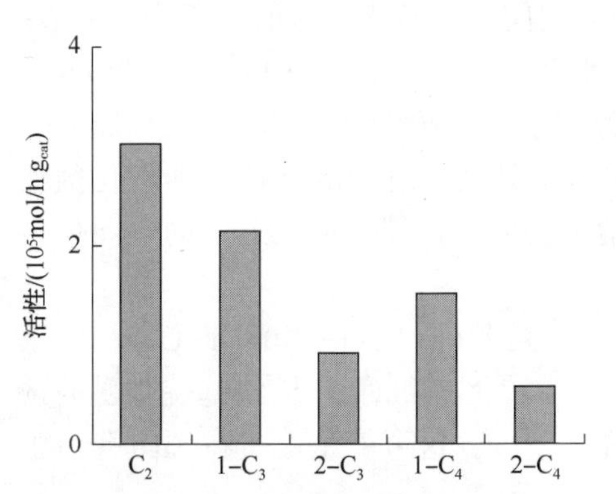

图 7-5　在 PW/S 催化剂作用下 α-蒎烯的烷氧基化反应不同醇对催化剂活性的影响

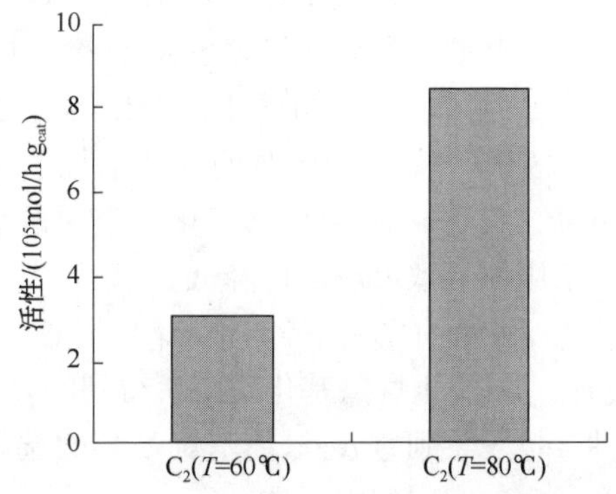

图 7-6　α-蒎烯与乙醇在 PW/S 催化剂作用下烷氧基化反应温度对催化剂活性的影响

表 7-1 表明在间歇式反应釜中 α-蒎烯与不同醇之间反应所得到的 α-蒎烯转

化率以及对目标产品 α-松油基烷基醚的选择性。

表 7-1　α-蒎烯转化率和对 α-松油基烷基醚的选择性

醇	温度/℃	转化率[a](α-蒎烯)/%	选择性(α-松油基烷基醚)/%	产率/%
甲醇	60	98	60	58.8
乙醇	60	45	39	17.6
乙醇	80	97	38	36.9
1-丙醇	60	38	36	13.7
2-丙醇	60	22	33	7.9
1-丁醇	60	33	35	11.6
2-丁醇	60	15	34	5.1

[a]条件：时间=50h，PW/S 催化剂用量=1.0g，α-蒎烯=0.5cm^3，乙醇=30cm^3。

从表 7-1 中还观察到，增加直链醇的链长，对 α-松油基烷基醚的选择性下降，α-蒎烯的转化率减少。这些结果可能是在 SiO_2 固载的磷钨酸孔道中存在空间位阻导致更长链的醇不易形成反应所需的过渡态所致。与此同时，α-蒎烯转化为其对应异构体的反应发生了。

为了研究 PW/S 催化剂在 α-蒎烯乙氧基化反应中的催化稳定性，用同样的催化剂和相同的反应条件连续进行间歇式反应评价，可观察到从首次到第二次使用，催化剂的活性有小幅下降，但是，第三次后，可观察到催化剂的活性基本保持稳定(图 7-7)。

3.2　β-蒎烯的烷氧基化反应

β-蒎烯在 PW/S 催化剂作用下与不同醇之间烷氧基化反应的主要产物是 α-松油基烷基醚，其反应机理也在图 7-4 中进行了描述。图 7-8 中显示出 PW/S 催化剂在 β-蒎烯与不同醇[甲醇(C_1)、乙醇(C_2)、1-丙醇(1-C_3)、1-丁醇(1-C_4)]发生烷氧基化反应时的催化活性。可观察到随着直链醇碳数增加催化剂活性下降，与在 α-蒎烯烷氧基化反应中的情形相同。在催化剂孔道中的空间位阻和扩散限制导致反应活性降低。

表 7-2 显示 β-蒎烯与不同醇[甲醇(C_1)、乙醇(C_2)、1-丙醇(1-C_3)、1-丁醇(1-C_4)]发生烷氧基化反应所得到的 β-蒎烯转化率和对 α-松油基烷基醚的选择性。可观察到对 α-松油基烷基醚的选择性下降，这可能是由于在 SiO_2 孔道中存在一定的空间位阻所致。

对在 β-蒎烯乙氧基化反应中 PW/S 催化剂的催化活性稳定性也进行了研究，不同批次反应使用相同的催化剂和相同的反应条件，可观察到从首次到第四次使用，催化剂的活性有小幅下降(图 7-9)。

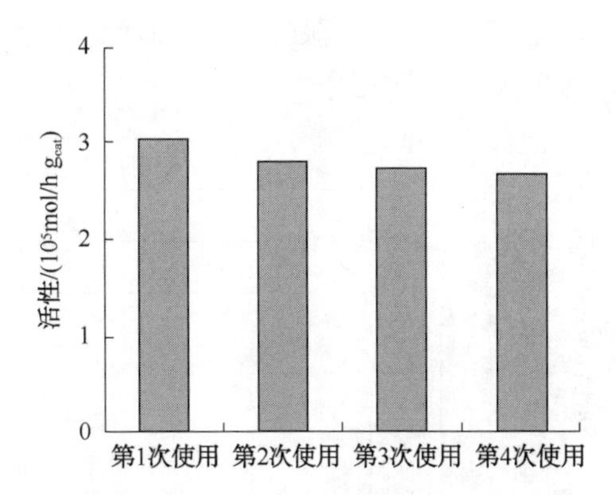

图 7-7 PW/S 催化剂在 α-蒎烯乙氧基化反应中的催化稳定性研究观察到的反应速率最大值是初始活性

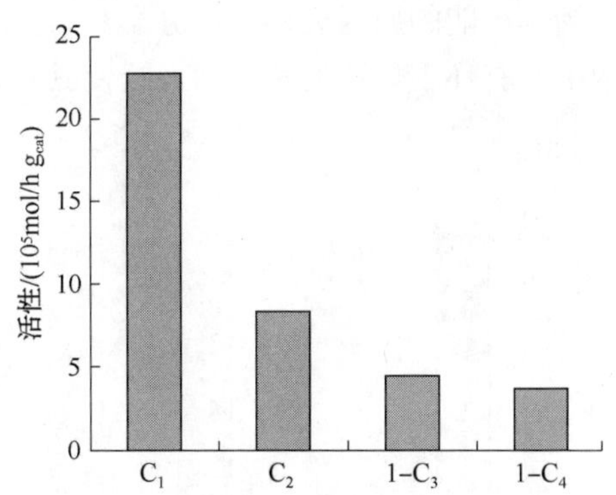

图 7-8 β-蒎烯在 PW/S 催化剂作用下烷氧基化反应不同醇[甲醇(C_1)、乙醇(C_2)、1-丙醇(1-C_3)、1-丁醇(1-C_4)]的影响

表 7-2 β-蒎烯转化率和对 α-松油基烷基醚的选择性

醇	温度/℃	转化率[a](β-蒎烯)/%	选择性(α-松油基烷基醚)/%	产率/%
甲醇	60	99[b]	57	56.4
乙醇	60	95	40	38
1-丙醇	60	70	25	17.5
1-丁醇	60	64	23	14.7

[a]条件：时间=50h，PW/S 催化剂用量=1.0g，β-蒎烯=0.5cm^3，乙醇=30cm^3。

[b]：时间=25h。

3.3 柠檬烯的烷氧基化反应

柠檬烯在 PW/S 催化剂作用下与不同醇之间烷氧基化反应的主要产物是 α-松油基烷基醚。图 7-10 给出了 PW/S 催化剂在柠檬烯与不同醇[甲醇(C_1)、乙醇(C_2)、1-丙醇(1-C_3)、1-丁醇(1-C_4)]之间烷氧基化反应中的催化活性。从图中可以看出随着直链醇碳数增加催化剂活性下降。催化剂孔道中的空间位阻和扩散限制是其活性下降的主要原因，与在 α-蒎烯和 β-蒎烯烷氧基化反应中观察到的情形相同。

表 7-3 列出了柠檬烯的转化率和对 α-松油基烷基醚的选择性。可观察到随着醇的链长增加，对 α-松油基烷基醚的选择性减少。这可能是由于在 SiO_2 孔道中存在一定的空间位阻所致。

图 7-11 比较了 PW/S 催化剂在 α-蒎烯、β-蒎烯和柠檬烯与醇于 60℃ 发生烷基化反应的起始活性。对所有在烷基化反应中使用的醇，可观察到 β-蒎烯比 α-蒎烯和柠檬烯反应速率更快。萜烯的反应活性顺序如下：β-蒎烯>α-蒎烯>柠

檬烯。可能的原因为柠檬烯分子具有更高的稳定性。而α-蒎烯和β-蒎烯分子结构中具有环丁烷环的角张力，这使其较柠檬烯反应活性更高。

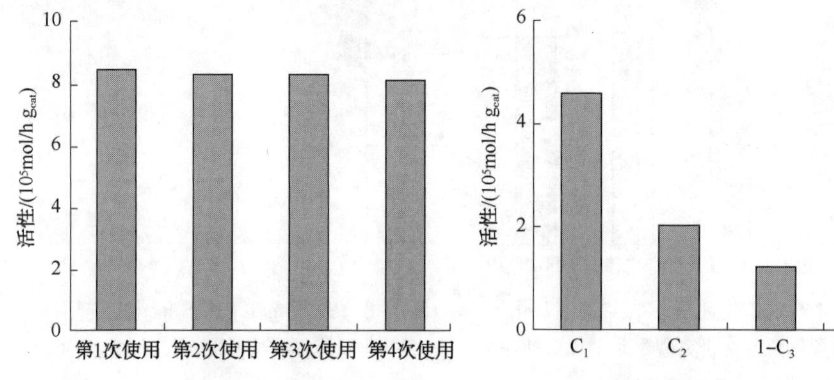

图 7-9　PW/S 催化剂在β-蒎烯乙氧基化反应中的催化稳定性研究观察到的反应速率最大值是初始活性

图 7-10　柠檬烯在 PW/S 催化剂作用下烷氧基化反应不同醇[甲醇(C_1)、乙醇(C_2)、1-丙醇(1-C_3)、1-丁醇(1-C_4)]的影响

表 7-3　柠檬烯转化率和对α-松油基烷基醚的选择性

醇	温度/℃	转化率[a](柠檬烯)/%	选择性[b](α-松油基烷基醚)/%	产率/%
甲醇	60	60	81	48.6
乙醇	60	40	76	30.4
1-丙醇	60	35	72	25.2
1-丁醇	60	26	65	16.9

[a]条件：时间=50h，PW/S 催化剂用量=1.0g，柠檬烯=0.5cm^3，乙醇=30cm^3。

[b]：时间=50h。

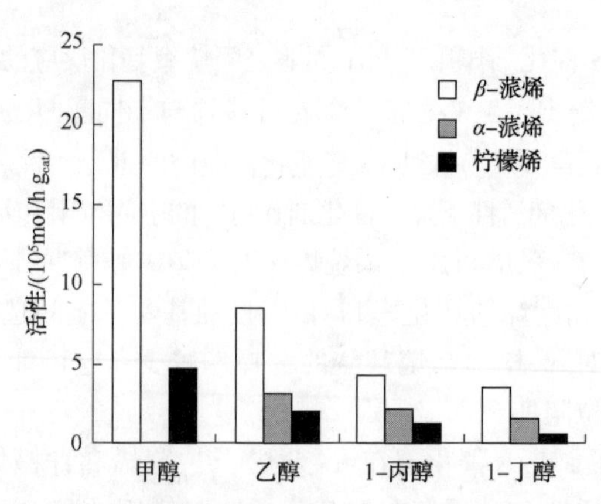

图 7-11　α-蒎烯、β-蒎烯和柠檬烯在 PW/S 催化剂作用下烷氧基化反应不同醇[甲醇(C_1)、乙醇(C_2)、1-丙醇(1-C_3)、1-丁醇(1-C_4)]的影响

4 结论

α-蒎烯、β-蒎烯和柠檬烯的酸催化烷氧基化制备 α-松油基烷基醚的反应是在 SiO_2 固载的杂多酸(磷钨酸)作用下进行的。这种醚用作香水和化妆品的香料、药品和农用化学品以及食品工业的添加剂。

对 α-蒎烯、β-蒎烯和柠檬烯的烷氧基化反应，随着直链醇碳数增加催化剂活性下降，催化剂孔道中存在的空间位阻和扩散限制可能是其活性下降的主要原因。

SiO_2 固载的杂多酸(磷钨酸)催化剂对 α-松油基烷基醚的选择性随着醇的链长增加下降。

研究了 PW/S 催化剂在 β-蒎烯和 α-蒎烯乙氧基化反应中的催化稳定性，观察到催化剂易于回收，并可重新使用且其活性基本保持稳定。

还需总结的是 β-蒎烯在烷氧基化反应中较 α-蒎烯和柠檬烯反应活性更高。

参 考 文 献

[1] Erman WE(1985)Chemistry of the monoterpenes. An encyclopedic handbook. Marcel Dekker，New York.
[2] Bauer K，Garbe D，Surburg H(1997)Common fragrance and fl avor materials：preparation，properties and uses. Wiley-VCH，New York.
[3] Pybus DH，Sell CS(eds)(1999)The chemistry of fragrances. RSC Paperbacks，Cambridge.
[4] Corma A，Iborra S，Velty A(2007)Chem Rev 107：2411-2502.
[5] Mäki-Arvela P，Holmbom B，Salmi T，Murzin DY(2007)Catal Rev 49：197-340.
[6] Monteiro JL，Veloso CO(2004)Top Catal 27：169-180.
[7] Hensen K，Mahaim C，Hölderich WF(1997)Appl Catal A Gen 149：311-329.
[8] Yoshiharu M，Masahiro M(1976)Jpn Kokai 75(131)：948.
[9] Castanheiro JE，Guerreiro L，Fonseca IM，Ramos AM，Vital J(2008)Stud Surf Sci Catal 174：1319-1322.
[10] Pito DS，Fonseca IM，Ramos AM，Vital J，Castanheiro JE(2009)Chem Eng J 147：302-306.
[11] Pito DS，Matos I，Fonseca IM，Ramos AM，Vital J，Castanheiro JE(2010)Appl Catal A Gen 373：140-146.
[12] Kozhevnikov Ⅳ(2002)Catalysts for fi ne chemicals，catalysis by polyoxometalates，vol 2. Wiley，Chichester.
[13] Kozhevnikov Ⅳ(1998)Chem Rev 98：171-198.
[14] Okuhara T，Mizuno N，Misono M(1996)Adv Catal 41：113-252.
[15] Timofeeva MN(2003)Appl Catal A Gen 256：19-35.
[16] Castanheiro JE，Ramos AM，Fonseca I，Vital J(2003)Catal Today 82：187-193.
[17] Castanheiro JE，Fonseca IM，Ramos AM，Oliveira R，Vital J(2005)Catal Today 104：296-304.
[18] Robles-Dutenhefner PA，da Silva KA，Siddiqui MRH，Kozhevnikov Ⅳ，Gusevskaya EV(2001)J Mol Catal A Chem 175：33-42.
[19] Avila MC，Comelli NA，Firpo NH，Ponzi EN，Ponzi MI(2008)J Chil Chem Soc 53：1460-1462.
[20] da Silva KA，Kozhevnikov Ⅳ，Gusevskaya EV(2003)J Mol Catal A Chem 192：129-134.
[21] da Silva KA，Robles-Dutenhefner PA，Kozhevnikov Ⅳ，Gusevskaya EV(2009)Appl Catal A Gen 352：188-192.
[22] Díez VK，Apesteguía CR，Di Cosimo JI(2008)Catal Lett 123：213-219.

第 8 章　负载型 12-磷钨酸的酸性、结构和稳定性对催化反应的影响

Josè Alve Dias, Slívia Cláudia Loureiro Dias, and Julio Lemosde Macedo

1　简介

多氧金属酸盐(POMs)是具有可变尺寸的具有 M—O 键纳米结构的大分子化合物。按照化学组成分为两类：同多金属阴离子($[M_mO_y]^{p-}$)和异多金属阴离子($[X_xM_mO_y]^{q-}$，$x<m$)，M 是 addenda 原子，X 是杂原子[1]。在各种已知的 POMs 中，Keggin 类是用于催化目的最实用的结构形式，12-磷钨酸($H_3PW_{12}O_{40}$，H_3PW)是该系列化合物中最强的酸[2]。众所周知，H_3PW 是 Keggin 离子结构，是由 PO_4四面体和围绕其周围的 4 个由共边的八面体形成的 W_3O_{13}三元组合共同构成。该三元组合由共角的氧原子连接[3]。这些化合物能在分子水平上通过取代 addenda 原子或相反的阳离子进行剪裁，这导致它们可应用于许多领域，包括分析化学、生物化学和材料科学。这种用途多样性是通过改变其性质如分子大小、质量、电子-质子转移、热稳定性、晶格氧的易变性、酸性和溶解性来实现的[4,5]。

另一种改变杂多酸(HPAs)性质的方法是用各种载体(SiO_2、ZrO_2、Al_2O_3和炭)制备负载型材料[6]。但是，纯的 HPAs 仅有很小的比表面积，经负载在不同的固体载体上以提高其比表面积。通过提高其比表面积改善酸性质子的分散度、将均相体系非均相化以及实现对其酸强度的精细调节是制备负载型 HPAs 的目标。此外，另一个目标是为非极性基质与杂多酸找到一个适合的催化剂。反应物的性质决定了反应是在催化剂体相还是在其表面发生[7]。众所周知，HPAs 能吸附极性分子进入其体相，导致一个假液相催化反应过程。非极性分子仅在晶体表面或其之间的表面层反应[8]。因此，通过负载 HPAs 增大其表面积可制备出能催化非极性物质反应的高活性催化剂。按照负载 HPAs 所得到的特性，几个例子展示出这些体系的潜力。

例如，文献[9]研究了在 SiO_2负载的 12-磷钼酸和 12-磷钨酸作用下的芳烃烷基化反应。苯和甲苯的烷基化是用氯苯、苯甲醇、环己烯或环己醇进行的，结果显示催化剂可快速促进定量转化得到高产率的单烷基化产物和微量的多烷基化产

物。在这些反应中的区域选择性类似于文献中所描述的其他催化剂。在正常$H_3PW_{12}O_{40}/SiO_2$催化使用苯甲醇的环加成反应中，结果与由 $SiCl_4$ 催化的反应相同。

此外，文献[10]报道了在 $H_3PW_{12}O_{40}/SiO_2$催化剂作用下苯甲醚与醋酸酐发生 Friedel-Crafts 反应合成甲氧基苯乙酮，在 61～110℃获得高的转化率和高的对位产品选择性。但是，在 61℃和 83℃由于产物强的和可逆的吸附导致 0.5h 后催化剂失活。催化剂的活性可以恢复且不会从 SiO_2载体上明显流失。即使对逐渐结焦失活的催化剂也是如此。

然而，Zr-Ce 混合氧化物负载 Pt 和 $H_3PW_{12}O_{40}\cdot 6H_2O$ 所制备的催化剂已用于 NO_x的储存还原反应(吸附进入H_3PW孔道和在 Zr-Ce 混合氧化物载体表面)[11]。Zr-Ce 混合氧化物吸附 NO_x(主要是 NO_2)作为硝酸盐，受热后以 NO_2和 NO 脱附。在 H_3PW-Pt/Zr-Ce 体系中，NO_2和 NO 通过等摩尔取代 H_3PW 结构中水分子而被储存。最佳 Zr：Ce 物质的量比为 0.5，Pt 的存在对储存能力没有影响。尽管如此，Pt 对加速 NO_x的脱附和还原过程是必不可少的。

正庚烷的加氢异构化是在一系列载 Pt 脱铝 USY(超稳沸石)负载磷钨酸铯催化剂作用下进行的[12]。发现 USY 不是一个理想的负载磷钨酸铯的载体，其组合的催化剂对正庚烷的加氢异构化反应活性较低。相反，脱铝 USY 负载磷钨酸铯催化剂对该反应表现出高的催化活性和选择性。在各种不同 Cs/P 比的磷钨酸铯盐中，含 0.4%Pt 的 $Cs_2H_3PW_{12}O_{40}$是最有效的，可提升正庚烷转化率至 76.2%，对异构化产物的选择性高达 92.2%。

文献[13]还研究了在脱铝 USY(DUSY)负载 H_3PW 和其铯盐催化剂作用下醋酸与正丁醇的酯化反应。发现通过在脱铝 USY 上引入 H_3PW 可显著改进其催化活性(49.5%～86.4%)。在脱铝 USY 上负载磷钨酸铯，可获得高达 96.4%正丁醇转化率和 100%醋酸正丁酯选择性。催化剂在水中的流失试验表明催化剂活性的下降与载体上的活性杂多酸组分在极性溶剂中溶解度密切相关，其中磷钨酸铯的流失较纯 H_3PW 低得多。

文献[14]介绍了炭负载的 H_3PW 催化剂用于丁醇和叔丁醇脱水制备丁基叔丁基酯的反应，在这些反应条件下没有观察到自缩合产物(二丁基醚)或分子内脱水产物(异丁烯)。当更新反应物使用已用的催化剂重复进行反应几次，未检测到 HPA 的流失，催化剂的活性基本保持不变。

Pechmann[15]基于浸渍法制备了 MCM-41 负载的 12-磷钨酸($H_3PW_{12}O_{40}$)催化剂，对其进行表征，并详细研究了它们在酯化和 Friedel-Crafts 酰化反应中的应用。在这些研究中，H_3PW 与 MCM-41 的介孔通道相互协同作用，其酸度由杂多酸的负载量控制。杂多酸负载量为 60%的样品显示出最高的酸度和催化活性。此外，催化剂的重复使用试验证实了这些催化剂可重复使用几次而不会有大的活性损失。

文献[16]研究了在Nb_2O_5负载不同H_3PW量(5%~30%)的系列催化剂作用下，游离脂肪酸(如葵花籽油的棕榈酸，十六酸)与甲醇的酯化反应。基于FTIR、XRD和NH_3-TPD(NH_3程序升温脱附)表征数据以及活性评价结果，可观察到酯化活性依赖于催化剂的结构改变。25%H_3PW/Nb_2O_5是最好的，经400℃焙烧的催化剂，在反应温度为65℃，醇/酸物质的量比为13.7时，棕榈酸的转化率高达90%。

另一项研究[17]检测了SBA-15负载的H_3PW(浸渍法或直接合成法制备)催化剂，并考察了它们在正癸烷转化反应中的性能。通过将杂多酸包覆在有序介孔二氧化硅中所获得的材料，其催化性能优于通过浸渍法所获得的材料。它可获得高产率的骨架异构产物(>70%)，多支链骨架异构产物，并将加氢裂化控制在初次裂化阶段。与USY沸石相比，H_3PW/SBA-15样品在异构化反应中表现出更加宽的最佳温度窗口范围和更高的正癸烷二支链异构产物选择性。

其他研究者[18]使用30%H_3PW/ZrO_2催化剂进行了苯酚和甲酚与叔丁醇的液相烷基化反应。该催化剂在温和条件下表现出高的活性(按照转化率数据)和对目标产物的高选择性。所提出的工艺过程是经济可行的，因未反应的苯酚可经过蒸馏分离出来并进一步用于反应。此外，再生的催化剂可用于达到高产率转化的反应。

从所列出的实例中可清楚看到HPAs已经用于催化多种类型的反应。本章希望理出在烷基转移、酯化和环化反应中HPAs的主要特性(酸性、结构以及稳定性)与其活性之间的关联。重要的是应认识到负载性杂多酸催化剂的成功应用取决于仔细设计合适的材料，并在制备过程中调节好材料的特性使之达到工业上应用的水平。

2 试验部分

2.1 负载型H_3PW的制备

所用的$H_3PW_{12}O_{40}$是从Sigma-Aldrich公司获得的。所研究的载体(SiO_2、SiO_2-Al_2O_3和ZrO_2)也是从Sigma-Aldrich公司获得的。介孔MCM-41是按照文献[19]介绍的方法合成的。x%H_3PW/载体样品是在酸性水溶液(HCl 0.1mol/L)中通过浸渍法制备的，x代表H_3PW的负载量[2%~60%(质)]。适量的H_3PW和载体置于玻璃圆底烧瓶中(比率：10mLHCl溶液/g载体)，悬浮液保持在80℃不断搅拌直至溶剂完全被蒸干，然后，将所获得的干燥固体碾压成粉末状，并在马弗炉(型号 EDG model3000)中焙烧 4~6h。将所制备的负载型催化剂进行元素分析，证实在 200℃焙烧 4h(至少)后，其组成中不含氯。

2.2 表征技术

这些材料通过几种方法进行表征。光谱方法有 FTIR、FT-Raman、MAS-NMR 和 XRD。傅里叶变换红外(FTIR)谱图是在一个型号为 Nicolet 6700 FTIR 仪器上得到的，检测器为 DTGS，用 256 扫描，光谱分辨率为 $4cm^{-1}$。为了满足光的透射要求，每个样品要压成含 1%KBr 的干片。FT-Raman(红外拉曼光谱)数据是用纯样品检测得到的，检测仪器为一个连接在 Bruker Equinox 55 型分光光度计上的 Raman FRA 106/S 组件，激光源(Nd-YAG)的波长为 1064nm，功率为 126mW。在分辨率为 $2cm^{-1}$、扫描速度为 256 时，用液氮冷却的 Ge 检测器监测信号得到光谱图。所有的傅里叶变换红外(FTIR)谱图和红外拉曼光谱图(FT-Raman)都是用预先处理的样品检测的，预处理条件为在 200℃下焙烧，且检测时环境温度为 25℃。此外，^{31}P MAS-NMR(魔角自旋固体核磁共振)光谱图检测条件为：用 7mmMAS 探针，仪器为 Varian 公司的 7.05T 型 Hg^{+}分光仪。设置包括单脉冲激发(8μs)、循环延时为 10s、无^{1}H 去耦合，MAS 探针速率为 5kHz、最小扫描速率为 256。这些信号间接地与用 85%H_3PO_4作样品所检测的结果相比较。粉末 XRD 图是由一台 Bruker D8 FOCUS 衍射仪检测的，检测条件：$5° < 2\theta < 70°$，步长为 0.02°，每步积分时间为 1s，采用石墨单晶体单色仪且波长为 1.5418Å 的 Cu-Kα 辐射源(电压为 40kV 和电流为 30mA)。

热分析技术包括结构和热重分析(TG)。样品的比表面和孔体积是由在一台型号为 ASAP 2020C 微粒分析仪上采用 BET 和 BJH 模型在-196℃下所获得的氮的吸附-脱附等温线计算得到的。TG 分析是在一台型号为 SDT2960 的仪器上进行的，可同时得到 TG 和 DSC 数据，测定条件：扫描速率为 10°/min，从室温至 800℃，气氛为氮气(99.999%)或合成空气(氮气+氧气共 99.999%，其中氧气占 20%±0.5%)，气体流速为 100mL/min。材料的酸性由 TG/DTG 检测气相吡啶的热脱附数据，或通过吡啶的液相微量量热脱附数据计算得到。酸中心的数量是通过对吸附吡啶后样品的 TG/DTG 曲线得到的。该方法涉及到样品吸附吡啶前后质量的损失，考虑到每个样品的水合程度以及如文献[20,21]所描述的材料的热稳定性。

其他的酸度测量来自于 Cal-Ad 方法[22]。该方法基于在环己烷浆态试验条件下吡啶的液相微热量热数据以及吸附数据。对焙烧后的负载型 H_3PW，将一个稀释的吡啶环己烷溶液加入到含无水环己烷和固体的浆液中，每次测定的放热量和在溶液中平衡碱的量是由两个独立的试验完成的。这些试验应该是平行的，并与在每个试验中得到的样品的固体质量体积比相关联。这些固体总是需要在一个氮气氛手套箱中进行处理以确保样品上不吸附到水。预先校准一下定量仪器，将吡啶加入到环己烷中的稀释热可忽略不计。两个试验的温度基本相同。受平衡和扩散的限制，对微量量热以及吸附试验进行了检查。保持 3min 以上的时间，没有发现吸附上的变化(在溶液中测定碱的吸附)以及测得的吸附热的变化。测量的热是在一台型号为 ISC4300 上测得的，该仪器由量热科学仪器公司制造，采用补加吡啶。吸附测量结果是在一台型号为 DU-650 UV-Vis 的贝克曼分光光度计上于 251nm 处得到的。两个试验所获数据进一步用于计算，该计算采用一个非线性最小平方法进行，即一个使参数最小化的单一途径法。该方法采用 Langmuir 型方程，变量为酸中心数，它可由使用者按照方程式(8-1)设置。

$$\frac{h}{g} = \sum \frac{n_i K_i [B]}{1 + K_i [B]} \Delta H_i \tag{8-1}$$

采用该模型，可以从每克固体放出的热(h/g)以及溶液中碱的浓度($[B]$)，计算每个不同类型酸中心的数量(n_i)、平衡常数(K_i)以及熵(ΔH_i)。由 Cal-Ad 方法得到的数据近期已公开报道[23]。通常 Cal-Ad 方法与光谱法研究共同使用以便分析不同 HPAs 的酸度，包括 H_3PW[24]，$Cs_xH_{3-x}PW$，H_3PW/SiO_2[26]，H_3PW/Al_2O_3[27] 和 H_3PW/Nb_2O_3[23] 以及不同固体酸如沸石[22,28-30]。

2.3 反应的试验装置

2.3.1 在 H_3PW/SiO_2 催化剂作用下苯与三甲苯之间烷基转移反应

苯与三甲苯之间烷基转移反应是在一个管式反应器中进行的，反应压力 0.1MPa，反应温度为 470℃。催化剂用量 0.5g，H_2/烃物质的量比 = 4，空速 WHSV = $1h^{-1}$，进料是由苯(纯度为 99.8%)和 C_9^+ 物料按 70 : 30(质)混合而成的。C_9^+ 物料是从工业石脑油催化重整装置上得到的副产物，其组成为 2% 的 C_{10}^+ 芳烃，9% 丙苯，43% 乙苯，45% 三甲苯和 0.6% 二氢化茚。气相流出物的组成由在线气相色谱仪进行检测。

2.3.2 醋酸与乙醇在 $H_3PW/SiO_2-Al_2O_3$ 催化剂作用下的酯化反应

醋酸与乙醇的酯化反应是在一个 5mL 或 10mL 定制的玻璃反应器中进行的。将 2.0g 醋酸和所需数量的无水乙醇(按醋酸/乙醇物质的量比为 2 : 1、1 : 1 和 1 : 2)加入反应器中，以醋酸质量为基准，加入不同量催化剂(2%、5%、10% 和 15%)。反应之前，将催化剂在马弗炉中在 200℃ 活化 2h。反应体系在 100℃ 搅拌不同的时间(1h、2h、4h、6h)。反应之后，每个样品要冷却至室温，离心分离出催化剂，并用 GC-FID 分析产物组成。仪器型号为岛津 GC-17A，配置的毛细管色谱柱为：30m×0.25mm×0.25μm，柱充物为 RTX®-5 交联，5%二苯基/95%二乙基多硅氧烷，由 RESTEK 提供。

2.3.3 油酸与乙醇在 H_3PW/ZrO_2 催化剂作用下的酯化反应

油酸与乙醇的酯化反应在一个带回流冷凝器的反应器中进行。反应期间用矿物油浴加热反应器并保持在 100℃，而冷却水的温度由一台恒温水浴将其控制在 15~20℃范围内。按 1：6(油酸：乙醇)物质的量比加入反应原料，按油酸投料量的 10%加入催化剂，除开纯 ZrO_2、纯 H_3PW、20%H_3PW+80% ZrO_2 的机械混合物之外，研究不同 x%H_3PW/ZrO_2 催化剂作用下的反应时间。在反应结束时，关闭反应体系，将反应产物冷却至室温，过滤，用 5%氯化钠溶液洗涤。将获得的反应产物置于密闭的玻璃烧瓶中，加入干燥的硫酸镁除去水分。用 ^{1}HNMR 和 GC-MS 对所制备的酯产品进行定量分析。色谱-质谱联用仪型号为：岛津，GCMS QP5050A，色谱柱：填料为聚二甲基硅氧烷，CBPIPONA-M50-042，100m×0.25mm×0.5μm 岛津提供。

分析结果证实油酸乙酯是反应的唯一产物(100%选择性)。

2.3.4 在 H_3PW/MCM-41 催化剂作用下的(+)香茅醛环化反应

首先，将每个催化剂置于马弗炉(型号 EDG model3P-S)中，按 10℃/min 升温至 300℃并恒温活化 4h，并在用于环化反应之前于 N_2 气氛中冷却。将催化剂用 5mL 氯仿转移至一个圆底烧瓶中，用量相当于(+)香茅醛投料量的 10%。其次，加入 1mmol(+)香茅醛，所得混合物在室温下用磁力搅拌器不断搅拌。反应时间 30min~3h。所有反应产物由 ^{1}HNMR 仪分析。最好的催化剂被循环使用。

3 结果与讨论

3.1 H_3PW/SiO_2：用作苯与 C_9^+ 芳烃烷基转移反应制备二甲苯的催化剂

芳烃化合物是合成有价值石油化工产品和精细化学品的重要原材料，其中，苯、甲苯和二甲苯(BTX)是最重要的。工业上 BTX 的主要来源是重整和汽油裂解，它产生了较高含量的三甲苯和甲苯。实现低价值 C_7 和 C_9 芳烃提升附加值的便利方法是将其转化为苯和二甲苯。然而，由于环境保护的原因，市场对苯的需求减少，突出了苯与三甲苯的烷基转移反应在商业应用上的重要性，并受到关注[31-33]。因此，文献[34]介绍了 H_3PW/SiO_2 催化剂在苯与三甲苯烷基转移中的试验结果。

基于 H_3PW/SiO_2 的催化剂在文献[26]中已经被广泛制备和表征。一种测定 Keggin 阴离子结构完整性的最好方法是 ^{31}P MAS-NMR。因此，用该技术表征了所

制备的不同 H_3PW 含量[8%~25%(质)]的催化剂。在图 8-1(a)中，在 ^{31}P MAS-NMR 谱图中表示 Keggin 阴离子的信号位于-15ppm 处，表明 H_3PW 浸渍在载体上并经焙烧处理后，其结构保留了下来。

热稳定性是另一个 HPAs 应用的重要议题。对 15% H_3PW/SiO_2 所作的 TG/DTG 数据表明当温度达到 450℃以上时 H_3PW 催化剂会发生分解，分解的程度受催化剂使用条件的影响。众所周知，H_3PW 的分解依赖于温度以及在空气中暴露的时间[35,36]。因此，可以确信在 470℃烷基转移反应过程中负载型 H_3PW 催化剂会发生部分分解。尽管如此，在该温度下所有催化剂表现出最高的活性，并可与目前工业上应用的丝光沸石(MOR)催化剂相当。

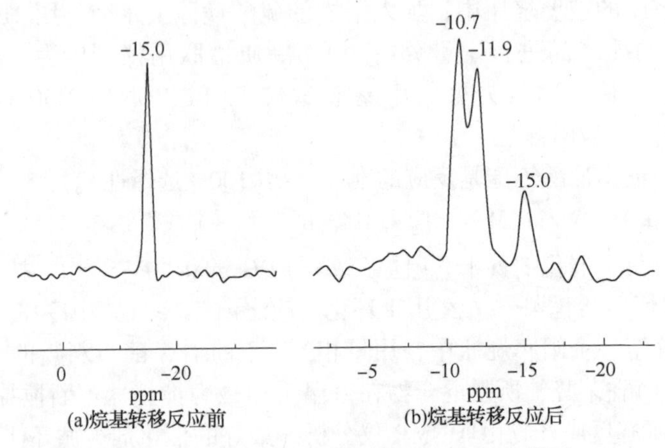

图 8-1 15% H_3PW/SiO_2 的 ^{31}P MAS-NMR 谱图

表 8-1 中列出了 $x\%H_3PW/SiO_2$ 的主要性质。

表 8-1 $x\%H_3PW/SiO_2$ 的物化性质以及它在苯与三甲苯烷基转移反应中的酸性和选择性

催化剂 (%H_3PW)	$S_{BET}{}^f$/ (m^2/g)	$S_{BET}{}^s$/ (m^2/g)	D_{XRD}/ nm	ΔH_{AVG}/ (kJ/mol)	T_{SITES}/ (mmol/g)	Sel_{XY}/ %	焦炭/ %
8	74	23	12	85.9	0.078	0	1.6
15	63	60	15	100.4	0.159	3.9	0.3
20	57	43	17	108.8	0.204	2.8	1.0
25	40	20	18	116.7	0.252	0	2.4
MOR	n. a.	n. a.	n. a.	82.9	0.503	2.1	14.1

商用硅胶(DaVisil® grade 62)的比表面积为 260m^2/g。负载 H_3PW 后样品的比表面积下降至 74~40m^2/g 范围(表 8-1 第二列 $S_{BET}{}^f$)，具体数据取决于 H_3PW 的负载量，这应归因于 HPA 沉积在 SiO_2 的介孔表面[37]。反应之后这些表面积会

进一步减小(表 8-1 第三列 S_{BET}^{S})。此外，在 SiO_2的介孔表面形成的纳米微晶的尺寸在 12~18nm 范围内(见表 8-1 第四列 D_{XRD})。通过 Cal-Ad 法测得这些催化剂的酸度随着 H_3PW 的负载量不同而变化，范围为-85.9~-116.7kJ/mol(表 8-1 第五列 ΔH_{AVG})。当与苯和 C_9芳烃的烷基转移反应结果相结合时可发现这些结果的相关性非常强。

所有负载型催化剂在三甲苯与苯的烷基转移反应中是活泼的。但是，除开 15%H_3PW/SiO_2之外，其他催化剂在反应中的相对失活速率是快的。15%H_3PW/SiO_2催化剂对最重要产物(二甲苯)的选择性也是最高的。如果 15%H_3PW/SiO_2不是最强的催化剂，那么催化该反应需要一个最小的酸度，至少 80kJ/mol。尽管如此，8%H_3PW/SiO_2催化剂对二甲苯的选择性为 0，仅产生了甲苯，表明酸性中心的总量(表 8-1 第六列 T_{SITES})以及可能的分布应该是肯定的。因此，在丝光沸石[29]中更高密度的 B 酸中心和 L 酸中心以及有规律单向孔道的存在可能有利于二甲苯的形成。8%H_3PW/SiO_2催化剂缺少这些稳定二烷基苯的孔道，导致了焦炭的形成(表 8-1 第 7 列)。相反，负载量为 15%~20%H_3PW 催化剂是更强的酸，较 8%H_3PW/SiO_2催化剂产生更多的二甲苯。

20%H_3PW/SiO_2催化剂的活性减少表明 100kJ/mol 以上的酸性中心对形成二甲苯是不利的。因为形成的二甲苯会强烈地吸附在活性中心上，不易脱附并会产生较多量焦炭。该效应由 25%H_3PW/SiO_2催化剂的试验数据得到证实，该催化剂在所研究的反应条件下不产生任何二甲苯。还应该注意到所有负载型催化剂在反应之后产生的焦炭量是低的，并与反应起始时活性损失相关。因此，在最稳定的 15%H_3PW/SiO_2催化剂上几乎没有焦炭产生。该样品在反应后其比表面积的损失也是最小的(表 8-1 第 3 列)。有趣的是注意到 15%H_3PW/SiO_2催化剂的 Keggin 结构在反应后有明显的分解，见图 8-1(b)。该催化剂在反应过程中活性损失最低的原因可能归因于 H_3PW 的分解物的形态(-11.9ppm 归于$[\alpha\text{-}P_2W_{18}O_{62}]^{6-}$，-10.7ppm归于$[\alpha\text{-}PW_{11}O_{39}]^{7-}$)，它们对该反应也是活泼的催化剂。

总之，SiO_2负载的 H_3PW 催化剂(H_3PW/SiO_2)在 470℃的三甲苯与苯的烷基转移反应中是活泼的。调节催化剂酸性中心至最佳的强度、数量和分布可得到最好的活性和二甲苯选择性。15%H_3PW/SiO_2是达成该目标最好的样品，使用过程中产焦炭少，活性和比表面积损失小，因此提出了进一步改进二甲苯产率的富有前景的途径。通过降低反应温度可以进一步提高催化剂的使用寿命。这也将减少 Keggin 阴离子的分解程度，减少催化剂活性的下降，并保持催化剂的选择性处于较好的水平。

3.2 $H_3PW/SiO_2\text{-}Al_2O_3$：用作醋酸与乙醇酯化反应的催化剂

基于 $SiO_2\text{-}Al_2O_3$负载的 HPAs 催化剂尚没有在文献中有较多的研究报道，其主要原因在于有杂多酸在载体表面会发生分解的假设。为了证实该可能性，研究了 $SiO_2-Al_2O_3$负载的 H_3PW。关于 $H_3PW/SiO_2-Al_2O_3$体系的性质尚未公布，其表征结果的讨论将集中于最好的催化剂。通过过滤试验、FTIR、^{31}P MAS-NMR、BET 分析和吡啶吸附等手段表征了一系列不同 H_3PW 负载量(质量分数分别为 15%、20%、30%、40%)的 $H_3PW/SiO_2-Al_2O_3$催化剂。

$SiO_2-Al_2O_3$[Aldrich 公司，含 12%(重量) Al_2O_3]的比表面积 S_{BET}为 489m²/g。随着 H_3PW 负载量的增加，负载型样品的比表面积呈线性下降($R^2=0.995$)，见表 8-2。该下降与 H_3PW 在载体表面上的沉积有关。

表 8-2　x%$H_3PW/SiO_2-Al_2O_3$催化剂比表面积和醋酸乙酯产率与 x 之间关系

催化剂(%H_3PW)	S_{BET}/(m²/g)	醋酸乙酯产率/%
0	489	42.3
15	402	70.2
20	372	73.5
30	292	78.3
40	240	63

杂多酸(HPAs)与几种载体(如硅胶、氧化铌、氧化铝、氧化锆以及 MCM-41)间的相互作用已经在文献中进行了介绍[23,26,27,38]，有证据表明载体的性质以及催化剂制备过程的条件是负载型 HPA 材料性能改进的重要参数。H_3PW 浸渍负载在 $\gamma-Al_2O_3$上会引起 Keggin 阴离子的部分分解[39]，这归因于载体的碱性[3]。尽管如此，其他研究[27]也表明使用乙腈和 0.5mol/LHCl 水溶液作溶剂可以成功实现 H_3PW 在 $\gamma-Al_2O_3$表面上的负载。与纯的 H_3PW 和 20%H_3PW/SiO_2相比，x% H_3PW/Al_2O_3表现出较弱的酸性。由于 $SiO_2-Al_2O_3$既有酸性也有碱性，会增加其与 HPA 之间相互作用的强度且 HPA 不发生分解，有望是较硅胶更好的载体[40]。的确，与氧化铝和硅胶相比[41]，在硅胶表面接枝 Al_2O_3簇可增加 H_3PW 的稳定性和与载体间相互作用的强度。

图 8-2 列出了 30% $H_3PW/SiO_2-Al_2O_3$ 样品的^{31}P MAS-NMR 谱图，仅在 -14.8ppm处有一个信号。20%和 40%的样品也显示出同样的单一信号，这些证据表明经制备和焙烧处理后，没有发生 Keggin 阴离子的分解，如在 H_3PW/Al_2O_3体系[41]研究中观察的一样。15%的样品在-13.5ppm 和-14.8ppm处显示了两个信号，前者可能与 Keggin 阴离子结构发生扭曲相关。

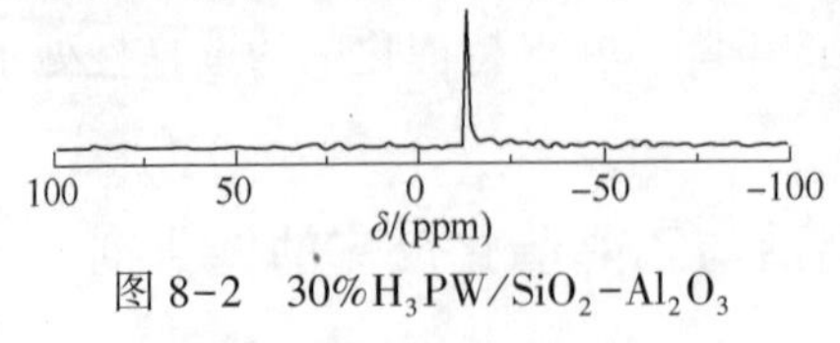

图 8-2　30%$H_3PW/SiO_2-Al_2O_3$ 样品的^{31}P MAS-NMR 谱图

短链酯广泛用作化学和制药工业的溶

剂或其他化学物质的生产[42]。烷基酯的生产最通常的方法是通过羧酸与醇在均相布朗斯特酸催化剂如硫酸作用下发生酯化反应实现的。但是，当使用传统的酸催化剂时，需要增加额外的中和反应步骤，这会导致催化剂的降解和化学废料的产生[43]。因此，开发非均相催化体系使化学反应变得更加环境友好的过程是极其重要的。

为了决定最佳的 H_3PW 负载量，在相同条件下研究催化剂在醋酸酯化反应中的活性。催化反应评价条件为：反应温度 100℃，反应时间 4h，醋酸/醇物质的量比为 2：1，催化剂用量 10%(以反应物量为基准)。图 8-3 的结果表明 30% $H_3PW/SiO_2-Al_2O_3$ 样品的活性最高，醋酸乙酯的产率为 78%，对所有评价的催化剂，酯的选择性均为 100%。

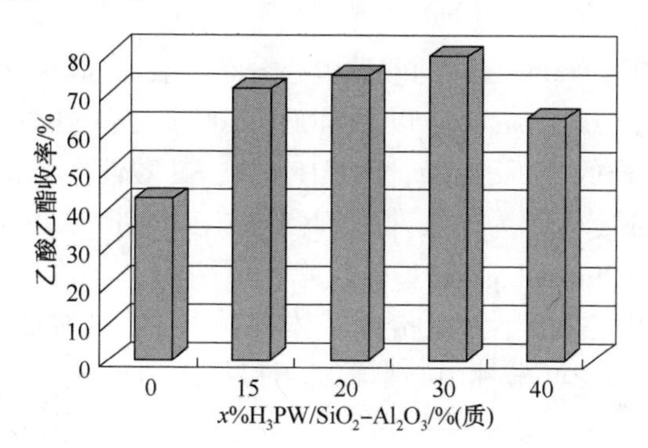

图 8-3　H_3PW 负载量对 $xH_3PW/SiO_2-Al_2O_3$ 催化剂在醋酸与乙醇酯化反应中性能的影响（x=15%，20%，30%，40%）

改变醋酸与乙醇的物质的量比(1：1，1：2 和 2：1)，考察其对催化剂活性的影响。催化反应评价条件为：反应温度 100℃，反应时间 4h，30% $H_3PW/SiO_2-Al_2O_3$ 催化剂的用量为 10%(以反应物量为基准)。图 8-4 的结果表明在醋酸与乙醇的物质的量比为 2：1 时，30% $H_3PW/SiO_2-Al_2O_3$ 催化剂达到最高的醋酸乙酯产率(78.3%)，在物质的量比为 1：2 和 1：1 时，分别降至 63.4% 和 56%。在所有考察的物质的量比时，对酯的选择性均为 100%。酯化反应是一个平衡反应，通过使一种反应物过量或移走产物使反应达到完全。通过使用过量醋酸增加醋酸乙酯产率，可能与过量醋酸自催化作用的贡献有关。但是，通常酯化反应的自催化动力学速率太慢，故需要使用催化剂提高其动力学速率和酯化产物产率[44]。因此，可推测在酯化反应中使用过量的醇会堵塞催化剂活性中心和减少酯的产生[46]。

用气相吡啶吸附研究催化剂的酸性。结果表明 30% $H_3PW/SiO_2-Al_2O_3$ 催化剂样品酸性中心的总酸量为 0.22mmol/g。这些酸性中心酸量的主要部分(0.20mmol/g)是在 300~500℃之间脱附得到的，脱附峰顶点温度为 384℃。图 8-5

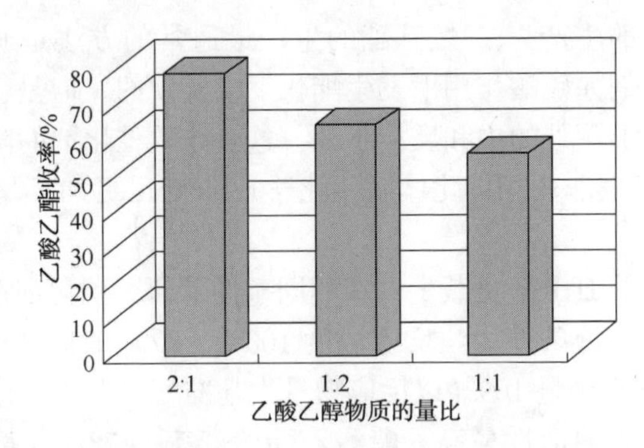

图 8-4 醋酸/乙醇物质的量比对 30%$H_3PW/SiO_2-Al_2O_3$
催化剂在醋酸与乙醇酯化反应中性能的影响

显示了催化剂在200~800℃之间的酸性中心分布，表明300~400℃之间中等强度酸性中心的酸量为0.09mmol/g以及400~500℃之间强酸性中心的酸量为0.11mmol/g。用同样的分析方法研究纯H_3PW，其酸性中心酸量为0.97mmol/g(理论值为1.03mmol/g)。因为1.0g催化剂(30%$H_3PW/SiO_2-Al_2O_3$)中有0.3gH_3PW，故该材料中含有0.29mmol/g酸性中心是可预期的。TG/DTA分析揭示，假设$SiO_2-Al_2O_3$的酸性中心和碱性中心介入载体相互作用，且对催化剂的酸性中心没有贡献，则76%的H_3PW酸性中心是吡啶可以接近的。

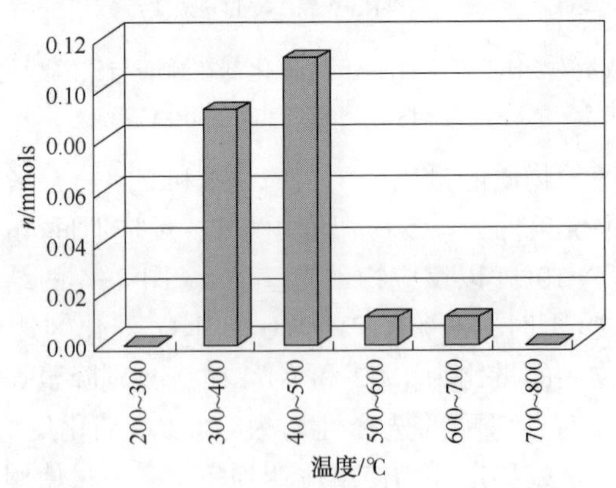

图 8-5 通过吡啶吸附后 TG/DTA 法测定 30%$H_3PW/SiO_2-Al_2O_3$
催化剂样品的酸性中心分布(200~800℃)

图8-6显示了催化剂用量对醋酸乙酯产率的影响。考察条件为：反应温度100℃，反应时间4h，醋酸与乙醇的物质的量比为2∶1，最大催化剂用量为0.1g(相当于醋酸用量的10%)，随着催化剂用量增加，醋酸乙酯的产率从59.7%增加至76%，之后基本保持不变。这表明醋酸与乙醇的酯化反应在一定程度上依赖于催化剂用量，即酸性中心数量。按照文献[45]，随酸性中心数量增加醋酸乙酯产率提

高，表明酯化反应速率与催化剂用量存在依赖关系。

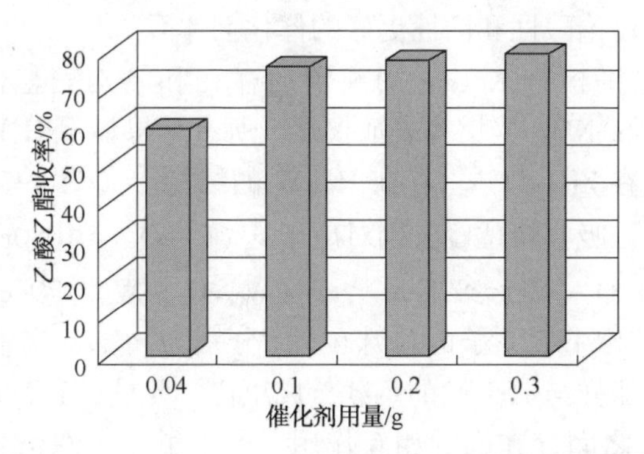

图 8-6　催化剂用量对 $30\%H_3PW/SiO_2-Al_2O_3$ 在醋酸与乙醇酯化反应中催化剂性能的影响

H_3PW 易溶于乙醇中，在醋酸和醋酸乙酯中也有中等的溶解度[47]。为了检测在反应过程中是否有催化剂活性组分流失发生，测定了催化剂在溶解性最好的溶剂(乙醇)中的稳定性，即将处理后的样品分别置于 200℃、300℃和 400℃下干燥或焙烧 1h。结果表明在所有测试中，未检测到 H_3PW 的流失，有力证明了酯化反应是经过非均相催化过程进行的。

总之，研究发现 $H_3PW/SiO_2-Al_2O_3$ 在醋酸与乙醇的酯化反应中是活泼的催化剂。最佳的 H_3PW 负载量为 30%，优化的醋酸/乙醇物质的量比为 2∶1，最佳催化剂用量为 10%(质)(以醋酸用量为基准)，这会对醋酸乙酯的生产活性最好。此外，$30\%H_3PW/SiO_2-Al_2O_3$ 催化剂样品稳定性良好，与乙醇接触 1h 后未发生活性组分流失。至今所获得的结果表明酯化反应速率依赖于催化剂的用量。

3.3　H_3PW/ZrO_2：用作油酸与乙醇酯化反应的催化剂

酯是一类具有多种用途的重要工业物资，它主要通过有机酸与醇类的酯化反应来生产[48]。酯化反应的平衡常数通常较低，是一个缓慢的化学反应，尤其在室温下。反应物，一种醇和一种羧酸，产生一种酯和水，平衡向产物方向移动。酯化以及长链脂肪酸的酯交换反应已经应用于生物柴油的生产，生物柴油被认为是基于天然资源如生物质和可循环原料的可再生燃料[49]。油酸的酯化反应在介绍生物柴油生产的章节中是有趣的，因为这类和其他的游离脂肪酸在废生物质料的酯交换反应中不同程度地存在。在那种情况下，酸催化剂较碱催化剂更为有效，同时提升了对两类反应具有高活性的催化剂的需求。

已有文献[16,50-57]探索了负载型 H_3PW 用于各类反应物与甲醇和乙醇的酯化和酯交换反应，不仅包括油酸，还包括其他游离脂肪酸。而且，用 H_3PW/ZrO_2 体系进行了大量试验，其结果显示在许多方面很有前景。因此，H_3PW/ZrO_2 被用于油酸与乙醇的酯化反应。该催化剂体系的完全表征结果已在其他文献中公布[58]。尽管如此，在此将讨论酸性和活性更好的催化剂体系。

为了在分子水平检查 Keggin 阴离子的存在和结构完整性，使用了 FTIR、Raman 光谱、^{31}P MAS-NMR 光谱等表征仪器。所有结果显示 H_3PW 负载量为 5%～25%(质)范围内，在 ZrO_2载体上存在 H_3PW 的结构。如图 8-7 所示，FTIR 光谱图表明了这些发现，吸收峰位置分别对应于 $\nu_{as}(P—O_a) = 1080cm^{-1}$，$\nu_{as}(W═O_a) = 982cm^{-1}$，$\nu_{as}(W—O_c—W) = 898cm^{-1}$，$\nu_{as}(W—O_e—W) = 797cm^{-1}$，此处，a，t，c，e 代表 Keggin 结构中氧原子的特殊位置(分别为内部、末端、角和共边处)。吸收峰强度如预期那样与 H_3PW 的负载量成正比。此外，^{31}P MAS-NMR 光谱图表明在 H_3PW 和 ZrO_2之间存在强的相互作用，产生了一个双信号光谱，一个信号在-15ppm(属于六水 H_3PW 晶体中^{31}P)，另一个在-13ppm(归于在表面桥方向$\{[\equiv Zr\text{-}OH_2]_n^+[H_{3-n}PW_{12}O_{40}]^{n-3}\}$键合在 ZrO_2表面上^{31}P)。

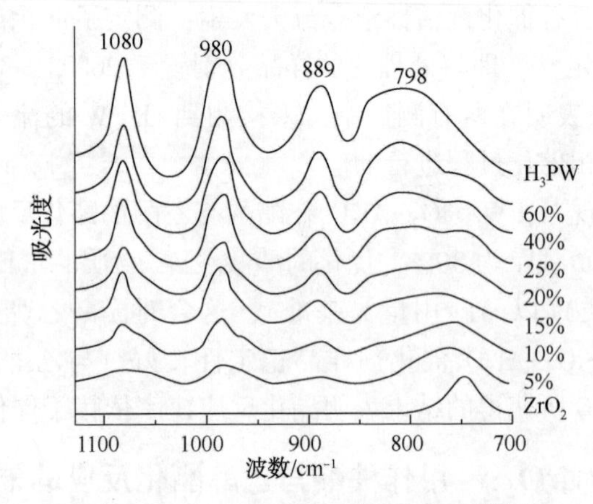

图 8-7　$x\%H_3PW/ZrO_2$的 FTIR 光谱图

载体以及催化剂的构造性质是决定催化剂反应活性的重要特征，见表 8-3。商用的 ZrO_2呈单斜晶相(XRD)，一种典型的Ⅱ型 N_2吸附等温线。表面积低至 $6.1m^2/g$，平均孔直径为 11.5nm。在 200℃焙烧 H_3PW 4h 的样品，也显示了Ⅱ型 N_2吸附等温线，表面积为 $4.3m^2/g$，平均孔直径为 7.0nm。两种固体样品均显示出平均的介孔分布。较纯的 ZrO_2和 H_3PW，在 H_3PW 负载量为 15%～20%(质)范围内，负载型样品的比表面积增加了。在 20%负载量以上时，孔开始坍塌和/或阻塞。因为比表面积减少，孔体积也显著缩小。不同研究者都观察到的这种行为可解释为在 H_3PW 上形成了表面重叠层，主要增加在 ZrO_2的介孔内。负载物的相与载体 ZrO_2相互作用，增加了最终材料的总表面积。因为载体本身有一个低的比表面积，它反映出 H_3PW 的相对覆盖度，导致在相当低的负载量时得到具有多重表面层的材料。这些结果在与其他数据相结合时是很重要的，如覆盖度。这将在后面进一步详细说明。

表 8-3　用作油酸与乙醇酯化反应催化剂 $x\%H_3PW/ZrO_2$ 的比表面、孔直径和其他性质

催化剂	S_{BET}/(m^2/g)	P_s[a]/nm	n_{H_3PW}/(mmol/g)	覆盖度[b]	TOF/(mol_{EO}/mol_{H_3PW}/h)
ZrO_2	6. 1	10. 2	0	0	0
$5\%H_3PW/ZrO_2$	5. 9	13. 6	0. 0174	2. 0	183. 5
$10\%H_3PW/ZrO_2$	6. 6	13. 1	0. 0347	4. 3	188. 6
$15\%H_3PW/ZrO_2$	7. 7	9. 5	0. 0521	6. 8	193. 7
$20\%H_3PW/ZrO_2$	9. 1	9. 5	0. 0694	9. 7	201. 4
$25\%H_3PW/ZrO_2$	8. 1	7. 9	0. 0868	12. 9	195. 8
$40\%H_3PW/ZrO_2$	8. 1	7. 1	0. 1389	25. 8	191. 2
H_3PW[c]	4. 3	7. 0	0. 3472	—	25. 5

[a]：BJH 脱附平均孔宽度(4V/V)；

[b]：覆盖度 $=\%H_3PW\times6.02\times10^{23}\times1.13\times10^{-18}/(2880\times\%ZrO_2\times BET_{ZrO_2})$；

[c]：TOF，基于 H_3PW 在乙醇中形成饱和溶液计算的。

起始，酸醇物质的量比为 1∶6，催化剂用量为 10%(基于油酸的用量)，在 4h 反应时间内，监测油酸与乙醇的反应以计算转化率(转化为油酸乙酯的量)与不同负载量 $x\%H_3PW/ZrO_2$ 的关系。使用 ZrO_2 时，转化率为 16%，使用 H_3PW 均相催化剂时，转化率达到 98%，随着 H_3PW 负载量增加，转化率迅速增加，并形成一个平台区域。可注意到在 $20\%H_3PW$ 负载量时，转化率达到最高值，这应该是用于该反应催化剂的最佳的杂多酸负载量[58]。

为了计算每个负载型催化剂的本征催化活性，在起始条件下(如低转化率范围内)测定反应动力学，选择在 1h 反应时间内。负载型催化剂的实际催化活性通过其 TOF 值进行比较。基于总的 H_3PW 量计算的 TOF 值(表 8-3)证实了催化剂中 H_3PW 负载量为 20%时达到最大转化率。该催化剂有最大的比表面积，并且在经济上较纯的 H_3PW 有更大的吸引力，因为在 4h 内达到相同的转化率时杂多酸的用量更少。此外，该反应过程是非均相的，有助于催化剂与产物的分离。

转化率快速增加至最高值，接近纯 H_3PW 所得的理想值，表明 H_3PW 在载体表面活性位上的有效覆盖。这种行为可能提出这样的问题，即所观察到的过程是否是非均相催化的作用或有一些均相催化作用的贡献。因此，通过检测 H_3PW 流失的试验来证实该过程的性质。试验包括用 UV-Vis 光谱仪测定游离态的 H_3PW[58]。催化剂循环使用后，大约 8%的 H_3PW 被溶出流失，如 $20\%H_3PW$ 负载量的催化剂实际的 H_3PW 负载量只有 18.4%(质)。尽管如此，对 H_3PW 与 ZrO_2

按比例的机械混合物，进行同样的试验，其结果是非常不同的，表明 H_3PW 可完成被溶出，这样使反应过程更接近均相催化过程。因此，在纯 H_3PW 存在下或当杂多酸完全被溶出(如机械混合物)下的反应要快得多，如达到均相催化过程的效果。因此，所获得的结果表明在这些研究的条件下，使用 ZrO_2 负载的 H_3PW 催化剂，其过程是非均相的，溶出的 H_3PW 在反应过程中贡献小，即均相催化过程的贡献小。在一些文献中，使用 H_3PW/ZrO_2 进行同样的反应并未表现出任何 H_3PW 溶出，这可通过催化剂的合成过程来解释。所用的商用 ZrO_2 有非常低的比表面积(大 $6m^2/g$)，高于单层的覆盖度可能有助于 H_3PW 的溶出。其他合成的 ZrO_2，其比表面积高达 $150m^2/g$，H_3PW 在其表面上将有更好的分散度，并且与 ZrO_2 表面上的羟基有更强的相互作用。

使用 $20\%H_3PW/ZrO_2$ 催化剂，改变反应时间从 1~12h，对其催化性能进行了一些其他测试。这些试验允许对负载型催化剂样品进行动力学估算。在起始的4h内，转化率迅速增加，之后达到一个平台期[58]。由于反应物和水在催化剂活性位上的吸附竞争，反应速率可能下降并伴随着水解逆反应速率的增加。在试验条件下，动力学接近于假一级反应，如反应速率仅依赖于油酸的浓度。尽管如此，乙醇可以通过在质子方向进入负载型 H_3PW 结构中促进反应过程，因为极性分子能够通过假液相(体相Ⅱ)穿透 H_3PW 的次级结构参加催化过程[59]。该假设得到单层覆盖计算数据的支持。考虑到所制备的 $20\%H_3PW/ZrO_2$ 催化剂有低的比表面积和相当高的活性，反应动力学一定不仅是受到表面型机理所驱动的。假如这些催化剂的 H_3PW 单层饱和覆盖量为 2.5%(质)(每个 Keggin 结构单元面积约为 $1.13nm^2$)，则20%的 H_3PW 的覆盖度相当于 9.7 个单层。因此，假液相过程可能更好地解释所观察到的高活性。

与这些催化剂活性最重要的关联参数是酸度。活性中心的数量和性质决定了催化剂的活性。通过吡啶吸附法和傅里叶变换红外检测酸性中心的性质，试验数据证实只形成了质子酸中心，如在 $1488cm^{-1}$，$1532cm^{-1}$ 和 $1540cm^{-1}$ 有吸附振动谱。因此，所观察到的活性是由于 H_3PW 所提供的强质子酸的存在所导致的。在 ZrO_2 表面上质子酸的数量是通过负载量计算的，相当于 0.208mmol/g 催化剂。通过热重分析(TGA)所得到的吡啶脱附试验结果为 0.207mmol/g。这表明 H_3PW 在 ZrO_2 表面上的高效分散和吡啶分子对所有 Keggin 结构单元的质子具有良好的可接近性。

对任何催化剂，另一个重要关注点是它们在热处理和循环反复使用过程中的稳定性。为了估算负载型 H_3PW 的结构随温度变化出现的降解情况，使用 20% H_3PW/ZrO_2 催化剂在相同试验条件下进行一系列酯化反应，并且测定其转化率和结构。起始，随焙烧温度升高(从 200℃ 至 400℃)，转化率缓慢下降(从 88%降至80%)，但是，当焙烧温度从400℃升至700℃时，转化率快速下降(从80%降至20%)。基于FT-Raman光谱、^{31}P MAS-NMR光谱和XRD等方法所获结构表征数据显示H_3PW的初始Keggin结构发生了变化，这也证实了催化剂反应活性的减少[12]。这些数据对研究催化剂的失活是重要的。最好的处理是催化剂的活性从初次反应时的88%转化率，在其循环使用第四次时降至40%，每次反应完后催化剂通过过滤、正己烷洗涤、在300℃焙烧处理4h后回用。即使考虑到在首次使用后发生了H_3PW溶出(对其他催化剂未检测到)，失活的原因是由于反应物(油酸)和产物(油酸乙酯)的吸附所致，这从含碳残渣的元素分析(CHN)结果予以证实。值得注意的是在其他反应体系的文献研究中并未观察到在4~6次循环使用时就出现失活的情况。这提出了一个问题，即ZrO_2载体的制备方法和其结构是否肯定会影响最终催化剂的性质。

3.4 H_3PW/MCM-41：用作(+)香茅醛环化反应的催化剂

(+)香茅醛分子内环化反应制备(-)薄荷醇是通过酸催化(+)香茅醛异构化途径实现的，形成了一个异胡薄荷醇中间异构体的混合物，随后异胡薄荷醇通过金属催化加氢形成最终产物[60,61]。它被认为是精细化学工业中一个重要的反应。

本研究考察了负载在介孔材料MCM-41上的H_3PW在(+)香茅醛环化反应中的行为，其结果已提交发表。负载型催化剂的XRD谱图(图8-8)表明，一方面，相比纯的MCM-41(34nm)，较低的H_3PW负载量(2%~20%)将导致较小的晶粒尺寸(23nm)，这可能与硅烷基团的水解有关。另一方面，较高的H_3PW负载量(40%)时，通过Keggin单元桥的形成导致MCM-41颗粒的聚集，会形成更大的晶粒尺寸(55nm)[62]。

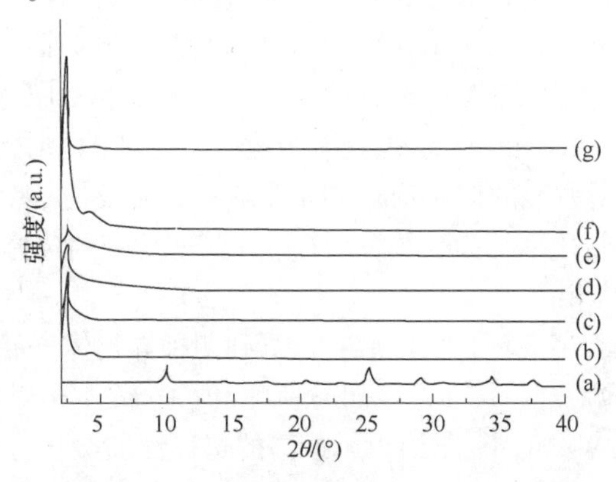

图8-8 x%H_3PW/MCM-41的XRD图：

(a)H_3PW；(b)2%；(c)5%；(d)15%；(e)20%；(f)40%，(g)MCM-41

由表 8-4 可知，介孔的面积对材料总表面积(S_{BET})的贡献大于其外表面。孔体积的比较表明对含有 2%H_3PW 的样品，H_3PW 物种主要位于介孔内部[63]。H_3PW 负载量在 2%~20%之间时，H_3PW 同时分布在介孔内和在外表面导致总表面积显著减少。对 H_3PW 负载量为 40%的样品，H_3PW 物种的聚集优先发生在外表面，增加了最终材料的平均孔径。而且，^{31}P MAS-NMR 光谱研究表明在-14.8ppm处有一个与 Keggin 结构有关的特征信号，其强度依赖样品的水解程度[64]。

表 8-4　*x*%H_3PW/MCM-41 的结构性质

催化剂	$P_s{}^a$/nm	S_{BET}/(m^2/g)	$V_p{}^b$
H_3PW	1.9	4.2	0.002
MCM-41	2.4	831.5	0.51
2%H_3PW/MCM-41	2.0	743.1	0.37
5%H_3PW/MCM-41	2.1	817.3	0.43
15%H_3PW/MCM-41	2.4	647.9	0.38
20%H_3PW/MCM-41	2.4	619.3	0.34
40%H_3PW/MCM-41	2.8	740.9	0.53

a：平均孔径(4V/A)，通过 BJH 脱附方法计算；

b：BJH 脱附累计孔体积。

热分析数据显示有三个类似于纯 H_3PW 的热分解峰存在[34]。此外，吡啶气相吸附试验显示在低 H_3PW 负载量时，总的酸中心数量减少，表明 H_3PW 的质子紧密地键合在 MCM-41 表面较强的 S-OH 基团上。随着 H_3PW 负载量增加，在末端氧原子和键合在质子上的水分子氢之间的连接结构导致了 Keggin 阴离子的聚集和形成了更大的簇[26]。较高的 H_3PW 负载量因为含有更多数量的可用质子而提高了材料的总酸度。由于 H_3PW 存在于 MCM-41 的孔道内和/或其外表面，通过 FTIR 检测到 H_3PW/MCM-41 有两类酸性中心，分别为质子酸中心和氢键(在 1540cm^{-1}、1490cm^{-1}和 1444cm^{-1}处有吸收峰，与纯的 MCM-41 不同)。

表 8-5 公布了所研究的催化剂在(+)香茅醛环化反应 3h 内的试验结果。仅使用 MCM-41 时，转化率约为 35%，对(-)异胡薄荷醇的选择性约为 37%，这与其氢键合中心的强度相关[19]。

经 3h 完成(+)香茅醛环化反应后，检测到四种异构体产品，即(-)异胡薄荷醇、(+)新异长叶薄荷醇、(+)异异胡薄荷醇和(+)新异异胡薄荷醇。对目标异构体产物，20%H_3PW/MCM-41 给出了最高的选择性(74.1%)。使用负载型介孔催化剂，对(-)薄荷醇的选择性在 60%~74%范围内，表明与文献[60，61，65，66]报道的结果相比，存在明显的立体选择性。

表 8-5　在 x%H_3PW/MCM-41 作用下(+)香茅醛环化反应的结果

催化剂[a]	对(-)异胡薄荷醇的立体选择性/%	催化剂[a]	对(-)异胡薄荷醇的立体选择性/%
MCM-41	37.3	15%H_3PW/MCM-41	62.2
2%H_3PW/MCM-41	65	20%H_3PW/MCM-41	74.1
5%H_3PW/MCM-41	65.9	40%H_3PW/MCM-41	61.7

[a]反应条件：1mmol(+)香茅醛；催化剂用量，10%(质)(相当于香茅醛用量)；5mL 氯仿；反应时间 3h；使用 MCM-41 时，转化率为 35%；使用 x%H_3PW/MCM-41 时，转化率为 100%。

已提出的(+)香茅醛分子内环化反应机理为：通过负载 H_3PW 的质子与(+)香茅醛分子中的氧原子形成氢键活化羰基开始，增加了羰基的亲电性；其次，通过氧除去甲基上的氢原子，同时发生双键亲核攻击形成末端烯烃。在四种异构体中，(-)异胡薄荷醇的构型是由更加稳定的具有能量优势的过渡态碳正离子中间体转化而来的立体异构体。

20%H_3PW/MCM-41 催化剂的动力学研究结果揭示了最佳反应时间为 60min，此时转化率为 96.2%，对(-)异胡薄荷醇的选择性为 64.8%。在这个时间内反应，催化剂可重复使用 4 次，(+)香茅醛的转化率由首次使用的 96%逐渐下降至第 4 次使用的 71%，降幅为 25%。此外，对(-)异胡薄荷醇的选择性差别较小，只有 13%。催化剂活性的下降可归于每次重复使用前的活化处理(在空气中于 300℃焙烧 4h。)，该处理可能对 H_3PW 的 Keggin 结构造成部分破坏[67]。而且，在催化剂表面形成的积炭也不能除尽。按照 SEM 电镜图片，与纯的 MCM-41 相比，20%H_3PW/MCM-41 样品显示出良好的 H_3PW 晶粒分散效果。

总之，已成功地制备出 x%H_3PW/MCM-41 催化剂，并评价其在(+)香茅醛分子内环化反应中的性能。所有的催化剂对(+)香茅醛分子内环化反应都具有活性，并生成了主要立体异构体(-)异胡薄荷醇。但是动力学研究表明 20%H_3PW/MCM-41 的催化性能最好，在 1h 反应时间内，获得 96%的(+)香茅醛转化率和 65%的(-)异胡薄荷醇选择性。该催化剂可重复使用 4 次，失活速率小，选择性基本保持稳定。活性的差异归因于在 MCM-41 的介孔内因形成了小的 H_3PW 聚集体而造成的分散度下降。催化剂的表征数据证实 Keggin 阴离子结构的完整性，即 Keggin 阴离子是优先锚定在介孔分子筛孔道内的。

4　结论

制备了 SiO_2、SiO_2-Al_2O_3、ZrO_2以及 MCM-41 负载的 H_3PW 样品，对其进行了表征，并评价了它们在不同反应中的催化性能：如苯与芳烃的烷基转移反应、醋酸与乙醇的酯化反应、油酸与乙醇的酯化反应以及(+)香茅醛分子内环化反应。这些均是重要的工业反应。研究表明这些材料是较用于催化这些反应的传统液体酸更加清洁的催化剂，具有取代它们的潜力。一方面，调控这些催化剂的性质，尤其酸度，显示出针对特定反应设计合适的催化剂的重要性。该选择改进了活性和对目标产物的选择性。对负载型 HPAs，主要的挑战仍然是在重复使用时恢复其活性至初始活性的能力。有效地清除催化剂表面结焦物将是寻求的主要目标。另一方面是改进 H_3PW 与载体表面相互作用的强度，为了减轻直至消除 H_3PW溶出造成失活的可能性。

致谢

感谢 Laboratório de Catálise(LabCat)的所有研究生和本科生，他们帮助我们获得了本文中提供的数据手稿。还有，我们感谢 CNPq 为 DPP/IQ/UnB、FINATEC、FAPDF、CAPES、MCT/CNPq、FINEP/CTInfra、FINEP/CTPetro 和 PETROBRAS 提供的研究奖学金和财政支持。

参 考 文 献

[1] Greenwood NN, Earnshaw A(1994)Chemistry of the elements. Pergmon Press, Oxford, pp 1175-1185, reprinted.
[2] Okuhara T, Mizuno N, Misono M(1996)Adv Catal 41: 113-252.
[3] Pope MT(1983)Heteropoly and isopoly oxometalates. Springer, Berlin, pp 58-80.
[4] Hill CL(1998)Ed Chem Rev 98: 1-390.
[5] Kozhevnikov Ⅳ(2002)Catalysts for fine chemical synthesis-catalysis by polyoxometalates. Wiley, Chichester, pp 9-42.
[6] Moffat JB(2001)Metal-oxygen clusters: the surface and catalytic properties of heteropoly oxometalates. Springer, New York, pp 71-93.
[7] Jalil PA, Al-Daous MA, Al-Arfaj AA, Al-Amer AM, Beltramini J, Barri AI(2001)Appl Catal A 207: 159-171.
[8] Misono M(1987)Catal Rev-Sci Eng 29: 269-321.
[9] Pizzio LR, Vázquez PG, Cáceres CV, Blanco MN, Alesso EN, Torviso MR, Lantaño B, Moltrasio GY, Aguirre JM(2005)Appl Catal A 287: 1-8.
[10] Cardoso LAM, Alves W Jr, Gonzaga ARE, Aguiar LMG, Andrade HMC(2004)J Mol Catal A 289: 189-197.
[11] Gómez-García MA, Pitchon V, Kiennemann A(2005)Environ Sci Technol 39: 638-644.
[12] Gu Y, Wei R, Ren X, Wang J(2007)Catal Lett 113: 41-45.
[13] Fumin Z, Jun W, Chaoshu Y, Xiaoqian R(2006)Sci China Ser B Chem 49: 140-147.
[14] Izumi Y(1998)Res Chem Intermed 24: 461-471.
[15] Khder AERS, Hassan HMA, El-Shall MS(2012)Appl Catal A 411-412: 77-86.
[16] Srilatha K, Lingaiah N, Devi BLAP, Prasad RBN, Venkateswar S, Sai Prasad PS(2009)Appl Catal A 365: 28-33.
[17] Gagea BC, Lorgouilloux Y, Altintas Y, Jacobs PA, Martens JA(2009)J Catal265: 99-108.
[18] Bhatt N, Sharma P, Patel A, Selvam P(2008)Catal Commun 9: 1545-1550.
[19] Braga PRS, Costa AA, Macedo JL, Ghesti GF, Souza MP, Dias JA, Dias SCL(2011)Microporous Mesoporous Mater 139: 74-80.
[20] Garcia FAC, Braga VS, Silva JCM, Dias JA, Dias SCL, Davo JLB(2007)Catal Lett 119: 101-107.
[21] Santos JS, Dias JA, Dias SCL, Garcia FAC, Macedo JL, Sousa FSG, Almeida LS(2011)Appl Catal A 394: 138-148.
[22] Drago RS, Dias SC, Torrealba M, de Lima L(1997)J Am Chem Soc 119: 4444-4452.
[23] Caliman E, Dias JA, Dias SCL, Garcia FAC, de Macedo JL, Almeida LS(2010)Microporous Mesoporous Mater 132: 103-111.
[24] Dias JA, Osegovic JP, Drago RS(1998)J Catal 183: 83-90.
[25] Dias JA, Caliman E, Dias SCL(2004)Microporous Mesoporous Mater 76: 221-232.
[26] Dias JA, Caliman E, Dias SCL, Paulo M, de Souza ATCP(2003)Catal Today 85: 39-48.
[27] Caliman E, Dias JA, Dias SCL, Prado AGS(2005)Catal Today 107-108: 816-825.
[28] Dias SCL, de Macedo JL, Dias JA(2003)Phys Chem Chem Phys 5: 5574-5579.
[29] de Macedo JL, Dias SCL, Dias JA(2004)Microporous Mesoporous Mater 72: 119-125.
[30] de Macedo JL, Ghesti GF, Dias JA, Dias SCL(2008)Phys Chem Chem Phys 10: 1584-1592.
[31] Hatch LF, Mater S(1979)Hydrocarbon Process 58: 189-192.
[32] Tsai T, Liu S, Wang I(1999)Appl Catal A 181: 355-398.
[33] Dimitriu E, Guimon C, Hulea V, Lutic D, Fechete I(2002)Appl Catal A 237: 211-221.
[34] Dias JA, Rangel MC, Dias SCL, Caliman E, Garcia FAC(2007)Appl Catal A 328: 189-194.
[35] Drago RS, Dias JA, Maier TO(1997)J Am Chem Soc 119: 7702-7710.
[36] Dias JA, Dias SCL, Kob NE(2001)J Chem Soc Dalton Trans 3: 228-231.
[37] Lefebvre F, Liu-Cai FX, Auroux A(1994)J Mater Chem 4: 125-131.
[38] Vázquez P, Pizzio L, Cáceres C, Blanco M, Thomas H, Alesso E, Finkielsztein L, Lantaño B, Moltrasio G, Aguirre J(2000)J Mol Catal A

161: 223-232.
[39] Pizzio LR, Cáceres CV, Blanco MN(1998)Appl Catal A 167: 283-294.
[40] Tanabe K, Yamaguchi T(1966)J Res Inst Catal 14: 93-100.
[41] Rao PM, Wolfson A, Kababya S, Vega S, Landau MV(2005)J Catal 232: 210-225.
[42] Sakamuri R(2003)In: Kirk RE, Othmer DF(eds)Encyclopedia of chemical technology, vol 10. Wiley, London, pp 497-499.
[43] Bhorodwaj SK, Pathak MG, Dutta DK(2009)Catal Lett 133: 185-191.
[44] Pereira CSM, Pinho SP, Silva VMTM, Rodrigues AE(2008)Ind Eng Chem Res47: 1453-1463.
[45] Das J, Parida KM(2007)J Mol Catal A 264: 248-254.
[46] Chakraborty AK, Basak A, Grover V(1999)J Org Chem 64: 8014-8017.
[47] Izume Y, Hasebe R, Urabe K(1983)J Catal 84: 402-409.
[48] Parida KM, Mallick S(2007)J Mol Catal A 275: 77-83.
[49] Ghesti GF, Macedo JL, Parente VCI, Dias JA, Dias SCL(2009)Appl Catal A 355: 139-147.
[50] Kulkarni MG, Gopinath R, Meher LC, Dalai AK(2006)Green Chem 8: 1056-1062.
[51] Pizzio L, Vázquez P, Cáceres C, Blanco M(2001)Catal Lett 77: 233-239.
[52] Devassy BM, Lefebvre F, Halligudi SB(2005)J Catal 231: 1-10.
[53] López-Salinas E, Hernández-Cortéz JG, Schifter I, Yorres-Garcia E, Navarrete J, Gutiérrez-Carrillo A, López T, Lottici PP, Bersani D (2000)Appl Catal A 193: 215-225.
[54] Mallik S, Dash SS, Parida KM, Mohapatra BK(2006)J Coll Int Sci 300: 237-243.
[55] Hatt NB, Shah C, Patel A(2007)Catal Lett 117: 146-152.
[56] Devassy BM, Halligudi SB(2006)J Mol Catal A 253: 8-15.
[57] Patel S, Purohit N, Patel A(2003)J Mol Catal A 192: 195-202.
[58] Oliveira CF, Dezaneti LM, Garcia FAC, de Macedo JL, Dias JA, Dias SCL, Alvim KSP(2010)Appl Catal A 372: 153-161.
[59] Lee KY, Nakata TAS, Asaoka S, Okuhara T, Misono M(1992)J Am Chem Soc 114: 2836-2842.
[60] Mertens P, Verpoort F, Parvulescu A-N, Vos D(2006)J Catal 243: 7-13.
[61] Neatu F, Coman S, Pârvulescu VI, Poncelet G, De Vos D, Jacobs P(2009)Top Catal 52: 1292-1300.
[62] Llanos A, Melo L, Avendaño F, Montes A, Brito JL(2008)Catal Today 133-135: 1-8.
[63] Nandhini KU, Mabel JH, Arabindoo B, Palanichamy M, Murugesan V(2006)Microporous Mesoporous Mater 96: 21-28.
[64] Kozhevnikov IV(1998)Chem Rev 98: 171-198.
[65] da Silva KA, Robles-Dutenhefner PA, Sousa EMB, Kozhevnikov EF, Kozhevnikov IV, Gusevskaya EV(2004)Catal Commun 5: 425-429.
[66] Mäki-Arvela PM, Kumar N, Nieminen V, Sjöholm R, Salmi T, Murzin DY(2004)J Catal 225: 155-169.
[67] Milone C, Gangemi C, Neri G, Pistone A, Galvagno S(2000)Appl Catal A 199: 239-244.

第9章 负载在不同介孔二氧化硅载体上的12-钨硅酸催化生物柴油的生产

Varsha Brahmkhatri and Anjali Patel

1 简介

近年来生物柴油作为一种替代能源和可再生的液体运输燃料获得了巨大的关注。与传统柴油相比，生物柴油具有可生物降解、可再生、无毒和低污染物排放[1,2]（尤其是SO_x排放低）等优势。与石油基柴油相比，来自植物油的生物柴油的商业化的主要障碍是其高的原材料成本[3-6]。

1.1 生物柴油的定义

生物柴油是可再生的燃料，由脂肪酸单烷基酯组成。生物柴油被认为是一种"绿色燃料"。与传统柴油相比，它具有几个优点，即使用简单，生物可降解，无毒，基本不含硫和芳烃。

生产柴油通常是通过酯交换反应从植物油和动物脂肪生产的，或通过酯化反应从游离脂肪酸生产。

酯交换反应：

$$\begin{matrix} CH_2\text{-O-}\overset{O}{\overset{\|}{C}}\text{-R} \\ CH\text{-O-}\overset{O}{\overset{\|}{C}}\text{-R} \\ CH_2\text{-O-}\overset{O}{\overset{\|}{C}}\text{-R} \end{matrix} + 3\,R\text{-OH} \xrightarrow{\text{Catalyst}} 3\,R\text{-O-}\overset{O}{\overset{\|}{C}}\text{-R} + \begin{matrix} CH_2\text{-OH} \\ CH\text{-OH} \\ CH_2\text{-OH} \end{matrix}$$

甘油三酯　　醇　　烷基酯（生物柴油）　　甘油

游离脂肪酸的酯化反应：

$$\text{R'-}\overset{O}{\overset{\|}{C}}\text{-OH} + R\text{-OH} \xrightarrow{\text{catalyst}} \text{R'-}\overset{O}{\overset{\|}{C}}\text{-OR}$$

游离脂肪酸　　醇　　脂肪酸甲基酯

1.2 生产生物柴油的原料

在生物柴油生产过程中，原材料费用几乎占总成本的75%。总体来说，植物油和动物脂肪均可作为生产生物柴油的原料。大多数植物油和动物脂肪有相似的化学成分(组成)，它们由具有不同数量单一脂肪酸的甘油三酸脂组成。主要的脂肪酸是含碳数为16~18的脂肪酸，碳链为饱和的或不饱和的。由这些脂肪酸制备的甲基酯在柴油发动机中具有非常相似的燃烧性能。因为化石来源的生物柴油的主要成分也是碳链长度约为16的直链烃类(十六烷、“鲸蜡烷”)。目前，生产生物柴油的主要原料是菜子油、大豆油和棕榈油。

尤其在亚洲国家如印度和中国，使用非食用植物油生产生物柴油是非常普遍的。在那种与食品生产不存在竞争的情况下，尤其当那些含油植物种植在不适合食物生长的边远地区时。在过去几年中，使用麻疯树油作原料吸引了大量的关注，尤其在印度、印度尼西亚和菲律宾。由于不与食物生产争夺原料，以及不与传统农业争夺耕地，故麻疯树油填补了在食用植物油生产和生物柴油生产需求之间的不足。

生产低成本生物柴油的一个有趣的选择是利用低质量原材料作原料如来自餐馆和家庭的废弃的食用油，这些废油中富含游离脂肪酸。

1.3 酯交换和酯化反应的催化剂

1.3.1 均相催化剂(碱/酸)

传统生物柴油生产技术中使用碱性的均相催化剂如氢氧化钠、氢氧化钾，但是，有时在大规模工业生产中还主要使用碳酸氢钠、碳酸氢钾。但是，由于皂化反应，这些碱性物质与含有大量游离脂肪酸和水分的原料之间难以发生有效作用，也会强烈地影响一种重要的酯交换反应共生产物甘油从反应体系中的分离。

研究发现传统的液体酸如盐酸、硫酸对酯交换和酯化反应更为有效。但是，它们需要一个非常长的反应时间和非常高的甲醇/油物质的量比。此外，还存在无机酸对反应设备的腐蚀以及酸无法循环使用的问题。因此，生物柴油生产的商业化运作是困难的，因为技术缺陷如复杂的分离和纯化步骤大幅增加了生产成本。

1.3.2 酶催化剂

酶催化剂能够有效地催化在水相或非水相中进行的甘油三酸脂酯交换反应，它能克服以上存在的问题。尤其是，副产物甘油不需要任何复杂的处理过程就可从反应体系中分离出去，并且，在废油和脂肪中含有的游离脂肪酸能完全转化成烷基酯。酶催化剂选择性很高，但是非常昂贵，活性不稳定且反应速率慢。

从反应体系中分离催化剂的高能耗和高成本激励人们开发用于生产生物柴油的非均相催化剂。

1.3.3 非均相催化剂

非均相催化剂具有不需洗涤易于与形成的产物分离的优点，另一个优点是可重复使用。固体酸和固体碱可归于非均相催化剂。关于固体酸催化剂的研究，并不比固体碱的多多少。与固体碱催化剂相比，固体酸催化剂活性较低，但稳定性更好，因此，它们能应用于含有大量游离脂肪酸的原料的加工而不会引起失活。

已有报道各种固体酸催化剂如离子交换树脂[7]、超强酸如钨酸和硫酸氧锆[8]、硫酸聚苯胺[9]、金属氧化物[10,11]、沸石[12,13]、酸性离子液体[14]，以及负载杂多酸[15-17]被用于甘油三酸酯的酯交换反应。

在过去的几年中，从负载杂多酸的结构和组成看，其催化的反应过程已经有了很大地扩展。它们通过选择适当的载体提供了调节其化学性质如酸性和反应性能的可能。由于其具有酸性，故在各种重要的工业反应过程如烷基化、酰基化、酯化等反应中[18-23]找到了大量的应用。近来，在生物柴油合成方面也获得大量关注。

一篇调研报告显示关于负载在不同载体上的12-磷钨酸应用于各种有机转化反应已经有较多的研究[24-27]。同时，虽然在 Keggin 系列杂多酸中 12-硅钨酸的酸性偏弱和稳定性好[18,19,28,29]，但是关于它的研究工作也较少。T. Dogu 等报道了硅钨酸浸渍在 MCM-41 介孔材料上形成的固体酸催化剂用于乙醇的脱水反应[30]。Halligudi 等也报道了硅钨酸/氧化锆与 SBA-15 复合形成的催化剂用于酯化反应[31]。因此，探索负载在不同介孔二氧化硅载体如 MCM-41 和 SBA-15 上的 12-硅钨酸在游离脂肪酸和甘油三酸酯的酯化和酯交换反应中的催化活性是非常有趣的事情。

本章，我们描述了生物柴油生产中固载化 12-硅钨酸(TSA)催化油酸的酯化反应。众所周知，载体不仅起着机械支撑作用而且还改变杂多酸的催化性能。对一个成功的工业应用，载体的性质是获得更好催化活性的重要因素。因此，本章我们还研究负载 TSA 的不同介孔二氧化硅材料的应用。

我们合成了一系列由 12-硅钨酸和介孔二氧化硅如 MCM-41 和 SBA-15 组成的催化剂。用各种物化技术对载体和合成好的催化剂进行了表征。并对其在用于生物柴油生产的游离酸如油酸酯化反应中的催化活性进行了评价。研究了各种反应参数如催化剂浓度、酸/醇物质的量比、反应温度对催化性能的影响，并将催化剂性能与载体的性质进行了关联。本章还描述了所提出的催化剂在如以麻风树油为原料生产生物柴油中的应用，该过程不需任何预处理，与甲醇在所提出的催化剂上进行反应。

2　试验部分

2.1　试验材料

所有使用的材料均为分析纯级。所用试剂 $H_4SiW_{12}O_{40}\cdot nH_2O$(Loba Chemie)，聚醚-123(Aldrich)，正硅酸乙酯(TEOS)，溴化十六烷基三甲铵(CTAB)，十八烯酸，以及甲醇由 Merck 提供。

2.1.1　载体的合成

2.1.1.1　MCM-41 的合成

采用文献[32]报道的方法合成 MCM-41，稍作改变。在 60℃ 于搅拌情况下将表面活性剂溴化十六烷基三甲铵(CTAB)加入非常稀的氢氧化钠溶液中。当溶液变成均相时，缓慢滴加正硅酸乙酯(TEOS)，得到的凝胶老化 2h，得到的产物经过滤，用蒸馏水洗涤，然后在室温下干燥。将得到的材料在 555℃ 于空气氛下焙烧处理 5h，命名为 MCM-41。

2.1.1.2　SBA-15 的合成

采用文献[33]报道的方法合成 SBA-15。SBA-15 是在非水热条件下合成的。典型的制备例子为：将 4g 聚醚-123 在 35℃ 于搅拌情况下溶于 30mL 水与 120mL 2mol/L HCl 的混合溶液中，然后，在 35℃ 于搅拌情况下在 20h 内将 8.5g 正硅酸乙酯(TEOS)添加到溶液中。然后将得到的混合物在非水热条件下于 80℃ 老化 48h。得到的固体产物经过滤、洗涤，并在室温下于空气中干燥，最后在 500℃ 焙烧 6h。

2.1.2　催化剂的合成

2.1.2.1　TSA 负载在 MCM-41 上

通过浸渍法合成了一系列不同 TSA 负载量(10%~30%)的 TSA/MCM-41。用 TSA 的水溶液(浓度为 0.1g/10mL~0.3g/30mL，双蒸馏水)浸渍 1gMCM-41。然后在 100℃ 干燥 10h。所得到的材料被命名为 TSA_1/MCM-41、TSA_2/MCM-41 和 TSA_3/MCM-41。

2.1.2.2　TSA 负载在 SBA-15 上

通过浸渍法合成了一系列不同 TSA 负载量(10%~30%)的 TSA/SBA-15。用 TSA 的水溶液(浓度为 0.1g/10mL~0.3g/30mL，双蒸馏水)浸渍 1gSBA-15，然后在 100℃ 干燥 10h。所得到的材料被命名为 TSA_1/SBA-15、TSA_2/SBA-15、TSA_3/SBA-15。

2.1.3　表征

利用 Perkin-Elmer 红外分析仪，通过 KBr 压片法得到样品的傅立叶变换图。

利用 Micromeritics ASAP 2010 表面分析仪在-196℃测定了样品的 N_2吸附-脱附等温曲线。从吸附-脱附等温曲线用 BET 法计算了样品的表面积。利用 PHILIPS PW-1830 测定了样品的 XRD 图，测定条件为 Cu Kα 辐射(1.5417Å)，扫描角度从 0~60°。利用 JEOL(日本)TEM 仪(型号：JEM 100CXⅡ)在加速电压为 100kV 下得到样品的 TEM 照片，制样条件为：将样品分散在乙醇中经超声处理 5~10min。然后取一小滴样品置于有碳涂层的铜栅格上、干燥、检测。

利用正丁胺法[34]检测所有材料的总酸度。以 0.025mol/L 正丁胺的甲苯溶液作为测定介质。称 0.5g 催化剂，使其在该溶液中悬浮 24h，过量的碱用三氯乙酸反滴定，用中性红作指示剂。这样可得到材料的总表面酸度。

2.1.4　十八烯酸的酯化反应

取 0.01mol 十八烯酸和 0.4mol 甲醇加入 100mL 的间歇反应器中进行酯化反应。反应器配备双壁夹套冷凝器、磁力搅拌以及保护管。将反应混合物加热至 40℃保持 4h。定期取样，用气相色谱仪(Nucon-5700)分析组成，该仪器配备 30m×0.25mm BP1 毛细管柱。通过将产品与真实的样品进行比较来鉴别，最终用色质联用光谱仪(GC-MS)来确定。

在 100mL 的间歇反应器中进行了典型的酯交换反应，该反应器配备温度计、机械搅拌和冷凝器。将麻疯果油和甲醇按 1∶8 比例加入，然后加入催化剂，之后，将反应混合物在搅拌情况下加热至 65℃保持至足够的时间使体系保持均匀的悬浮状态。反应完成后，将反应混合物转移至旋转蒸发器中在 50℃进行处理分离出甲基醚。通过油层的酸值按下列公式可计算出由麻疯果油中的 FFA 变成生物柴油的转化率：

$$\text{转化率}(\%)=\left(1-\frac{AV_{OL}}{AV_{JO}}\right)$$

注：OL 和 JO 分别指油层和麻疯果油

3　结果与讨论

3.1　表征

图 9-1 为 TSA、MCM-41、TSA_3/MCM-41、SBA-15 以及 TSA_3/SBA-15 的傅立叶变换红外光谱图。载体以及催化剂的傅立叶变换红外谱带归属见表 9-1。

由表 9-1 可知这些谱带的存在强烈地显示出 TSA Keggin 阴离子的初级结构在负载于载体之后被保持下来。TSA 在 783cm^{-1}处振动带的消失可能是由于 TSA 的含量低，或是被载体的振动带覆盖所致。

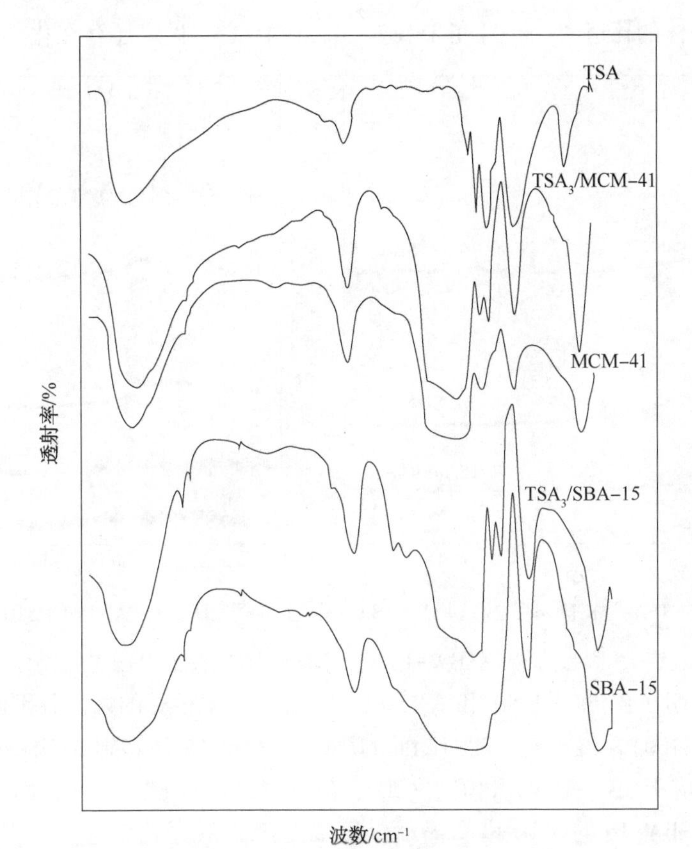

图 9-1　载体和催化剂的傅立叶变换红外光谱图

表 9-1　载体以及催化剂的傅立叶变换红外谱带归属

材　料	振动频率/cm^{-1}						
		对称	不对称	对称弯曲			
	Si—OH	Si—O—Si	Si—O—Si	Si—O—Si	W—O—W	W═O	Si—O
MCM-41	3448	801	1300-1000	458	—	—	—
SBA-15	3448	801	1165	458	—	—	—
TSA	—	—	—	—	783	979	923
TSA$_3$/MCM-41	3448	801	1300-1000	458	—	977	922
TSA$_3$/SBA-15	3448	801	1165	458	—	978	924

图 9-2 显示了纯 MCM-41、TSA$_3$/MCM-41 的 XRD 谱图。焙烧后的 MCM-41 的 XRD 谱图在 $2\theta=2°$处有一尖锐的峰，并在 $2\theta=3°\sim5°$处有少量弱的峰，显示出 MCM-41 具有良好有序的六面体结构。在 TSA$_3$/MCM-41XRD 谱图中未观察到独立的 HPA 晶体相。而且，未见到 TSA 晶相的特征峰显示出 TSA 高度分散在 MCM-

41 的六方晶体的孔道内，并且在 TSA 与 MCM-41 之间肯定还存在化学相互作用。

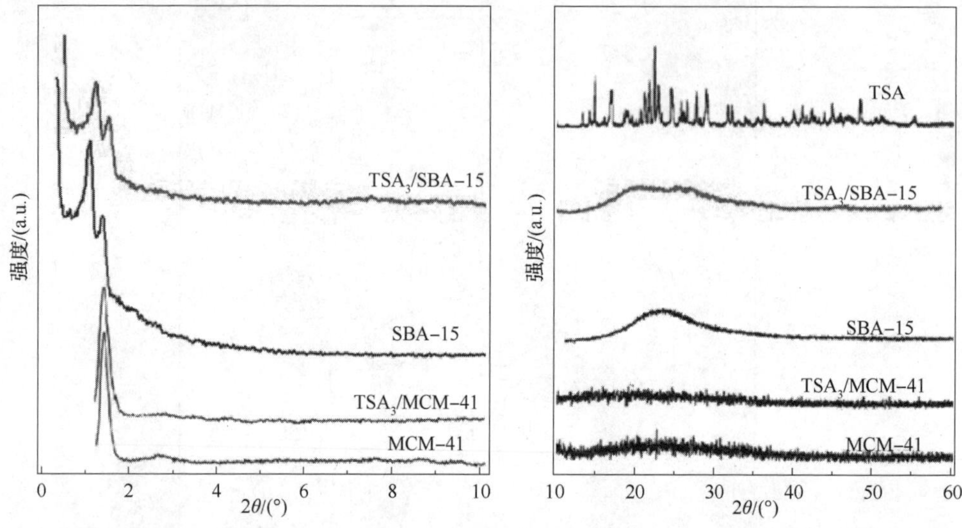

图 9-2　TSA、MCM-41、SBA-15、TSA_3/MCM-41 及 TSA_3/SBA-15 的 XRD 谱图

TSA、SBA-15 以及 TSA_3/SBA-15 的 XRD 谱图也在图 9-2 中显示。SBA-15 的 XRD 谱图表明在 0. 89°、1. 50°和 1. 72°处有三个分辨率很好的峰，分别对应于有序的六方晶相(100)、(110)、(200)晶面的反射。有趣的是注意到了在 TSA_3/SBA-15 体系中，对应于 SBA-15 的(110)、(200)晶面的峰强度减少了，而且，比较 SBA-15 与 TSA_3/SBA-15 的 XRD 谱图揭示出负载上 TSA 后介孔结构保留得相当完整。与 MCM-41 载体相比，SBA-15 能容纳更独立的 TSA 物种，因为它大的孔体积和高表面积。TSA_3/SBA-15 的 XRD 谱图显示出非常小的 TSA 峰，但是与 TSA 本体物相的 XRD 谱图相比，TSA 晶相的所有典型特征衍射峰并未观察到。而且，未见到 TSA 晶相的特征峰显示出 TSA 高度分散在 SBA-15 的六方晶体的孔道内[36]。

表 9-2 列出了样品的表面积、孔径和孔体积数值。可以看出，相对于载体，所有催化剂的比表面积、孔体积、孔径明显减少。随着 TSA 负载量增加，样品的比表面积、孔体积、孔径明显减少，原因是因为 TSA 物种进入了介孔中，它减少了孔道的孔径，一些 TSA 物种还可能出现在介孔孔道中，会导致平均孔体积和表面积的减少。

表 9-2　载体和催化剂的物化性质及总酸度

催化剂	表面积/(m^2/g)	孔径/Å	介孔体积/(cm^3/g)	总酸度/(mmol/g)
MCM-41	659	47. 9	0. 79	0. 82
TSA_1/MCM-41	539. 29	29. 62	0. 39	1. 14
TSA_2/MCM-41	464. 16	29. 45	0. 3	1. 21

续表

催化剂	表面积/(m^2/g)	孔径/Å	介孔体积/(cm^3/g)	总酸度/(mmol/g)
TSA_3/MCM-41	349.26	29.23	0.26	1.33
SBA-15	834	68	1.26	1.11
TSA_1/SBA-15	689	62.5	0.9741	1.39
TSA_2/SBA-15	677	61.38	0.7341	1.52
TSA_3/SBA-15	645	60	0.6418	1.65

所有催化剂的总酸度数据也列入表 9-2 中，数据表明了随着 TSA 负载量增加，催化剂的总酸度值也增加，与预期的结果一致。

图 9-3(a)、(c)和(b)、(d)分别展示了 MCM-41 和 TSA_3/MCM-41 的 TEM 照片。图 9-3(a)、(c)清楚地显示出 MCM-41 的六方介孔结构。TSA_3/MCM-41 的 TEM 照片[图 9-3(b)、(d)]显示出大部分六方孔道被黑色的微细颗粒覆盖。这表明了 TSA 物种在 MCM-41 的六方孔道内部呈均匀的分散。

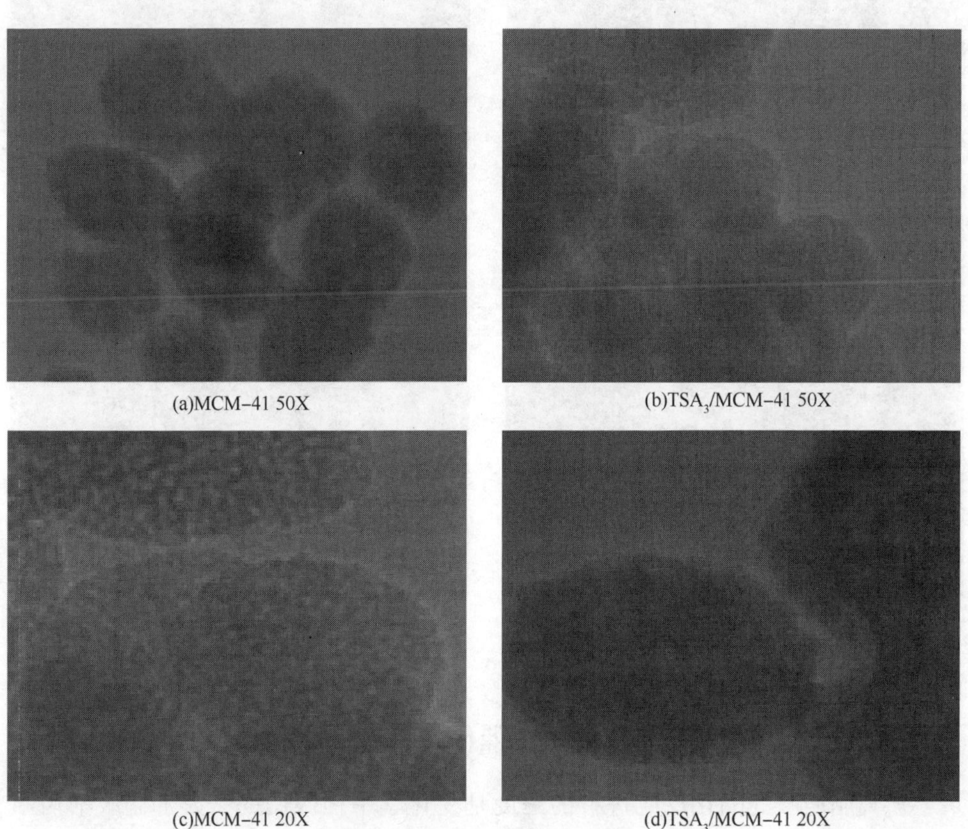

(a)MCM-41 50X

(b)TSA_3/MCM-41 50X

(c)MCM-41 20X

(d)TSA_3/MCM-41 20X

图 9-3　MCM-41 和 TSA_3/MCM-41 的 TEM 照片

图 9-4 展示了 SBA-15 和 TSA_3/SBA-15 的 TEM 照片。SBA-15 的 TEM 照片[图 9-4(a)]显示出 SBA-15 具有均一孔径介孔通道的二维六方结构。图 9-3(c)清楚地显示六方介孔结构。TSA_3/SBA-15 的 TEM 照片[图 9-3(b)、(d)]显示出其具有有序的纳米孔道，并且这些纳米孔道在非常大的尺度范围内按二维六方结构排布。SBA-15 的均一结构即使在负载了 TSA 后仍然保持良好，这揭示出 TSA 物种在 SBA-15 的六方孔道内部呈良好的分散。其他的可能性是 TSA 在这些孔道中形成了非常小的晶体(nm)。

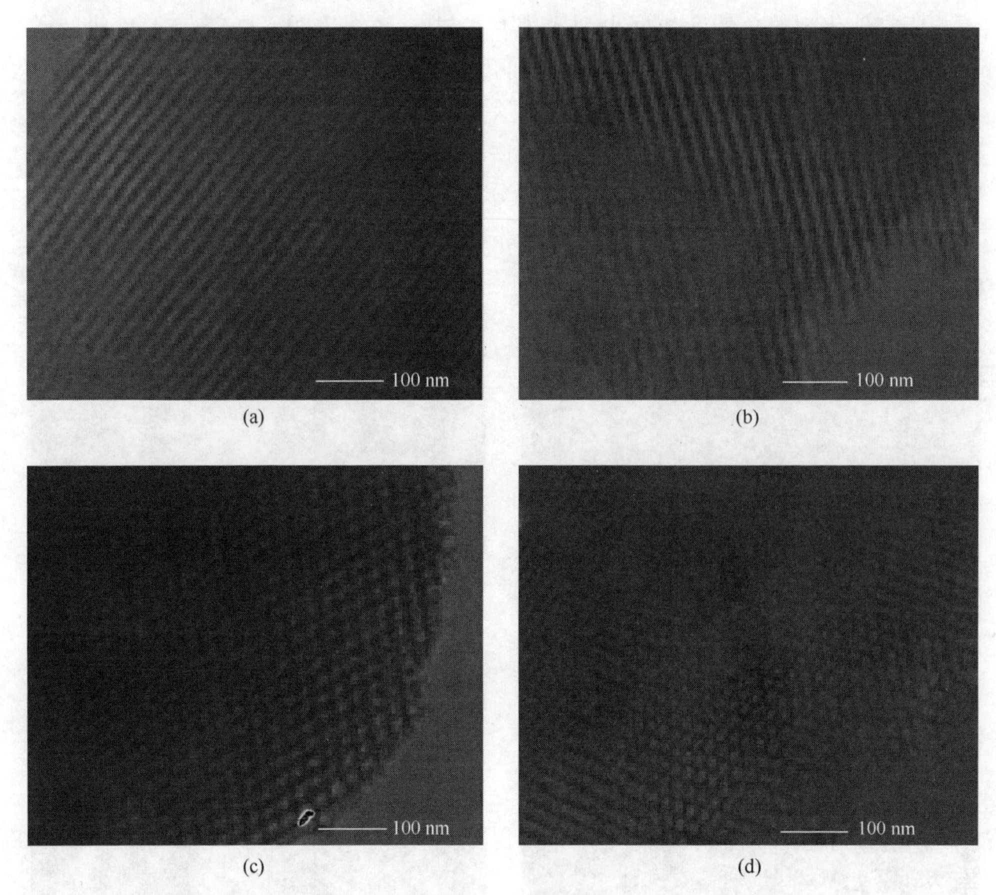

图 9-4　SBA-15(a)、(c)和 TSA_3/SBA-15(b)、(d)的 TEM 照片

3.2　油酸在 TSA_3/MCM-41 催化作用下的酯化反应

游离脂肪酸的酯化反应进行的程度是受化学平衡限制的。为了克服平衡限制，一般来说，游离脂肪酸的酯化反应中使用过量的醇，以有利于正向反应。油酸与醇类的酯化反应见图 9-5。

图 9-5 油酸与醇类的酯化反应

已经研究了在 TSA_3/MCM-41 催化作用下，反应参数如酸/醇物质的量比、催化剂用量、反应时间以及温度对反应的影响，通过优化反应条件，实现最大的油酸转化率。

反应条件为：催化剂用量为 0.1g，反应温度为 60℃，反应时间为 10h，改变油酸/甲醇物质的量比，实验结果见图 9-6。

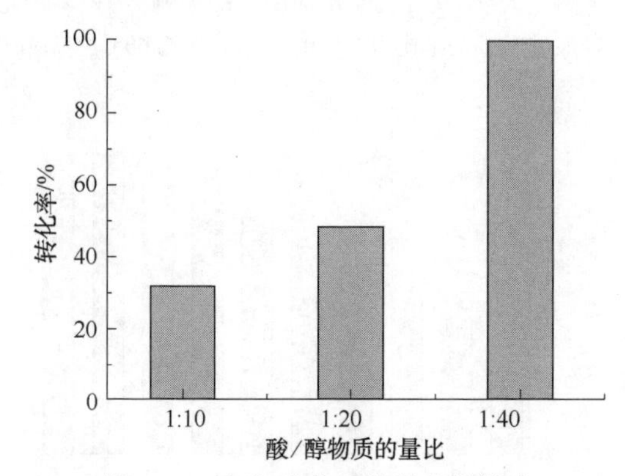

图 9-6 油酸/醇物质的量比的影响

（反应条件：催化剂用量为 0.1g，反应温度为 60℃，反应时间为 10h）

从图 9-6 可以观察到，随着油酸/甲醇物质的量比增加，油酸转化率增加，在油酸/甲醇物质的量比为 1∶40 时，达到最大值 99%。进一步增加物质的量比，转化率的增加不再明显，因此，选择油酸/甲醇物质的量比为 1∶40 作为获得高油酸转化率的条件。

此外还研究了催化剂用量对油酸转化率的影响，改变催化剂用量（25～100mg），结果见图 9-7。

如图 9-6 所示，随着催化剂用量增加，油酸转化率也增加，在 100mg 时转化率达到最大，约 90%。

反应时间对油酸转化率的影响的研究结果见图 9-8，从图中可以观察到，随着反应时间增加，油酸转化率增加，在使用 TSA_3/MCM-41 作催化剂时，10h 后转化率达到最大，约 99%。

反应温度对油酸转化率的影响实验结果如图 9-9 所示。可以发现随着反应温度增加，油酸转化率也增加，在 60℃ 时达到最大，在催化剂为 TSA_3/MCM-41 时，约 99%。进一步升高温度至 70℃，油酸转化率不再提高。

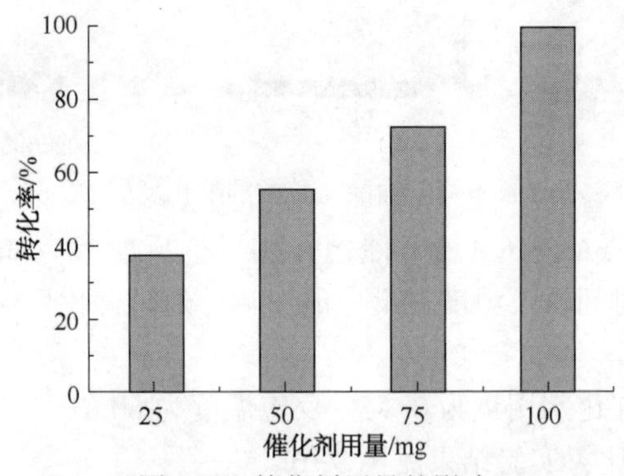

图 9-7　催化剂用量的影响

（反应条件：油酸/醇物质的量比为 1∶40，反应温度为 60℃，反应时间为 10h）

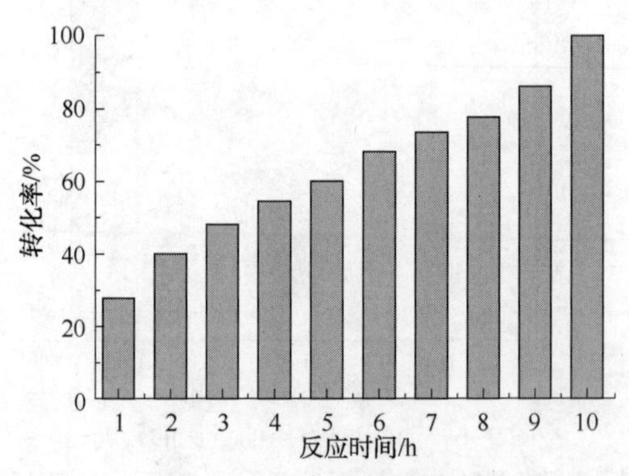

图 9-8　反应时间的影响

（反应条件：油酸/醇物质的量比为 1∶40，反应温度为 60℃，催化剂用量 0.1g）

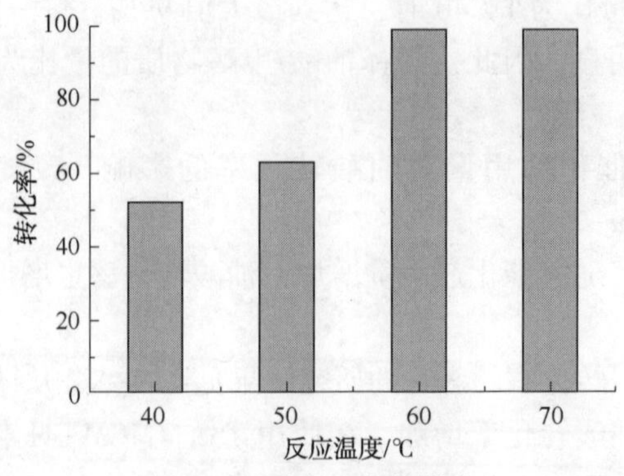

图 9-9　反应温度的影响

（反应条件：油酸/醇物质的量比为 1∶40，催化剂用量 0.1g，反应温度为 60℃，反应时间 10h）

综上所述，在催化剂为 TSA_3/MCM-41 时，油酸与醇发生酯化反应的最佳反应条件为：油酸/醇物质的量比为 1∶40，反应温度为 60℃，反应时间为 10h，催化剂用量0.1g。

在最佳反应条件下，在TSA_3/SBA-15催化剂作用下，进行油酸的酯化反应，其结果见表9-3。可以观察到，两种催化剂均能有效地催化油酸的酯化反应，但是TSA_3/SBA-15催化剂在较低温度下表现出更高的活性，并在非常短的时间内可以达到与TSA_3/MCM-41催化剂相当的水平。

表9-3　在最佳条件下油酸在TSA_3/MCM-41和TSA_3/SBA-15催化剂作用下的酯化反应

催化剂	转化率(40℃)/%	转化率(60℃)/%
TSA_3/MCM-41	51(10h)	99(10h)
TSA_3/SBA-15	99(5h)	99(4h)

反应条件：油酸/醇物质的量比为1：40，催化剂用量0.1g。

3.3　催化剂的循环使用

为了测定催化剂的活性及稳定性，进行了催化剂的循环使用实验。通过简单过滤使催化剂与反应混合物分离，之后，首先用甲醇洗涤直至滤液中没有酸(未完全反应的油酸)，随后，用去离子水洗涤，然后在100℃下干燥，回收的催化剂再加入反应器中进行催化反应，前4次使用，几乎观察不出明显的油酸转化率的变化，如图9-10所示。

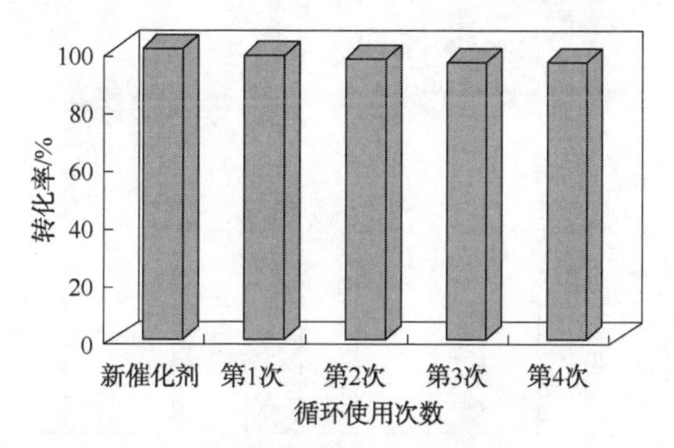

图9-10　催化剂循环使用

(反应条件：油酸/醇物质的量比为1：40，反应温度为60℃，催化剂用量0.1g，反应时间为10h)

3.4　甘油三脂(麻疯果油)的酯交换反应

甘油三脂与低分子量醇的酯交换反应制备生物柴油的反应原理见图9-11。麻疯果油是非食用的，并且不能与食用油调和，非食用油因为其中存在有毒的成分不适于人类消费。而且，麻疯果油籽中含有高含量的油酸，由其制备的生物柴油与石油基柴油有相似的性质。

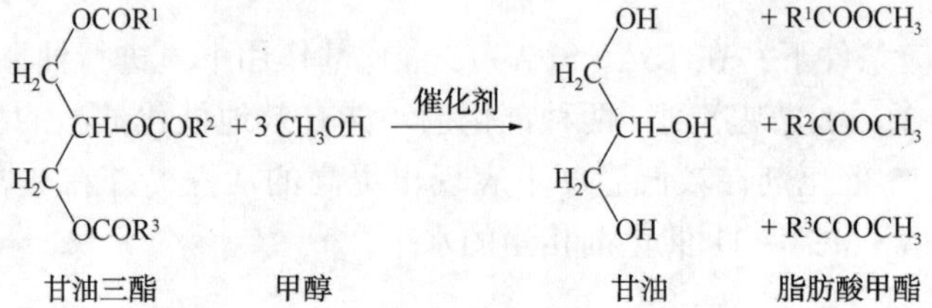

$$\begin{array}{l}H_2C-OCOR^1 \\ CH-OCOR^2 \\ H_2C-OCOR^3\end{array} + 3\,CH_3OH \xrightarrow{\text{催化剂}} \begin{array}{l}H_2C-OH \\ CH-OH \\ H_2C-OH\end{array} + \begin{array}{l}R^1COOCH_3 \\ R^2COOCH_3 \\ R^3COOCH_3\end{array}$$

甘油三酯　　甲醇　　甘油　　脂肪酸甲酯

图 9-11　甘油三脂与甲醇的酯交换反应

针对 TSA_3/MCM-41 和 TSA_3/SBA-15 催化剂，研究了反应参数如油/醇质量比、催化剂用量、反应时间、反应温度对麻疯果油转化率的影响，通过优化反应条件获得最大的转化率。

研究发现对麻疯果油转化率有明显影响的反应变量为油/醇物质的量比。按照反应的化学计量式，每摩尔麻疯果油需要 3mol 醇才能制备 3mol 脂肪酸酯油和 1mol 甘油。实际上，为了获得更高的酯生产转化率需要更高的油/醇物质的量比。我们在油/甲醇物质的量比为(1∶2)~(1∶8)之间进行选择，油/甲醇物质的量比为 1∶8 时适于获得更高产率的目标产物，结果见图 9-12。如图所示，可看出随着油/甲醇物质的量比增加，麻疯果油转化率增加，在 1∶8 时达到最大，低于 1∶8 时反应不完全。当油/甲醇物质的量比高于 1∶8 时，麻疯果油转化率下降，故选择油/甲醇物质的量比为 1∶8，以获得更高的转化率。

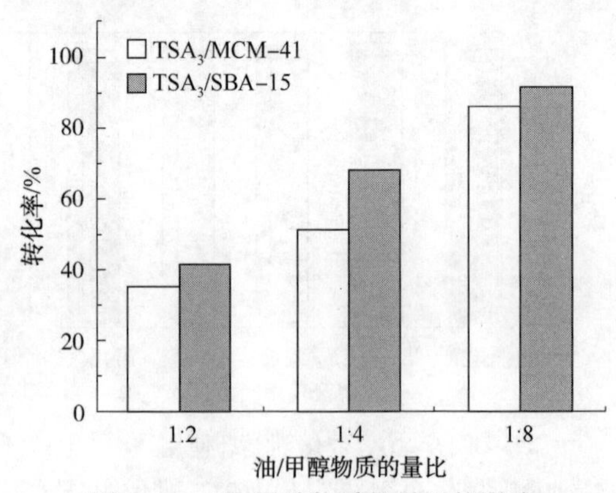

图 9-12　油/甲醇物质的量比的影响

［反应条件：催化剂用量 0.3g，反应温度为 65℃，反应时间：20h（对 TSA_3/MCM-41）；8h（对 TSA_3/SBA-15）］

催化剂用量对麻疯果油转化率的影响见图 9-13。在 0.1~0.5g 范围内，改变催化剂用量进行合成实验，油/甲醇物质的量比保持在 1∶8，反应温度为 65℃。从图 9-13 可以看出，当催化剂用量由 0.1g 增加至 0.3g，麻疯果油转化率明显增加，并在催化剂用量为 0.3g 时得到最大的转化率，这可归因于催化剂用量增加时，催化活性中心的数量和可利用度的增加。但是当催化剂用量由 0.3g 进一步增加至0.5g时，可观察到麻疯果油转化率出现下降，这可能归因于催化剂孔道发生堵塞，活性中心可利用度下降。

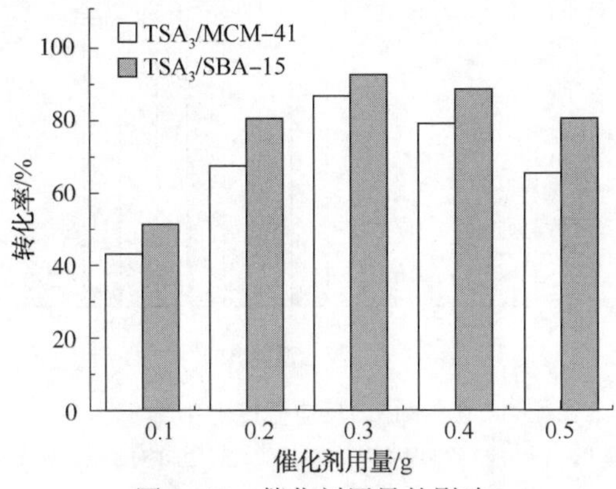

图 9-13　催化剂用量的影响

[反应条件:油/甲醇物质的量比为1∶8,反应温度为65℃;反应时间:20h(对 TSA_3/MCM-41),8h(对 TSA_3/SBA-15)]

关于反应时间对麻疯果油转化率的影响也进行了研究，结果见图9-14。从图中可以观察到随反应时间延长，转化率增加。采用 TSA_3/MCM-41 催化剂时，8h后达到的最高转化率为91%，采用 TSA_3/SBA-15 时，20h后达到的最高转化率为86%。

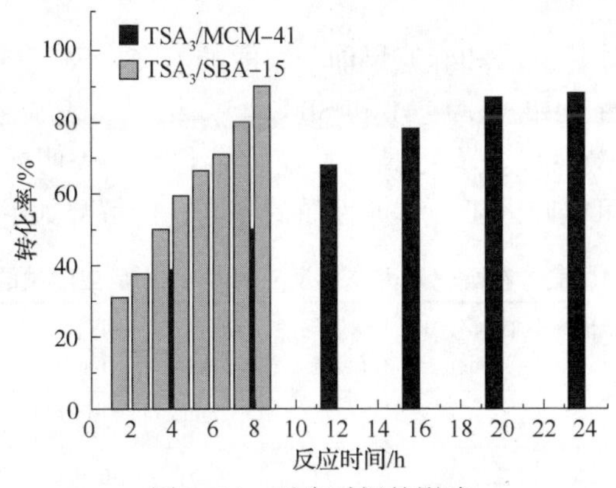

图 9-14　反应时间的影响

（反应条件：催化剂用量为0.3g，油/甲醇物质的量比为1∶8，反应温度为65℃）

麻疯果油的甲醇醇解反应是在接近甲醇沸点的温度下进行的。本文研究了反应温度对其转化率的影响，结果见图9-15，可以发现随着反应温度的升高，麻疯果油的转化率增加，在65℃时，在采用 TSA_3/MCM-41 催化剂和 TSA_3/SBA-15 催化剂时，最大的转化率分别达到92%和86%。但是，进一步提高温度至70℃，转化率下降。通常，反应温度升高应该提高反应程度，但是，也可能引起副反应的增加，进而导致转化为目标产物的数量下降。

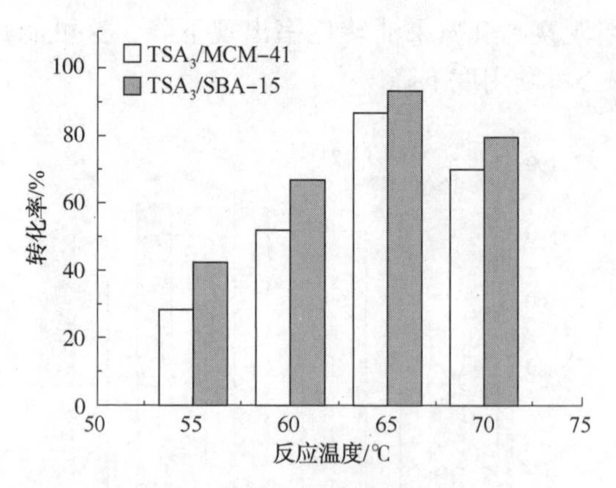

图 9-15　反应温度的影响

[反应条件：油/甲醇物质的量比为 1∶8，催化剂用量为 0.3g；反应时间：20h（对 TSA_3/MCM-41），8h（对 TSA_3/SBA-15）]

麻疯果油在 TSA_3/SBA-15 催化剂作用下发生酯交换反应的最优反应条件是：油/甲醇物质的量比为 1∶8，催化剂用量为 0.3g，反应温度为 65℃，反应时间为 8h；在 TSA_3/MCM-41 催化剂作用下发生酯交换反应时，反应时间为 20h 时获得最大的转化率，其他条件与前面相同。

3.5　在生物柴油生产中载体对 TSA 活性的影响

油酸与甲醇的酯化反应和麻疯果油与甲醇的酯交换反应被用于探索 TSA 在不同载体上的催化活性，如 MCM-41 和 SBA-15。结果见表 9-4，可观察到 TSA_3/SBA-15 较 TSA_3/MCM-41 具有更高的反应物转化率，表明前者活性更高。所显示的催化活性差异可能归因于载体的性质的不同，可解释如下。

表 9-4　载体在酯化及酯交换反应中对 TSA 反应活性的影响

催化剂	油酸转化率（60℃）/%	TON/TOF/min	麻疯果油转化率/%	表面积/（m^2/g）	孔直径/nm	总酸度	Keggin 离子密度/（TSA/nm^2）
TSA_3/MCM-41	99（10h）	2232/3.72[a]	86	349	2.923	1.33	0.1798
TSA_3/SBA-15	99（4h）	2232/9.3[a]	92	645	6.0	1.65	0.0973

[a]：TOF，由油酸转化率计算得到。

首先，如更早时提到的，载体可能会改变杂多酸 HPAs 催化活性。SBA-15 的比表面积大于 MCM-41，同样的趋势在其对应的催化剂上也观察到了。比表面积增加归因于载体的特性，故与 TSA_3/MCM-41 相比，具有更高比表面积的 TSA_3/SBA-15 具有更高的催化活性。

其二，TSA_3/SBA-15 的总酸度也高于 TSA_3/MCM-41，即使在两种载体上 TSA 的负载量相同。众所周知，与 MCM-41 相比，SBA-15 是酸性更强的载体，因此，当 TSA 与 SBA-15 结合后，可观察到 TSA_3/SBA-15 具有更高的总酸度值。与 TSA_3/MCM-41 相比，TSA_3/SBA-15 的总酸度值更高，故 TSA_3/SBA-15 可获得预期的更高的催化活性。

以每平方纳米范围拥有的 Keggin 阴离子数量表示的 Keggin 离子的密度（TSA/nm^2）是按照 TSA 的实际负载量和催化剂的表面积计算得到的[37]。由表 9-4 可知，与 TSA_3/SBA-15 相比，TSA_3/MCM-41 上 Keggin 离子的密度更高，表明当 TSA 锚定在 MCM-41 表面上时形成了多层分布。换句话说，可利用的 Bronsted 酸更少。而 TSA_3/SBA-15 上 Keggin 离子的密度低，表明 TSA 锚定在 SBA-15 表面上时形成了单层分布，因此，在催化反应中可利用的 Bronsted 酸中心数量更多。

当载体呈介孔结构时，载体的结构特性还影响催化活性。在本案情况下，对 SBA-15 载体，其孔直径为 6.8nm，负载上 TSA 后，其孔直径减小至 6.0nm；仍然有足够可利用的空间让反应物分子进入孔道内。而 MCM-41 载体，其孔直径为 4.7nm，负载上 TSA 后，其孔直径减小至 2.9nm，因此，可利用的空间更适于小的反应物分子进入而不是较大的反应物分子。如图 9-16 所示，因此，与 TSA_3/MCM-41 相比，TSA_3/SBA-15 表现出更高的活性。

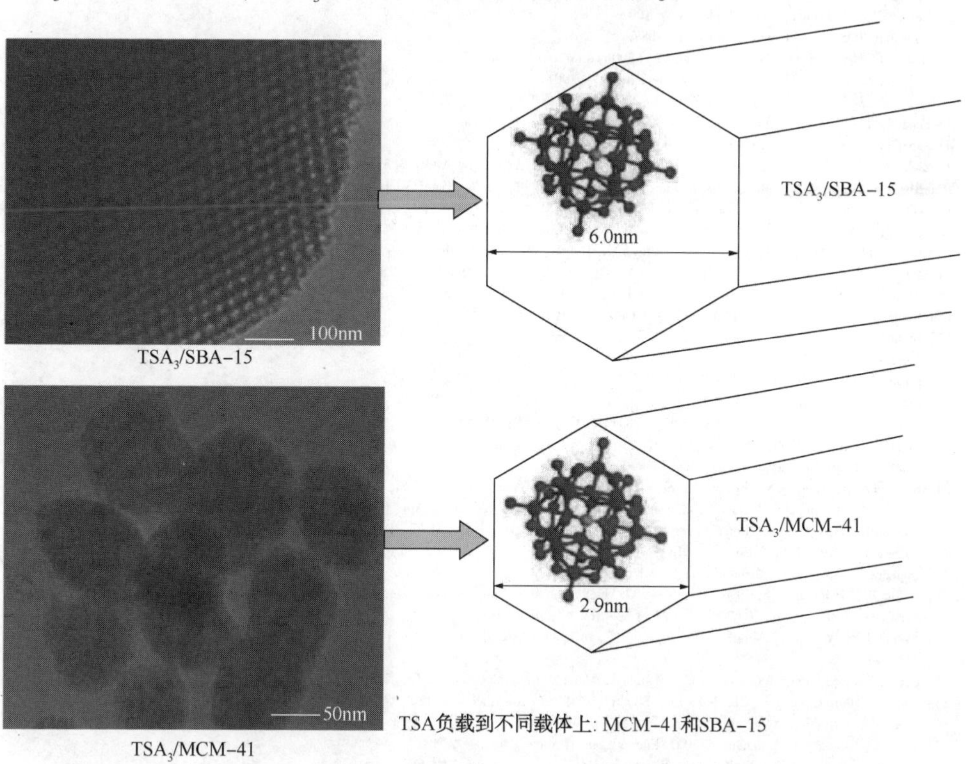

图 9-16 载体孔直径对 TSA 催化活性的影响

致谢

Varsha Brahmkhatri 女士感谢新德里科技部 DST - INSPIRE 奖学金。Anjali Patel 感谢大学资助委员会[项目编号：39-837/2010(SR)]为这项工作的一部分提供资金。作者还感谢 Nilesh Narkhede 先生协助编写本章。

4 结论

本章描述了用于油酸与甲醇酯化和麻疯果油与甲醇酯交换生产生物柴油过程的由12-硅钨酸负载在不同介孔二氧化硅载体如 MCM-41 和 SBA-15 上组成的多相酸催化剂。用 TSA_3/SBA-15 催化酯化和酯交换反应较 TSA_3/MCM-41 均可获得更高的转化率，表明前者活性更高。与 TSA_3/MCM-41 相比，TSA_3/SBA-15 具有更大的表面积、更高的总酸度和更多的 Bronsted 酸中心可利用，这些均表明其具有良好的催化活性。催化反应试验的结果表明载体孔道的直径在催化反应中起着关键性的作用。

参 考 文 献

[1] Angina S, Ram P(2000)Renew Sustain Energy Rev 4: 111.
[2] Gerpen JV(2005)Fuel Process Technol 86: 1097.
[3] Haas MJ(2005)Fuel Process Technol 86: 1087.
[4] Haas MJ, McAloon AJ, Yee WC, Foglia TA(2006)Bioresour Technol 97: 671.
[5] Kulkarni MG, Dalai AK(2006)Ind Eng Chem Res 45: 2901.
[6] Zhang Y, Dube MA, McLean DD, Kates M(2003)Bioresour Technol 90: 229.
[7] Feng Y, He B, Cao Y, Li J, Liu M, Yan F et al(2010)Bioresour Technol 101: 1518.
[8] Tanabe K, Yamaguchi T(1994)Catal Today 20: 185.
[9] Zieba A, Drelinkiewicz A, Konyushenko EN, Stejskal J(2010)Appl Catal A Gen 383: 169.
[10] Abreu FR, Alves MB, Macedo CCS, Zara LF, Suarez PAZ(2005)J Mol Catal A Chem227: 263.
[11] Guo HF, Yan P, Hao XY, Wang ZZ(2008)Mater Chem Phys 112: 1065.
[12] Shu Q, Yang B, Yuan H, Qing S, Zhu G(2007)Catal Commun 8: 2159.
[13] Benson TJ, Hernandez R, French WT, Alley EG, Holmes WE(2009)J Mol Catal A Chem 303: 117.
[14] Han M, Yi W, Wu Q, Liu Y, Hong Y, Wang D(2009)Bioresour Technol 100: 2308.
[15] Alsalme A, Kozhevnikova EF, Kozhevnikova IV(2008)Appl Catal A Gen 349: 170.
[16] Brahmkhatri V, Patel A(2011)Appl Catal A Gen 403: 161.
[17] Brahmkhatri V, Patel A(2011)Ind Eng Chem Res 50: 6620.
[18] Mizuno N, Misono M(1998)Chem Rev 98: 199.
[19] Kozhevnikov IV(1998)Chem Rev 98: 171.
[20] Cavani F(1998)Catal Today 41: 73.
[21] Bhatt N, Sharma P, Patel A, Selvam P(2008)Catal Commun 9: 1545.
[22] Bhatt N, Patel A(2009)Kin Catal 50: 401.
[23] Bhatt N, Patel A, Taiwan J(2011)Inst Chem Eng 42: 356.
[24] Kamalakar G, Komura K, Kubota Y, Sugi Y(2006)J Chem Technol Biotechnol 81: 981.
[25] Costaa VV, Rochaa, da Silva KA, Kozhevnikov IV, Gusevskayaa EV(2010)Appl Catal A: Gen 383: 217.
[26] Srilatha K, Issariyakul T, Lingaiah N, Sai Prasad PS, Kozinski J, Dalai AK(2010)Energy Fuel 24: 4748.
[27] Kamiya Y, Okuhara T, Misono M, Miyaji A, Tsuji K, Nakajo T(2008)Catal Surv Asia 12: 101.
[28] Okuhara T, Mizuno N, Misono M(1996)Adv Catal 41: 113.
[29] Moffat JB, Twigg MV, Spencer MS(eds)(2001)Fundamental and applied catalysis. Kluwer Academic Press, New York.
[30] Varisli D, Dogu T, Dogu G(2008)Ind Eng Chem Res 47: 4071.
[31] Sawant DP, Vinub A, Mirajkar SP, Lefebvre F, Ariga K, Anandanb S, Mori T, Nishimura C, Halligudi SB(2007)J Mol Catal A Chem 271: 46.
[32] Cai Q, Luo ZS, Pang WQ, Fan YW, Chen XH, Cui FZ(2001)Chem Mater 13: 258.
[33] Zhao D, Huo O, Feng J, Chamelka BF, Stucky SD(1998)J Am Chem Soc 120: 6024.
[34] Sahu HR, Rao GR(2000)Bull Mater Sci 23: 349-354.
[35] Wang Y, Ou S, Liu P, Zhang Z(2007)Energy Convers Manage 48: 184.
[36] Liu QY, Wu WL, Wang J, Ren XQ, Wang YR(2004)Micropor Mesopor Mater 76: 51.
[37] Chai SH, Wang HP, Liang Y, Xu BQ(2008)Green Chem 10: 1087.

第10章　苯甲醇在水合氧化锆负载的单缺位磷钼酸盐催化下选择性氧化制备苯甲醛

Soyeb Pathan and Anjali Patel

1　引言

苯甲醛是一种非常有价值的化学品，其在香料、染料和农用化学品中都有广泛的应用[1]。它是化妆品和香料工业中，应用排第二位的最重要的芳香族分子(香草醛之后)。一般来说，它是通过有机合成中重要的转化过程，如苯乙烯、苯甲醇和甲苯的氧化以及苄基氯的水解制得的[2-4]。苯乙烯的氧化会生成许多产物，如羰基化合物、环氧化物、二醇和含有C—C键的醛的氧化裂解产物。苯甲醛是苯甲醇一步氧化的产物，进一步氧化会生成苯甲酸，并引发其他副反应生成二苄基乙缩醛和苯甲酸苄酯等产物[5]。甲苯的氧化通常在对环境不友好的有机溶剂中进行，由苄基氯水解产生的苯甲醛通常含有微量的氯杂质，并在反应过程中产生大量的废物[6,7]。以上列举的方法由于产物选择性低、反应需要有机溶剂、试剂毒性和废物的产生等原因，需要环境友好的替代方法。

由于无溶剂氧化反应的选择性受氧化催化剂或液相催化氧化的催化剂用量的影响，优势明显。在这种情况下，杂多酸/多金属氧酸盐(HPA/POM)由于其氧化还原性质而变得越来越重要[8-13]。众所周知，通过除去一个或多个附加原子，可以在原子/分子水平上调节POM的氧化还原性质而不影响它们的结构[14-19]。这类多金属氧酸盐被称为单缺位多金属氧酸盐(LPOMs)，并且这些LPOMs可以为催化剂带来活性和选择性的改变。但是，像POM一样，LPOM的主要缺点是它们的热力学稳定性低，会导致在进行反应时，催化剂Keggin结构或多或少的减少，使催化性能下降。通过将催化剂负载在支撑物上改变性能可以克服上述的问题。通过在实验室对负载POMs的系统研究，我们意外地发现，当负载在不同的载体上时，POMs的稳定性和催化活性得到了提高[20,21]。

通过细致的文献调研发现关于单缺位多金属氧酸盐(LPOMs)催化方面的报道非常缺乏[22]。1988年M. Schwegler等人首次发表了关于单缺位磷钨酸盐和硅钨酸盐用于氧化环己烯催化评价的报告[22]。接下来，在1995年，Hill及其同事研究了单缺位磷钨酸盐在氧化各种有机基质如烯烃、烷烃和硫化物中的作用[17]。

同一研究小组还报道了单缺位硅钨酸盐和磷钨酸盐在 H_2S 有氧氧化制备单质硫中的应用[23]。他们还评估了单缺位磷钨酸季铵盐催化烯烃环氧化反应的催化活性[24]。质子化的 $[PW_{11}O_{39}]^{7-}$ 类物质也被 Kuznetsova 等用于烯烃环氧化的研究[25]。Z. Weng 等报告了以 H_2O_2 作为氧化剂，使用 $[PW_{11}O_{39}]^{7-}$ 催化氧化苯甲醇的研究[26]。最近，Dan Meyerstein 的研究小组证实了单缺位金属磷钨酸盐生成的自由基反应机理及其与甲基自由基反应生成丙烯和 2-甲基丙烯的反应[27]。

现有文章对 LPOMs 的应用描述都集中在其作为均相催化剂的使用方面。还没有发现关于负载型 LPOMs 作为催化剂的报道。据我们所知，关于负载型 LPOM 的催化活性的文章很少，而且仅由我们的研究小组提供[28-32]。

在本章中，我们制备并表征了负载在水合氧化锆上的单缺位磷钼酸钠，并将其作为催化剂用于选择性氧化苯甲醇的反应。合成了一系列水合氧化锆(ZrO_2)负载的，单缺位磷钼酸盐(PMo_{11})含量在 10%~40%范围内的催化剂，并应用多种热力学、光谱分析及表面分析技术进行表征。

催化剂的活性通过苯甲醇与 30% H_2O_2 发生液相氧化反应的方法来评价，反应体系中不加其他溶剂。最大转化率及目标产物最大选择性对应的反应条件，是在优化各类反应参数，如反应基质与 H_2O_2 的物质的量比、催化剂用量、反应时间、反应温度后得到的。催化剂的重复利用性能也是通过考察在最佳反应条件下对苯甲醇的氧化反应催化性能后得到的。

2 实验部分

所有使用的化学品纯度均为 AR 级。钼酸钠(Merck)、二钠磷酸氢盐(Merck)和氯氧化锆(Loba Chemie，Mumbai)均按收到原样使用。硝酸、丙酮、二氯甲烷和苯甲醇从 Merck 获得并按收到原样使用。

2.1 水合二氧化锆(ZrO_2)的合成

通过将氨水溶液添加到 $ZrOCl_2 \cdot 8H_2O$ 水溶液中直到 pH 值为 8.5 来制备水合氧化锆。将得到的沉淀物在 100℃下在水浴中老化 1h，过滤，并用蒸馏水洗涤直至收集水不含氯离子为止，在 100℃下干燥 10h 后制得 ZrO_2。

2.2 单缺位磷酸钼盐的合成

单缺位磷酸钼盐的合成方法采用我们之前发表的方法[31]。将二水钼酸钠(0.22mol，5.32g)和无水磷酸氢二钠(0.02mol，0.28g)溶解在 50~70mL 蒸馏水中并加热至 80~90℃，然后加入浓硝酸调节 pH 值至 4.3。然后通过蒸发将溶液体积减少至一半，加入50~60mL丙酮通过液液萃取分离杂多阴离子。重复萃取直至丙酮萃取物显示不存在NO_3^-离子(硫酸亚铁实验)。将萃取得到的钠盐在空气中干燥，制得PMo_{11}。模拟计算结果：Na，7.65%；Mo，50.12%；P，1.47%；O，39.52%。实际实验结果为：Na，7.60%；Mo，49.99%；P，1.44%；O，39.92%。

2.3 催化剂合成

一系列含有10%~40%PMo_{11}的催化剂被合成，通过在PMo_{11}的水溶液(0.1~0.4g/10~40mL蒸馏水)中加入1g ZrO_2，并在100℃烘干10h。即可以得到10% PMo_{11}/ZrO_2，20%PMo_{11}/ZrO_2，30%PMo_{11}/ZrO_2和40%PMo_{11}/ZrO_2。

3 实验及表征

合成后物质通过FT-IR、TGA、DRS、粉末XRD和BET表面积进行表征。样品的FT-IR光谱是在KBr压片上通过PerkinElmer仪器测定的。总的质量损失是通过TGA方法在Mettler Toledo Star SW 7.01仪器上升温至600℃测得的。在室温环境下UV-Vis-DR光谱是使用1cm石英池在仪器PerkinElmer 35 LAMBDA上测得的。旋转频率是4~5kHz。通过使用Philips衍射仪(型号PW1830)获得粉末XRD结果。测定的条件是Cu Kα辐射(1.5417A)。测定元素分析是通过使用JSM 5610 LV并结合INCA扫描电子显微镜及能谱仪一起测得的。基于吸附数据，通过使用标准Brunauer，Emmett和Teller方法计算BET比表面积。在-196℃，通过micromeritics ASAP 2010表面积分析仪，记录样品的吸脱附等温线。

氧化反应在硼硅酸盐玻璃反应器中进行，该反应器备有双壁冷凝器，其中含有催化剂，苯甲醇和H_2O_2并在90℃下持续搅拌24h。将反应器浸入恒温油浴中使反应温度保持恒定。在相同的实验条件下，考察不同的参数，如单缺位磷钨酸盐负载量的影响、反应基质与H_2O_2的物质的量比、催化剂用量、反应时间、反应温度对反应的影响。反应完成后，去除催化剂并用二氯甲烷萃取产物。用硫酸镁干燥产物，并使用BP-1毛细管柱在气相色谱仪上进行分析。通过与标准样品比较并最终通过气相色谱-质谱仪(GC-MS)鉴定产物。

4 结果与讨论

4.1 分析技术

从载体中浸出活性物质会使催化剂活性下降，因此有必要对催化剂稳定性和PMo_{11}从载体中的浸出进行研究。杂多酸可以通过杂多蓝色来定量表征，当它与如抗坏血酸这类温和的还原剂反应时可以被观察到。在本研究中，该方法用于测定从载体中浸出的 PMo_{11}。实验准备了含有 1%～5% PMo_{11} 的水溶液标准样品。向 10mL 上述样品中加入 1mL10%抗坏血酸。将混合物稀释至 25mL。将所得溶液在 λ_{max} 为 785cm^{-1} 下测定其吸光度值。通过绘制吸光度对浓度百分比的值来获得标准校准曲线。将 1g 负载型催化剂和 10mL 蒸馏水一起回流 18h。然后用 10%抗坏血酸加入 1mL 上述溶液的上清液。未观察到溶液变蓝，表明没有浸出。用苯甲醇和反应完成后混合物的滤液重复上述实验步骤，以检验任何浸出 PMo_{11} 的可能性。溶液中不显蓝色表明没有 PMo_{11} 的浸出。PMo_{11} 和 20% PMo_{11}/ZrO_2 的 FT-IR 光谱如图 10-1 所示。图中，位于 1048cm^{-1} 和 999cm^{-1}，935cm^{-1} 和 906cm^{-1} 以及 855cm^{-1} 的吸收峰分别对应 P—O 键，Mo—O_t 键和 Mo—O—Mo 的不对称拉伸振动。在 20% PMo_{11}/ZrO_2 的 FT-IR 光谱中，位于 557cm^{-1} 的吸收峰对应 Zr—O—H 键的拉伸振动。

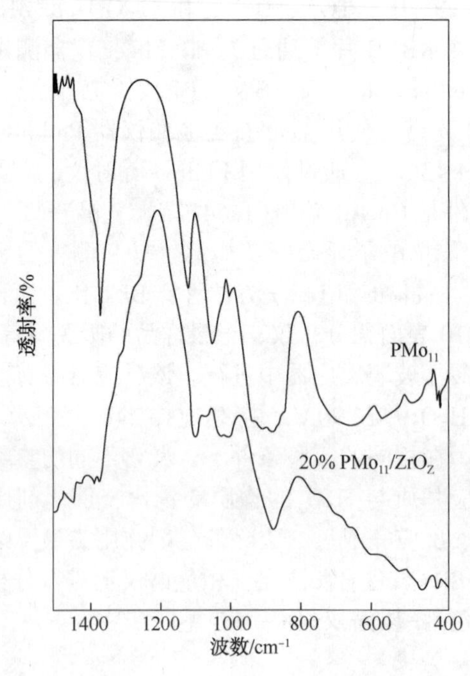

图 10-1　PMo_{11} 和 20% PMo_{11}/ZrO_2 的傅立叶变换红外谱图

此外，位于 1039cm^{-1}、990cm^{-1} 和 910cm^{-1} 处的吸收峰分别对应于 P—O 和 Mo—O—Mo 的不对称拉伸振动。吸收峰的位移、变宽以及 Mo—O_t 吸收峰（935cm^{-1}）的缺失可能是由于 PMo_{11} 的末端氧与 ZrO_2 的相互作用造成的。

PMo_{11} 的 TGA[图 10-2(a)]显示，在 30～200℃下，初始质量损失为 16%。这是由于 PMo_{11} 中水分子脱除造成的。温度为 235℃时，质量不再损失，表明

PMo_{11}在该温度已经完全分解。20%PMo_{11}/ZrO_2的 TGA[图 10-2(b)]显示，温度到达 150℃时，初始质量损失可能是由于吸附的水分子的脱除造成的。在温度达到 300℃时，质量没有发生明显损失。

如图 10-2(a)所示，图中在 80℃和 140℃的两个吸热峰分别是 PMo_{11}的吸附水和结晶水的损失造成的。此外，PMo_{11}的 DTA 图也在 270~305℃的区域内显示出宽的放热峰。这可能是由于 PMo_{11}的分解造成的。20%PMo_{11}/ZrO_2 的 DTA[图 10-2(b)]显示，在 80℃处存在吸热峰，这可能是由于吸附水造成的。此外，它还在 285~325℃的区域中显示出宽的放热峰，这可能是由于负载于载体表面的 PMo_{11}分解造成的。从 TG-DTA 可以得出结论，在 ZrO_2表面上负载 PMo_{11}可以提高 PMo_{11}的热稳定性。热稳定性的改善说明 PMo_{11}和 ZrO_2之间存在化学相互作用。

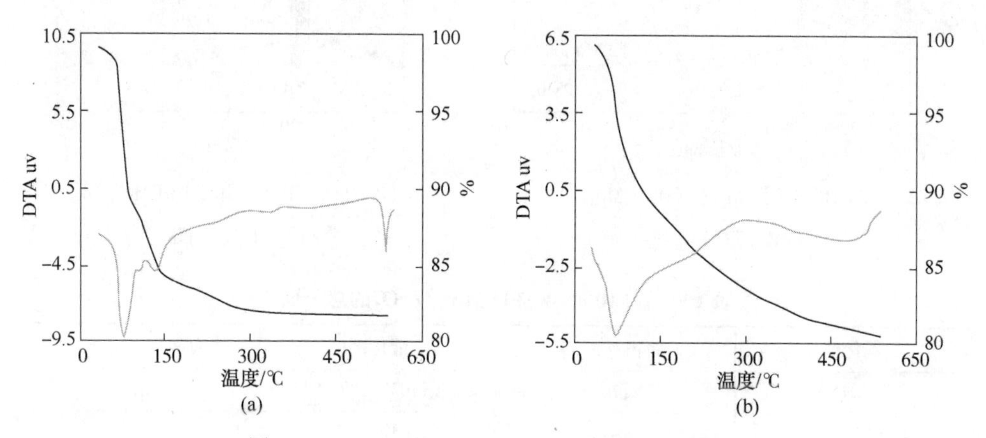

图 10-2 PMo_{11}和 20%PMo_{11}/ZrO_2的热重/差热图

由 DRS 结果可以看出由于电荷从氧转移到金属而导致的未还原的杂多阴离子的信息。波长位于 300nm(λ_{max})处的吸收峰是由于 O→Mo 的电荷转移造成的。

20%PMo_{11}/ZrO_2的 λ_{max}波长与 PMo_{11}相同(图 10-3)。这证实了 ZrO_2表面存在未降解的 PMo_{11}。这表明，Keggin 结构在负载到 ZrO_2上后保持不变。

如图 10-4 所示，XRD 中显示的尖峰表明其结晶性质。20%PMo_{11}/ZrO_2的 XRD 图中没有显示 PMo_{11}的特征峰，表明 PMo_{11}在 ZrO_2表面上以非晶形式高度分散。

BET 表面积测量数据见表 10-1。与载体相比，20%PMo_{11}/ZrO_2具有更大的表面积，这是由于负载 PMo_{11}的原因，这一结果与预期相符合。随着 PMo_{11}负载百分比的增加，表面积逐渐减小。这可能是由负载点的稳定/阻塞状态造成的。

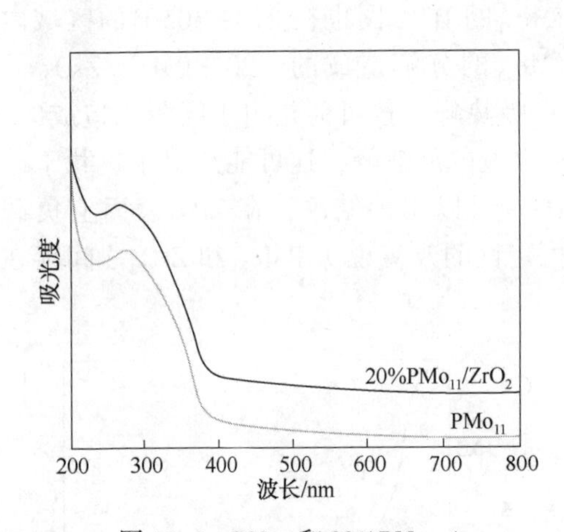

图 10-3　PMo_{11}和 20%PMo_{11}/ZrO_2的 DRS 图

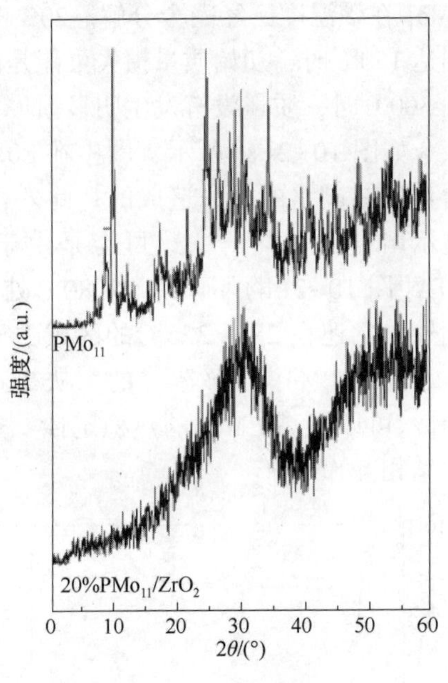

图 10-4　PMo_{11}和 20%PMo_{11}/ZrO_2的 XRD 图

表 10-1　(10%~40%) PMo_{11}/ZrO_2的总表面积

催化剂	表面积/(m^2/g)	催化剂	表面积/(m^2/g)
ZrO_2	170	30%PMo_{11}/ZrO_2	188
10%PMo_{11}/ZrO_2	191	40%PMo_{11}/ZrO_2	187
20%PMo_{11}/ZrO_2	197		

4.2　催化性能研究

针对苯甲醇的氧化的实验，开展了详细的工作以优化反应条件。为确保催化活性，所有反应均在没有催化剂的情况下进行。结果表明，发现没有发生任何氧化反应。载体 ZrO_2 也被用作苯甲醇氧化的催化剂，并未发现有产物生成。这表明催化剂中仅有 PMo_{11} 是活性物质。

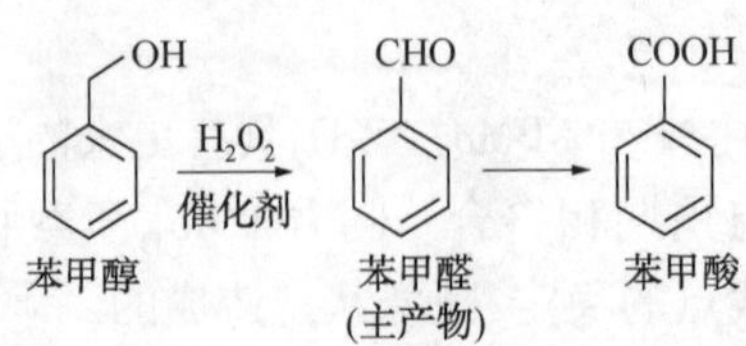

图 10-5　苯甲醇的氧化反应

反应温度为 90℃，反应时间为 24h，在反应中加入 25mg 催化剂，通过改变苯甲醇与 H_2O_2的物质的量比进行。一般情况下，苯甲醇氧化为苯甲醛和苯甲酸，如图 10-5 所示。然而，在该实验条件下苯甲醇的主要氧化产物为苯甲醛。当物质的量比为 1∶3 时，苯甲醇的转化率为 24.5%，产物苯甲醛的选择性为 93%。当物质的量比为 1∶4 时，苯甲醇的转化率为 28%，苯甲醛选择性为 82%。由此得出，可以控制物质的量比为 1∶3 来进行实验条件的继续优化。

反应温度为 90℃，反应时间为 24h，在反应中加入 25mg 催化剂，固定苯甲醇与 H_2O_2 的物质的量比为 1∶3 进行反应，如图 10-6 所示，随着 PMo_{11} 的加入量由 10%提高到 20%，苯甲醇的转化率有所提高。

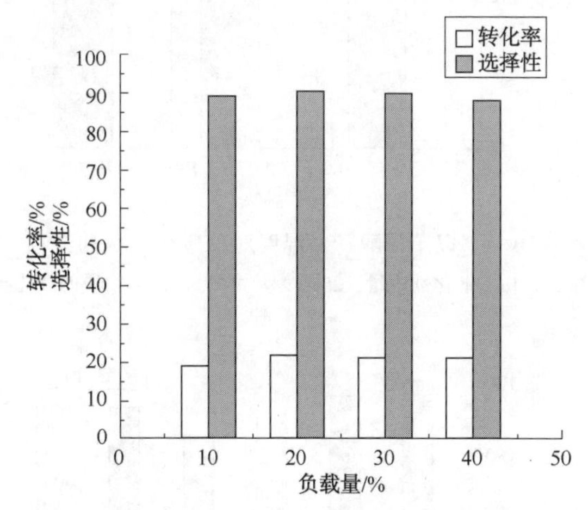

图 10-6　以苯甲醇计，PMo_{11} 的负载量对反应转化率的影响

（反应时间，24h；温度，90℃；催化剂用量，25mg；苯甲醇与 H_2O_2 物质的量比 = 1∶3）

随着 PMo_{11} 加入量由 20%提高至 40%，苯甲醇的转化率开始下降。这可能是催化剂活性中心的阻塞造成的。同时转化率的下降有可能与表面积有关。所以，苯甲醇转化率的下降与预期一致。

由上文可知，载体上 PMo_{11} 的负载量固定为 20%。接下来的实验温度固定为 90℃，PMo_{11}/ZrO_2 的加入量固定为 20%。

在 70℃、90℃和 110℃三种不同温度条件下，保持其他参数固定，即苯甲醇(10mmol)，30%H_2O_2(30mmol)，催化剂(25mg)和反应时间(24h)，研究温度对苯甲醇氧化的影响。实验结果如图 10-7 所示，在 70℃、90℃和 110℃三个温度下，苯甲醇的转化率分别为 5.8%、24.5%和 40.7%。随着实验温度从 90℃升高到 110℃，苯甲醇的转化率提高，但苯甲醛的选择性从 93%降低到 67%。这可能是由于苯甲醛在高温下易氧化成苯甲酸造成的。因此，固定反应温度为 90℃进行下一步的实验条件优化。

为了确定 H_2O_2 对苯甲醇氧化成苯甲醛的影响，固定催化剂加入量(25mg)，反应温度(90℃)，反应时间(24h)，在六种不同的苯甲醇-H_2O_2 物质的量比(1∶1、1∶2、1∶3、1∶4、2∶1 和 3∶1)下进行实验。实验结果如图 10-8 所示。

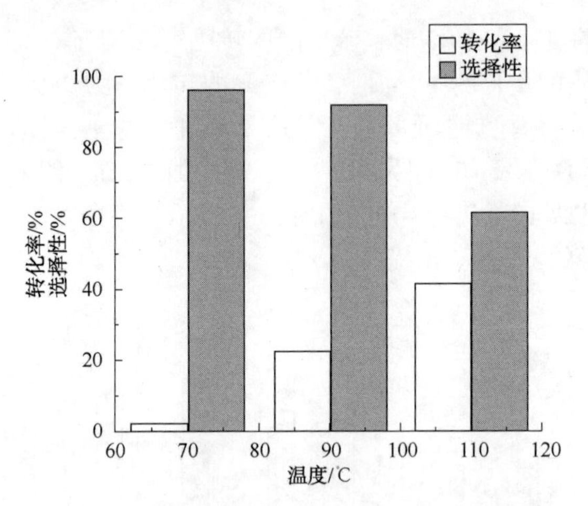

图 10-7　以苯甲醇计，温度对反应转化率的影响

（反应时间，24h；催化剂用量，25mg；苯甲醇与 H_2O_2 物质的量比=1∶3）

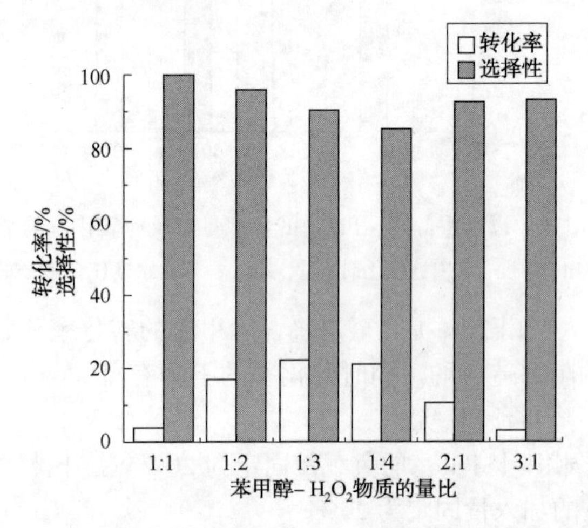

图 10-8　以苯甲醇计，苯甲醇-H_2O_2物质的量比对反应转化率的影响

（反应时间，24h；温度，90℃；催化剂用量，25mg）

在保证其他实验条件不变的情况下，固定苯甲醇与 H_2O_2 的物质的量比分别为1∶1 和1∶2时，苯甲醇的转化率分别为 4.6%和 19.1%，当苯甲醇与 H_2O_2 物质的量比变为 1∶3 时，苯甲醇转化率提高至 24.5%。然而，当苯甲醇与 H_2O_2 物质的量比进一步变为 1∶4 时，苯甲醇的转化率几乎没有改变，依旧为 24.8%。因此，就苯甲醇的转化率而言，当苯甲醇与 H_2O_2 的物质的量比为 1∶3 时，得到最大值。

催化剂的加入量对苯甲醇的氧化具有显著影响。保持所有其他反应条件的固定，即反应温度（90℃），苯甲醇（10mmol），30% H_2O_2（30mmol），反应时间

(24h)。分别加入 10mg、15mg、20mg、25mg 和 30mg 5 种不同量的 20%PMo_{11}/ZrO_2催化剂进行实验。实验结果如图 10-9 所示，催化剂加入量 10mg、15mg、20mg、25mg 和 30mg 分别对应 12.2%、16.3%、18.3%、24.5%和 24.7%的苯甲醇转化率。

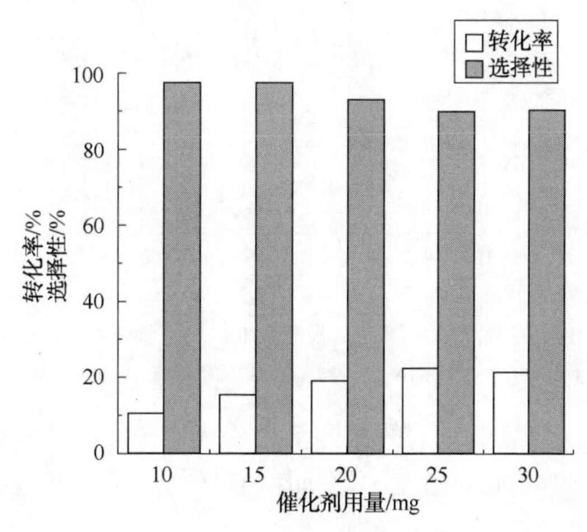

图 10-9　以苯甲醇计，催化剂用量对反应转化率的影响

(反应时间，24h；温度，90℃；苯甲醇与 H_2O_2物质的量比=1∶3)

当催化剂加入量为 10~20mg 时，苯甲醇转化为苯甲醛的转化率较低，可能是由于催化剂活性中心较少造成的。使用 25mg 催化剂时，苯甲醇的转化率最大，但当使用 25mg 或 30mg 催化剂时，反应进程没有显著差异。因此，反应最适合加入的催化剂的量为 25mg。

反应时间对苯甲醇无溶剂催化氧化的影响通过以下实验进行。在苯甲醇(10mmol)与 30%H_2O_2(30mmol)的混合溶液中加入 25mg 催化剂保持反应温度为 90℃，并持续搅拌，在不同的反应时间监测苯甲醇转化率。由图 10-10 可以看出，随着反应时间的增加，苯甲醇转化率也随之增加。苯甲醇的初始转化率随反应时间而增加。这是由于反应中间体(底物+催化剂)最终转化为产物需要更多的时间。可以看出，反应时间为 24h 时，苯甲醇转化率为 24.5%；当反应继续进行 28h 时，苯甲醇转化率为 26.2%，但苯甲醛的选择性降低。

苯甲醇转化为苯甲醛的最大转化率的最佳条件是，苯甲醇与 H_2O_2的物质的量比为 1∶3，催化剂加入量为 25mg，反应温度为 90℃，反应时间为 24h。

ZrO_2和 PMo_{11}，也在优化出的最佳条件下，与苯甲醇和 H_2O_2进行了对照实验。由表 10-2 可知，ZrO_2对苯甲醇的氧化无活性，表明催化活性仅由 PMo_{11}提供。实验还针 PMo_{11}的量(4.2mg)进行了相同的反应。

由表 10-2 可知，使用活性催化剂苯甲醇转化率为 24.3%，苯甲醛的选择性

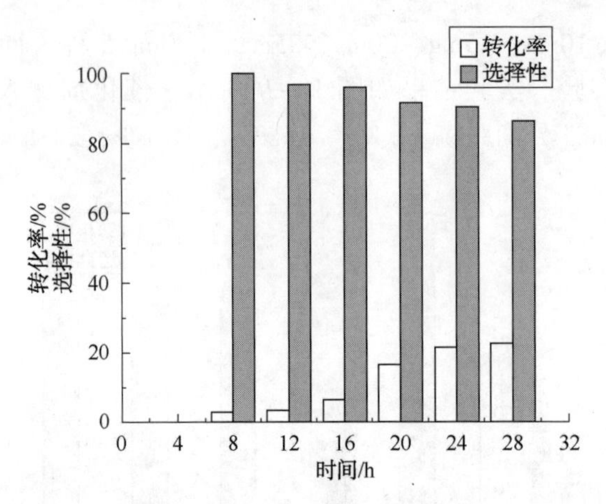

图 10-10　以苯甲醇计，反应时间对反应转化率的影响

（反应温度，90℃；催化剂用量，25mg；苯甲醇与 H_2O_2 物质的量比＝1∶3）

为 94%。几乎获得与负载催化剂的相同活性，表明 PMo_{11} 是真正的活性物质。因此，我们成功地将 PMo_{11} 负载在 ZrO_2 上而没有任何显著的活性损失，并克服了均相催化的传统问题。

表 10-2　苯甲醇氧化的对照实验

材　　料	转化率/%	苯甲醛选择性/%
ZrO_2	—	—
PMo_{11}	24. 3	94

注：以苯甲醇计的反应转化率。PMo_{11} 用量为 4. 2mg，ZrO_2 用量为 21. 8mg；苯甲醇与 H_2O_2 物质的量比＝1∶3；反应时间，24h；温度，90℃。

4. 3　异质性测试

我们以苯甲醇的氧化为例进行异质性实验。为了严格证明异质性，实验设计如下，在反应 8h 后在 90℃ 下从反应混合物中过滤催化剂，并使滤液反应至 16h[33]。通过气相色谱分析 8h 的反应混合物和过滤物。没有发现苯甲醇转化率和苯甲醛选择性的变化，表明目前的催化剂属于 C 类[33]。实验结果如图 10-11 所示。

4. 4　催化剂的回收

在优化的条件下，用再循环的催化剂进行苯甲醇氧化实验。

反应结束后，将催化剂从反应混合物中通过简单过滤完成反应分离，用二氯甲烷洗涤，并在 100℃ 下进行干燥。

将催化剂再循环以测试其活性和稳定性。实验结果见表 10-3，由表可知，

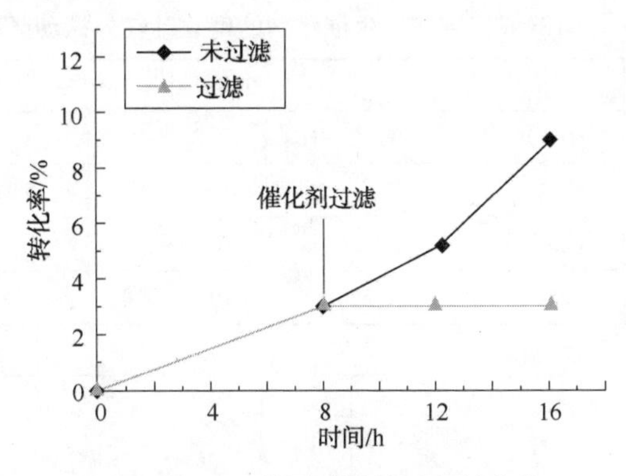

图 10-11　以苯甲醇计的反应转化率

（反应温度，90℃；催化剂用量，25mg；苯甲醇与 H_2O_2 物质的量比=1∶3）

催化剂选择性没有可见的明显变化，然而，苯甲醇的转化率略有降低，这表明催化剂是稳定的并且可以再生以重复使用。

表 10-3　苯甲醇在新鲜催化剂和循环使用催化剂作用下的氧化反应

催化剂	循环次数	转化率/%	苯甲醛选择性/%	转化频数
$20\%PMo_{11}/ZrO_2$	新鲜	24.5	93	1253
	1	24.4	93	1248
	2	24.4	93	1248
	3	24.2	93	1238

注：以苯甲醇计的反应转化率，反应温度，90℃；反应时间，24h；催化剂用量，25mg；苯甲醇与 H_2O_2 物质的量比=1∶3。

4.5　再生催化剂的表征

对 $20\%PMo_{11}/ZrO_2$ 催化剂进行了再生并测试了其稳定性。再生催化剂（R-$20\%PMo_{11}/ZrO_2$）用 FT-IR 和 DRS 表征，以确认反应完成后催化剂结构的保留。表 10-4 列出了新鲜催化剂和再生催化剂的 FT-IR 数据。PMo_{11} 的特征 FT-IR 吸收峰出现在 $1048cm^{-1}$、$999cm^{-1}$、$906cm^{-1}$ 和 $855cm^{-1}$ 波长处。与 $20\%PMo_{11}/ZrO_2$ 相比，再生催化剂的 FT-IR 吸收峰位置没有明显变化，表明 Keggin 结构的 PMo_{11} 保留在 ZrO_2 上。

DRS 提供了有关由于电荷从氧转移到金属而导致的非还原杂多阴离子的信息。$20\%PMo_{11}/ZrO_2$ 和 R-$20\%PMo_{11}/ZrO_2$ 的 λ_{max} 与 PMo_{11} 相同（图 10-12）。这确认了催化剂中未降解的 PMo_{11} 的存在。换句话说，即使在催化剂再循环之后，Keggin 结构仍保持不变。

表 10-4 新鲜催化剂和再生催化剂的傅立叶红外振动频率数据

催化剂	FT-IR 频率/cm^{-1}				
	H—O—H	Zr—O—H	P—O	Mo ═Ot	Mo—O—Mo
PMo_{11}	1614；1384	—	1048；999	935	906；855
$20\%PMo_{11}/ZrO_2$	1623；1403	557	1039；990	—	910
$R-20\%PMo_{11}/ZrO_2$	1621；1399	560	1038；990	—	910

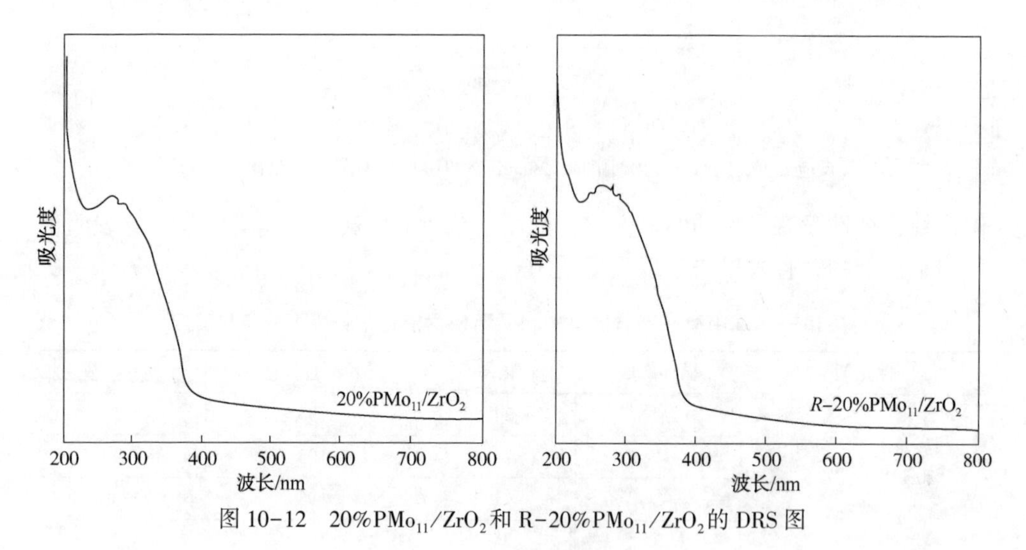

图 10-12 $20\%PMo_{11}/ZrO_2$和 $R-20\%PMo_{11}/ZrO_2$的 DRS 图

5 结论

实验结果表明，在温和的反应条件下，包含有缺陷的磷钼酸盐和氧化锆的非均相催化剂对于用 H_2O_2作为氧化剂的无溶剂选择性氧化苯甲醇是成功的。催化剂的优势在于苯甲醇转化为苯甲醛的转化率高(93%)以及高 TON 值(1253)。再生催化剂的 FT-IR 和 DRS 结果表明催化剂在目前的反应条件下是稳定的。

此外，催化剂可以在包括单次过滤法的简单处理后重复使用。

致谢

Soyeb Pathan 先生感谢新德里大学助学金委员会(UGCMaulana Azad 国家奖学金)。Anjali Patel 感谢科技部(DST，编号：SR/S5/GC-01/2009)为这项工作的一部分提供资金。

参 考 文 献

[1] Zhihuan Weng，Jinyan Wang，Xigao Jian(2008) Catal Commun 9：1688-1691 and reference No. 1 therein.
[2] Pybus DH，Sell CS(eds) (1999) The chemistry of fragrances. RSC Paperbacks，Cambridge.

[3] Singh RP, Subbarao HN, Dev S(1979)Tetrahedron 35: 1789.
[4] Fey T, Fischer H, Bachmann S, Albert K, Bolm C(2001)J Org Chem 66: 8154.
[5] Li G, Enache DI, Edwards JK, Carley AF, Knight DW, Hutchings GJ(2006)Catal Lett 110: 7.
[6] McGrath DV, Grubbs RH, Ziller JW(1991)J Am Chem Soc 113: 3611.
[7] Knight DA, Schull TL(2003)Synth Commun 33: 827.
[8] Ding Y, Ma B, Gao Q, Li G, Yan L, Suo J(2005)J Mol Catal A Chem 230: 121.
[9] Peng G, Wang Y, Hu C, Wang E, Feng S, Zhou Y, Ding H, Liu Y(2001)Appl Catal A Gen 218: 91.
[10] Li M, Shen J, Ge X, Chen X(2001)Appl Catal A Gen 206: 161.
[11] Yang JH, Lee DW, Lee JH, Hyun JC, Lee KY(2000)Appl Catal A Gen 195: 123.
[12] Li W, Lee K, Oshihara K, Ueda W(1999)Appl Catal A Gen 182: 357.
[13] Mizuno N, Tateishi M, Iwamoto M(1996)J Catal 163: 87.
[14] Mizuno N, Yamaguchi K, Kamata K(2005)Coord Chem Rev 249: 1944.
[15] Mizuno N, Misono M(1998)Chem Rev 98: 199.
[16] Neumann R(1998)Prog Inorg Chem 47: 317.
[17] Hill CL, Chrisina C, Prosser-McCartha M(1995)Coord Chem Rev 143: 407.
[18] Hill CL(2003)Compr Coord Chem Ⅱ 4: 679.
[19] Mizuno N, Hikichi S, Yamaguchi K, Uchida S, Nakagawa Y, Uehara K, Kamata K(2006)Catal Today 117: 32.
[20] Sharma P, Patel A(2009)Appl Surf Sci 255: 7635.
[21] Sharma P, Patel A(2009)J Mol Catal A: Chem 299: 37.
[22] Schwegler M, Floor M, Van Bekkuw H(1988)Tetrahedron Lett 29: 823.
[23] Harrup MK, Hill CL(1994)Inorg Chem 33: 5448.
[24] Khenkin A, Hill C(1993)Mendleev Commun 3: 140.
[25] Kuznetsova NI, Detusheva LG, Kuznetsova LI, Fedotov MA, Likholobov VA(1992)Kinet Katal 33: 516.

第11章　$H_3PMo_{12}O_{40}$杂多酸：一种用于氧化反应和酯化反应的多用途高效双功能催化剂

Marcio Jose da Silva, Raquel da Silva Xavier, and Lidiane Faria dos Santos

1　杂多酸催化的氧化和酯化反应

近年来，有几篇文章报道了杂多酸在催化有机合成反应中新的应用[1]。一些与技术应用最相关的性质有溶解性、酸度和氧化还原电位[2]。杂多酸(HPAs)被认为是分子和电子结构多样化的完美的分子簇化合物，已用于均相和非均相催化反应中[3]。在所研究的几个杂多酸中，那些具有Keggin型结构的是最重要的一类。尤其是，这些含有钨的作为杂多酸(如$H_3PW_{12}O_{40}$)是最强的质子酸(B酸)，并具有高的热稳定性[4]。这些HPAs已投入商业应用，且以固体形态使用时更容易被处理。与传统的液体酸催化剂相比，作为固态非均相催化剂的HPAs有如下优势：腐蚀性大幅降低，因此是环境友好的催化剂，因为它们的应用避免了中和反应步骤，因此会产生更少的工业废料[5]。一方面，Keggin型杂多酸除了强的B酸酸度外，杂多酸阴离子的软化是其在酯化反应中具有高的催化活性的原因[6]。另一方面，当中心金属元素是钼时(如$H_3PMo_{12}O_{40}$)，Keggin型杂多酸的氧化还原特性更值得注意，因为它具有低的氧化电位[7,8]。

在氧化剂中，过氧化氢因其具有高的原子效率和高的活性氧含量，且水是唯一的副产物，被认为是理想的“绿色氧化剂”[9]。当使用清洁的和廉价的氧化剂尤其是氧气和过氧化氢时，其副产物为水，氧化反应工艺变成极具吸引力的方法。当使用HPAs作唯一的催化剂，或其与其他金属催化剂共同使用时，可以使用这些氧化剂；但是，应重点注意的是当氧气作氧化剂时，在几乎所有情况下都会发生双电子转移过程；相反地，当过氧化氢作氧化剂时，经常观察到的是单电子转移过程。例如，已经报道了杂多酸/Pd复合的多组分催化体系被成功应用于氧气作氧化剂的反应过程[10]。还发现Pd(Ⅱ)-Cu(Ⅱ)-杂多酸复合体系在环己烯氧化为环己酮反应中是高效的改性Wacker型催化剂[11]。文献[12]中介绍了多种金属取代的杂多酸盐的合成方法以及在选择性氧化反应中的应用，如炔烃的氧化偶联反应。事实上，大约30年前，Matveev和Kozhevnikov就证明了$H_3PV_xMo_{12-x}O_{40}$($x=1\sim6$)Keggin型磷钒钼杂多酸化合物在Pd催化的氧化反应中可替代铜盐作为共催化剂[13]。自此以后，在涉及双电子转移的催化氧化反应中(以氧气做氧化剂)，最经常使用的杂多酸盐是含有 2 个钒原子的具有 α-Keggin 结构的酸性多氧阴离子(如 $H_5PV_2Mo_{10}O_{40}$)[14]。

以 W 或 Mo 作为中心原子和以氯化十六烷基吡啶作配体的杂多酸配合物已经用于催化以过氧化氢作氧化剂的两相反应[15]，如烯烃环氧化反应以及烯丙基醇氧化。的确，Misono 公布了[16]尽管多方尝试使用含钼杂多酸 HPAs 作为烷烃氧化反应的催化剂，但其性能仍远达不到商业化应用的水平。然而，在以过氧化氢为氧化剂的烯烃氧化反应中使用 $H_3PMo_{12}O_{40}$作催化剂似乎极具吸引力，如下文的专题中所述。

1.1 单萜的氧化反应

单萜的氧化反应对那些廉价丰富的可再生天然烯烃资源的增值加工是一种重要的方法[17]。萜烯的氧化产物主要应用于有机合成中，作为手性砌块[18]，香料、香水[19]和制药工业[20]的宝贵原料。但是，通过非催化氧化反应制备它们，选择性差，收率很低，且需要使用一些有毒和昂贵的金属氧化剂。因此，开发基于清洁氧化剂如过氧化氢的催化反应过程具有非常重要的战略意义，因其会减少对环境的影响和降低生产成本[21]。过氧化氢已经用于过渡金属卟啉配合物催化的萜烯氧化反应中[22]。但是，这些催化剂的主要缺点是合成过程繁琐，且需要其他催化剂配合使用。然而，在烯烃氧化反应中所使用的几个催化剂中，Wacker 型催化体系值得强调[23]。早期，Wacker 催化剂(如 $PdCl_2$，$CuCl_2$)用于催化以氧气作氧化剂的乙烯氧化生产乙醛的工业过程。但是该过程有严重的缺点，如 Cu(Ⅱ)离子的高 L 酸度，且需要高的氯离子浓度，使其用于烯烃如单萜的氧化反应中效率很低。可替代的方法是以过氧化氢替代氧气，它可直接氧化 Pd，而不需要辅助的金属盐再氧化剂如 $CuCl_2$[24]。Mimoun 与其合作者描述了在 Pd(Ⅱ)催化的烯烃氧化反应中以过氧化氢作最终氧化剂的一部分早期工作[25]。但是，与氧气作氧化剂相比，鲜见有文献报道关于在 Wacker 型反应过程中用过氧化氢作为 Pd 的氧化剂[26]。

我们研究小组当前的目标是开发在温和条件下能有效活化这些更加清洁的氧化剂和可再生的天然原料的催化剂，且高效和高选择性地氧化不同的天然原料得到目标产品。

在本工作中，我们首次描述了以过氧化氢作氧化剂 $H_3PMo_{12}O_{40}$催化莰烯的氧化反应。

1.2 氧化脱硫反应

在燃料燃烧过程中，燃料中含硫化合物被氧化就产生了硫氧化物(SO_x)排放问题。在这些排放中由于 SO_x所带来的严重环境影响，致使世界范围内对车用燃料中硫含量提出了非常严格的限制标准[27]。这些对环境的关注已经驱动了从车用燃料中脱除含硫化合物的技术需求。最重要的工业过程被称为加氢脱硫(HDS)，它是在高温和高氢气压力下处理燃油的过程。在石油炼制工业中，HDS是传统的降低车用燃料中硫含量的工艺，但是，在该工艺过程中，为了达到低的硫含量，需要更高的氢气压力、更高的反应温度以及更活泼的催化剂[28]。这是因为二苯并噻吩(DBT)和它的衍生物具有明显的空间位阻效应，通过HDS工艺非常难以除去[29]。

近年来，开发了多种在温和条件下进行且不需氢气的替代脱硫工艺过程，并进行了广泛的评估，氧化脱硫工艺(ODS)是其中之一[30]。ODS工艺似乎特别具有前景，目前因其避免了氢气的使用且处理过程在温和的条件下进行，已吸引了越来越多的关注[31]。虽然过程有效，但仍然存在一些问题如在提取物和燃料之间交叉污染以及燃料的损失。在ODS工艺中，有机硫化合物如DBT和它的衍生物能被选择性地氧化为相应的亚砜和砜，它们可通过萃取或吸附的方法去除[32]。

在ODS工艺中最广泛使用的过氧化物是叔丁基过氧化氢(TBHB)[33]。然而，最佳的氧化剂是过氧化氢，因为按单位质量计它可提供高含量活泼氧原子，是一种廉价的工业产品，也是工业上经常应用的，且水是其唯一的副产物[34]。使用过氧化氢的ODS工艺的首篇论文描述了使用辐射的方法产生过氧化基团[35]。而且，较长的光辐射时间阻碍了该工艺在工业上应用的可能性。

毫无疑问，可循环使用的非均相催化剂的使用是更好的选择，并且已开发了大量基于过渡金属盐的固体催化剂[36]。但是，主要的缺点是催化剂的制备过程繁琐、催化剂的过滤及稳定性、较长的反应时间和氧化剂的稳定性，过氧化氢在反应温度下可能发生分解[37]。而且，基于贵金属的催化剂虽然有效，但使ODS工艺成本变得非常高[38]。

一种可显著减少反应时间的替代办法是使用可溶性的基于过渡金属盐的Lewis酸催化剂[39]。有几项工作描述了在醋酸溶液中或在其他有机酸存在下使用过渡金属催化剂[40]。在这种情况下，从有机过酸中可以产生在氧化反应中具有高度活性的自由基[41]。然而，主要的缺点是反应过程存在两相，即含有硫化合物的非极性相和含有氧化剂和催化剂的极性相。该问题可以通过使用相转移催化剂加以解决[42]。但是，需要引入额外的限制如在两相间的质量转移速率，这会影响硫化合物脱除的效率。

这些均相和非均相催化剂的活性中心通常是处于高氧化态的过渡金属，因此具有高的Lewis酸度。钼催化剂也经常被使用，活性中心一般是Mo(Ⅳ)[43]。通常钼催化剂被负载在酸性氧化物载体上，但催化剂过滤仍然是有待克服的主要挑战[44]。

一个具有吸引力的替代方案是在 ODS 工艺中使用杂多酸作催化剂。近来，通过使用含铯双核过氧钨酸催化剂，加入化学计量的过氧化氢，各种类型硫化物可高产率地转化成相应的亚砜和砜[45]。近来还报道了另一个杂多酸催化 ODS 过程的例子，即在醋酸溶液中以过氧化氢作氧化剂。$[V(VW_{11})O_{40}]^{4-}$阴离子的叔丁基铵盐表现出较$(VO)_2P_2O_7$更高的活性，对添加到燃料中的含硫模型化合物(如苯并噻吩、二苯并噻吩以及4,6-二甲基二苯并噻吩)的脱除，硫化物的脱除率达到90%[46]。近来，有文献介绍了一种有前景的使用氧化工艺的柴油燃料超深度脱硫方法，被氧化的含硫化合物通过相转移脱除[47]。在这些工作中，为了除去含硫化合物，可有效地使用四正辛基溴化铵，$H_3PMo_{12}O_{40}$和过氧化氢作为相转移剂、催化剂以及氧化剂。

1.3 杂多酸催化生物柴油生产中的脂肪酸酯化反应

生物柴油是一种绿色替代燃料，作为一种有吸引力的选择已经引起了关注，因为它较化石燃料产生的污染少，且可从可再生资源中获得[48]。目前，世界上消耗的大部分生物柴油是通过食用油在均相碱性催化剂作用下发生酯交换反应制备的[49]。在该工艺过程中，催化剂不能循环使用，此外，在产物的后处理中需要加入酸中和还会产生更大量的含盐废水。而且，在这些过程中所使用的原材料通常价格较高，需要大量的储备土地来种植[50]。一些天然的油脂含有高含量的对碱性催化的酯交换反应不利的游离脂肪酸(FFA)[51]，这些特征会影响其转化为生物柴油的最终成本[52]。

一个得到较低价格生物柴油的有趣途径是直接从家畜废弃物(如废鸡油)和食品加工业产生的废水中制备[53]。然而，由于这些低价的油脂原料通常富含游离脂肪酸，其转化为生物柴油的过程不宜使用碱性催化剂[54]。应该提起的是即使价格便宜的矿物酸可用作该过程的催化剂，但它们具有腐蚀性，且不能循环使用，这样就导致产生大量酸性废水，这需在反应结束后进行中和处理，会产生更大量的盐排放至环境中[55]。因此，开发可循环使用的替代催化剂应用于富含 FFA 的低价原料和食品工业废弃物的酯交换反应，是一个战略性选择并且通过一个更清洁化的技术使生物柴油的价格更具竞争力[56]。

然而，有一些不同的 Keggin 型杂多酸，以$H_3PMo_{12}O_{40}$最为常用，将其应用在一些作者描述的非均相酯交换反应中。将$H_3PMo_{12}O_{40}$浸渍在不同载体(水合氧化锆、硅胶、氧化铝以及活性炭)上所制备的催化剂并将其应用于低质量菜籽油的酯交换，反应评价结果显示在反应温度达到200℃时得到高的产率[57]。一方面，有人[58]研究了二氧化锆负载的$H_3PMo_{12}O_{40}$在菜籽油与甲醇的酯交换反应中的催化活性，发现仅在高温(大约200℃)时才能获得高的FAME产率。另一方面，有少量的研究工作介绍了在游离脂肪酸的酯交换反应中使用了二氧化锆负载的$H_3PMo_{12}O_{40}$[59]。的确，在酯化和酯交换反应中，在催化剂循环使用时，由高极性介质引起的催化剂流失会影响反应效率，并减少目标产物产率，因此，是需要克服的主要挑战。

作为一个均相催化剂，$H_3PW_{12}O_{40}$杂多酸较$H_3PMo_{12}O_{40}$应用更加广泛，尤其在游离脂肪酸的酯交换反应中。例如，我们最近介绍了一个值得注意的研究结果：在室温下脂肪酸与不同醇的酯化反应中，$H_3PW_{12}O_{40}$催化剂表现出较其他均相酸催化剂更高的活性。结果显示在温和条件下(大气压和室温下)反应4h后，可获得高的产率(大约90%)[60]。

2 试验部分

2.1 酯化反应条件

所使用的反应条件是基于典型的均相反应过程。反应在一个50mL三颈烧瓶中进行，试验装置装配有取样器和回流冷凝器。在所有催化反应过程，加入适量的醇，其用量按物质的量比计远超脂肪酸以促使反应向形成酯的方向移动。在一个典型的试验中，加入醇15mL(155mmol)、脂肪酸1mmol，加热至60℃，加入催化剂($H_3PW_{12}O_{40}$)0.014mmol。空白试验条件为：在同样条件下不加催化剂。

反应过程通过按规定时间间隔取样并经色谱分析来进行连续监控。反应产率是通过比较乙基酯的色谱峰面积与相应的校正曲线计算得到的。

2.1.1 脂肪酸特性对$H_3PMo_{12}O_{40}$催化的脂肪酸与乙醇酯化反应的影响

已经考察了在60℃时脂肪酸的碳链长度和双键数量对脂肪酸乙脂产率的影响。选择的脂肪酸有饱和脂肪酸：月桂酸($C_{12:0}$)、肉豆蔻酸($C_{14:0}$)、棕榈酸($C_{16:0}$)、硬脂酸($C_{18:0}$)；以及不饱和脂肪酸：油酸($C_{18:1}$)、亚油酸($C_{18:2}$)、亚麻酸($C_{18:3}$)。

2.1.2 醇的特性对$H_3PMo_{12}O_{40}$催化的醇与油酸酯化反应的影响

已经考察了在60℃时不同醇与油酸酯化反应中$H_3PMo_{12}O_{40}$的催化活性。典型的试验有：在搅拌情况下于室温下加入10mL(155mmol)醇(如甲醇、乙醇、丙醇-1、丙醇-2、丁醇)到溶解有0.014mmol$H_3PW_{12}O_{40}$的1mmol油酸中反应。

2.1.3 产物鉴别

在色质联用仪(GC/MS)上进行产物分析[气相色谱仪为：岛津GC17A，配置一根 DB5 毛细管柱（长 30m，内径 0.25mm，壁厚 0.25mm）；质谱仪为：岛津 MS-QP 5050A］。产物还通过气相色谱分析进行鉴别，所用仪器为 Varian 450-GC，配置一根 Carbowax 毛细管柱（长 30m，内径 0.25mm，壁厚 0.25mm）和火焰离子检测器。色谱条件如下：氦气作载气，流速为 1mL/min，升温程序为在 1min 内升温至 80℃，然后以 10℃/min 的速率升温至 260℃，保持 5min。色谱的注射器以及质谱离子源的温度分别保持在 260℃和 270℃；质谱检测器采用电子撞击模式，电压 70eV，扫描范围为 50~400m/z。

莰烯和 β-蒎烯的主要氧化反应产物还通过 ^{1}H NMR 和 ^{13}C NMR 进行表征。使用的仪器为 Varian 300 光谱分析仪，NMR 谱图是在 $CDC1_3$ 溶液中分别在 300.13MHz 和 75.47MHz 测得的。所测得的化学位移 δ 是相对于内标物四甲基硅烷的。以 ADC/CNMR 程序所作的光谱模拟与实际观察到的谱图相一致。

2.2 氧化反应条件

氧化反应是在一个 50mL 带搅拌的三颈玻璃反应器中进行的，反应器还配置了一个取样器和一个常压回流冷凝器。用水浴将反应器温度调节至 60℃。反应过程通过按规定时间间隔取样并分析反应混合物的组成来监控。反应产物按本章 2.1.3 的方法进行鉴别。

2.2.1 单萜烯的氧化反应：催化试验

在一个典型的试验中，加入 0.075mmol $H_3PW_{12}O_{40}$ 催化剂和适量的过氧化氢水溶液（3.75~15mmol）到 15mL 甲腈溶液中（CH_3CN），在 60℃下搅拌和加热 5min。然后，将 3.75mmol 莰烯加入到以上溶液中，反应开始。空白反应（不加催化剂）也是在相同条件下进行的，但加入的过氧化氢量不同。

2.2.2 氧化脱硫反应：$AlPW_{12}O_{40}$ 催化剂的合成

磷钼酸铝盐（$AlPW_{12}O_{40}$）是通过控制按化学计量配制的硝酸铝的甲腈溶液向另一含有 $H_3PW_{12}O_{40}$ 催化剂的溶液加入速率（约为 1mL/min）合成的，反应在室温和不断搅拌下进行。反应完后所得溶液在室温下放置过夜，然后，升温至 40℃将溶剂完全蒸发脱除，收集得到固体盐并经 FT-IR 光谱分析。在所有的催化剂合成中均可获得高的产率（约 99%）。

2.2.3 氧化脱硫反应：催化反应试验

典型地，反应溶液由 10mL 异辛烷和 10mL 乙腈组成，在异辛烷相中含有 3.19mmol 二苯并噻吩（DBT），浓度约为 1000ppm；在乙腈相中含有 17.6mmol 过氧化氢和 0.1595mmol 钼催化剂（约 5mol%），反应在搅拌下升至反应温度保持 2h，反应过程通过按规定时间间隔取样并经色谱分析来进行监控。

3 结果与讨论

3.1 $H_3PMo_{12}O_{40}$催化的酯化反应：脂肪酸性质的影响

脂肪酸酯化反应是一个典型的可逆酸催化反应，该反应产生酯，并副产水，如图 11-1 所示。通常使用硫酸作催化剂，然而，它是不能循环使用的，且腐蚀性很强，也会催化醇脱水的副反应。杂多酸在反应结束后通过在体系加入已烷萃取分离后，经简单的蒸馏处理即可循环使用，是一个有吸引力的选择，见图 11-2[5]。

$$\text{RCOOH}\ (C_n=6\sim10) \underset{H_3PMo_{12}O_{40}}{\overset{ROH}{\rightleftharpoons}} \text{RCOOR}\ (C_n=6\sim10) + H_2O$$

图 11-1　$H_3PMo_{12}O_{40}$催化的脂肪酸酯化反应

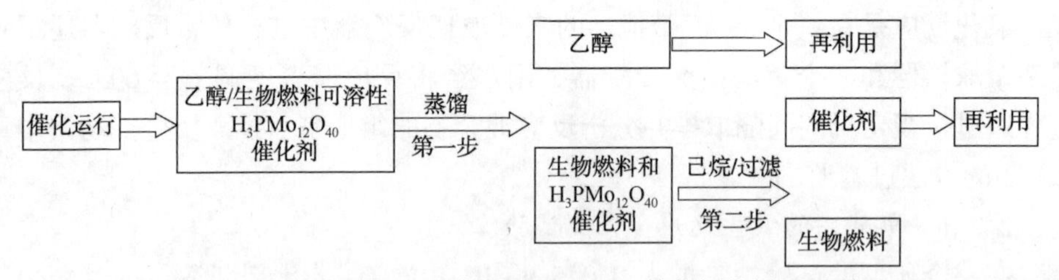

图 11-2　酯化反应中可溶性 $H_3PMo_{12}O_{40}$催化剂的循环再利用

表 11-1 列出了 $H_3PW_{12}O_{40}$催化的脂肪酸与乙醇的酯化反应中碳链长度和双键存在的影响。并且评价了 $H_3PMo_{12}O_{40}$催化剂的活性，$H_3PMo_{12}O_{40}$杂多酸催化剂的用量为相对于脂肪酸用量的 1.4%(摩)。

表 11-1　$H_3PMo_{12}O_{40}$催化的脂肪酸与乙醇的酯化反应的转化率和获得乙酯的选择性[a]

试验编号	脂肪酸	CN：BD[b]	转化率/%	选择性/%
1	月桂酸	12：0	96	98
2	肉豆蔻酸	14：0	99	99
3	棕榈酸	16：0	95	98
4	硬脂酸	18：0	91	98
5	油酸	18：1	99	98
6	亚麻油酸	18：2	92	97

[a]反应条件：脂肪酸 1mmol；$H_3PMo_{12}O_{40}$，0.014mmol；乙醇，155mmol；温度，60℃；时间，8h；转化率是基于已转化的脂肪酸和产生的乙酯，通过气相色谱分析数据，使用校正曲线得到。

[b]CN：BD：碳原子数：双键数。

虽然使用了过量的乙醇，但是在所有空白反应中，脂肪酸的转化率以及所产生的乙酯量相当低(反应 8h 后转化率低于 10%)。

注意在反应结束后所得到的转化率和选择性数据似乎不受脂肪酸碳链长度的影响。例如，月桂酸酯化(具有 12 个碳原子的饱和十二烷酸)和硬脂酸(具有 18 个碳原子的饱和十八烷酸)，均可得到高的转化率。

同样，双键的存在对转化率和选择性也没有影响。含有相同碳原子数的饱和脂肪酸(硬脂酸)与不饱和脂肪酸(油酸和亚麻油酸)与乙醇酯化反应的转化率非常接近。这与之前在研究 $H_3PW_{12}O_{40}$ 催化的脂肪酸与乙醇的酯化反应时所描述的结果相同[5]。

3.2 $H_3PMo_{12}O_{40}$ 催化的油酸酯化反应： 醇的性质的影响

已经评价了 $H_3PMo_{12}O_{40}$ 催化剂在油酸与不同醇的酯化反应中的活性，催化剂用量为：催化剂：油酸=0.014：1(物质的量比)。图 11-3 的动力学曲线揭示了当醇的碳链长度较长时，醇转化为相应酯的量明显下降。

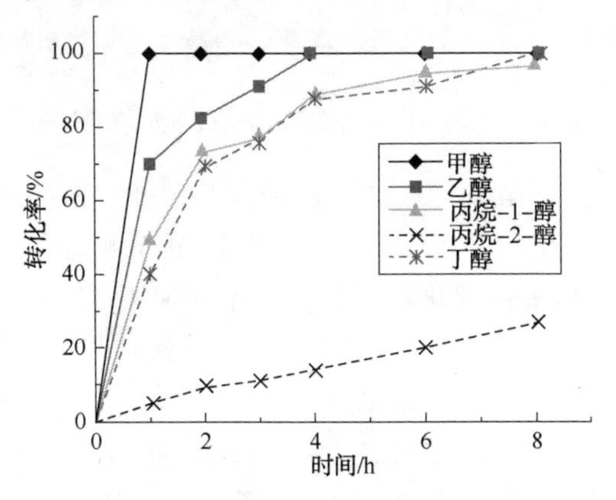

图 11-3　醇的性质对油酸转化为相应酯的影响

在开始的 4h 内，甲醇可实现完全转化，而乙醇的最大转化率在 4h 后才能达到；丙醇-1 和丁醇有非常类似的表现。在这种情况下，最高的转化率在 8h 后才能达到。

相比而言，$H_3PMo_{12}O_{40}$ 催化剂不能促进异丙醇与油酸的酯化反应。在反应结束后，只能得到非常低的油酸异丙酯产率，这可能是异丙醇的仲羟基具有较高的位阻，在攻击油酸的羰基时变得困难，这样就降低了相应酯的形成。

3.3 $H_3PMo_{12}O_{40}$ 催化的莰烯与过氧化氢的氧化反应

有几篇文献描述了钯催化剂和钴催化剂用于催化单萜的氧化反应，如莰烯与氧气以及过氧化氢的氧化反应[61,62]。在这方面，$H_3PMo_{12}O_{40}$催化的双环单萜(例如莰烯)的氧化反应，即在甲腈溶液中(CH_3CN)，以过氧化氢作氧化剂于60℃下进行，调节过氧化氢与莰烯的物质的量比分别为1:1、1:2和1:4。可以观察到产物选择性和莰烯的转化速率明显依赖于体系中$H_3PMo_{12}O_{40}$催化剂的浓度与过氧化氢的用量。除此之外，可以观察到莰烯的结构对反应产物的选择性有明显的影响[63]。

莰烯分子上仅有的烯丙基氢原子占有一个桥头位置，不容易移动[24]。因此，一方面，我们不期望得到烯丙基氧化产物。另一方面，可以预期更有可能得到环氧衍生物类产物[64]。

图11-4展示了莰烯氧化反应的主要产物，即莰烯-二羟基醇(1a)、二羟基莰烯酸(1b)以及莰烯乙醛(1c)。

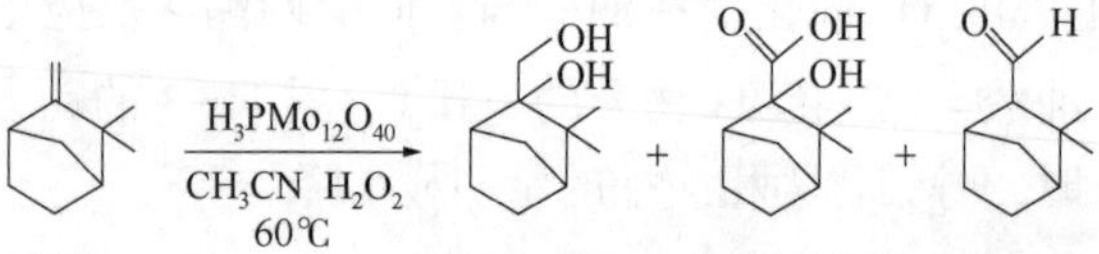

$H_3PMo_{12}O_{40}$ / CH_3CN H_2O_2 / 60℃

莰烯1 → 莰烯乙二醇 1a + 羟基苯甲酸 1b + 莰烯醛 1c

图11-4 $H_3PMo_{12}O_{40}$催化的莰烯与过氧化氢的氧化反应

一方面，产物1a和1b的形成可通过莰烯的环外双键的过氧化反应来解释，这会导致环氧化莰烯的产生(在反应的起始阶段可检测到)。很可能这种不稳定的产物在$H_3PMo_{12}O_{40}$的酸性催化作用下会发生水加成(在过氧化氢溶液中存在)反应。然后，环氧链断裂导致莰烯-二羟基醇(1a)的形成，莰烯-二羟基醇的末端羟基可被氧化，形成二羟基莰烯酸(1b)。

另一方面，我们可以推测莰烯乙醛(1c)的可能形成途径是莰烯-二羟基醇(1a)脱除水分子，这可能产生一个不稳定的乙烯醇，最终经过互变异构化成莰烯乙醛(1c)。

虽然$H_3PMo_{12}O_{40}$催化剂含有不期望的酸性，但在所有莰烯氧化反应试验中，都获得高选择性的氧化产物，见表11-2。

表11-2 在甲腈溶液(CH_3CN)中$H_3PMo_{12}O_{40}$催化莰烯与过氧化氢的氧化反应得到的转化率和产物选择性[a]

编号	H_2O_2用量/mmol	转化率/%	产物选择性/%					
			1a	1b	1c	氧化产物合计	莰醇	其他[b]
1	3.75	91	14	50	8	72	4	24
2	7.5	95	21	39	11	71	10	19

续表

编号	H_2O_2用量/mmol	转化率/%	产物选择性/%					
			1a	1b	1c	氧化产物合计	莰醇	其他[b]
3	15	99	22	25	10	57	9	34

[a]反应条件：莰烯，3.75mmol；$H_3PMo_{12}O_{40}$，0.075mmol；CH_3CN，15mL；温度，60℃；时间，6h；转化率和选择性数据是通过色谱分析数据经校正曲线计算得到的。

[b]：来自异构化、骨架重排以及亲核加成反应得到的少量组分的复杂混合物。

目前，在所有试验中都得到最大量的二羟基莰烯酸，使用高浓度过氧化氢似乎有利于形成最少量的二羟基莰烯酸，之前通过色质联用分析(GC-MS)中已经检测到，这是由于异构化反应、骨架重排或亲核加成反应所致。

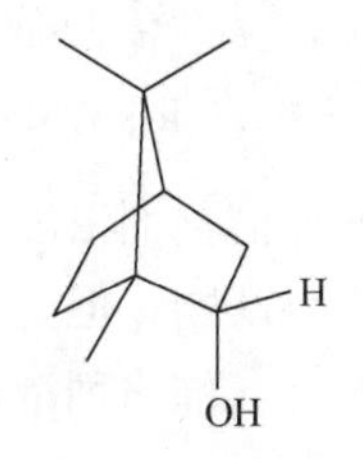

图 11-5　通过亲核加成导致莰烯骨架重排形成的莰醇的结构

的确，过氧化氢用量增加导致莰烯转化为氧化产物减少，因为存在竞争反应如莰烯异构体发生亲核加成形成莰醇，如图 11-5 所示。

在图 11-6 中，重点应注意的是在反应 2h 后莰烯的转化率达到最大，这与反应体系中过氧化氢的浓度无关。表 11-3 列出了催化剂浓度对反应的转化率和选择性的影响。

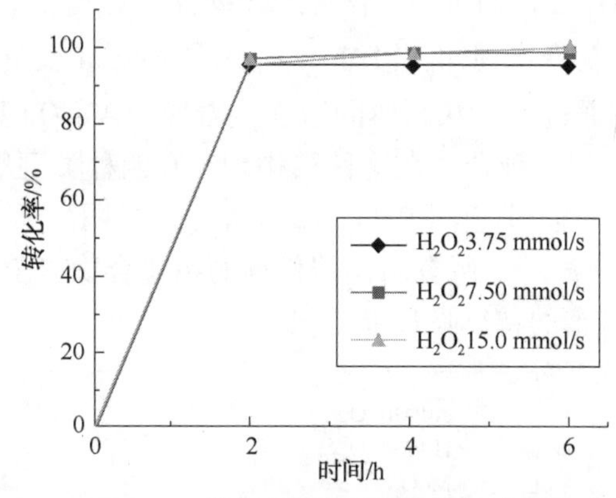

图 11-6　$H_3PMo_{12}O_{40}$催化莰烯与过氧化氢反应的动力学曲线

表 11-3　$H_3PMo_{12}O_{40}$催化剂浓度对在甲腈溶液中进行的莰烯与过氧化氢反应的转化率和产物选择性的影响[a]

编号	HPMo 用量[b]/mmol	转化率/%	产物选择性/%					
			1a	1b	1c	氧化产物合计	莰醇	其他[b]
1	0.075	97	26	38	9	73	7	20
2	0.06	93	24	49	7	80	7	13

续表

编号	HPMo 用量[b]/mmol	转化率/%	产物选择性/%					
			1a	1b	1c	氧化产物合计	莰醇	其他[b]
3	0.045	91	23	48	3	74	6	20
4	0.03	83	21	61	1	83	6	11
5	0.015	74	12	59	0	71	5	24

[a] 反应条件：莰烯，3.75mmol；$H_3PMo_{12}O_{40}$，0.075mmol；H_2O_2，7.5mmol；CH_3CN，15mL；温度，60℃；时间，6h；转化率和选择性数据是通过色谱分析数据经校正曲线计算得到的。

[b]：来自异构化、骨架重排以及亲核加成反应得到的少量组分的复杂混合物。

增加催化剂浓度不影响反应的选择性；在所有催化反应试验中，二羟基莰烯酸是主要产物，但是，减少 $H_3PMo_{12}O_{40}$ 催化剂浓度会导致预期的莰烯转化率的下降。而且，催化剂浓度在 0.015~0.075mmol 范围内，可以获得高的氧化选择性。

3.4 钼化合物催化氧化脱硫反应：以 DBT 为模型化合物和过氧化氢作氧化剂

3.4.1 $H_3PMo_{12}O_{40}$、$AlPMo_{12}O_{40}$ 以及 MoO_3 催化剂的固相 FTIR 谱图

通过 FTIR 光谱仪检测钼化合物催化剂，结果见图 11-7。比较 $H_3PMo_{12}O_{40}$、$AlPMo_{12}O_{40}$ 以及 MoO_3 三者的 FTIR 谱图，可以证实在合成的杂多酸盐中存在 Keggin 型阴离子结构。众所周知，$[PMo_{12}O_{40}]^{3-}$ 是 Keggin 型阴离子结构，有四面体 PO_4 基团，其周围通过共享八面体的边连接着四个 Mo_3O_{13} 基团[65]。这些基团通过共享顶角氧原子相互键合。在这种结构中，有四种类型氧原子，通过 FTIR 光谱分析可以分辨，它们对应于 $[PMo_{12}O_{40}]^{3-}$ Keggin 型阴离子（1200~700cm^{-1}）的指纹吸收带。图 11-7 显示了所有用作催化剂的钼化合物 $H_3PMo_{12}O_{40}$ 中存在的 ν(P—O) 和 ν(Mo—O) 键的特征吸收带。

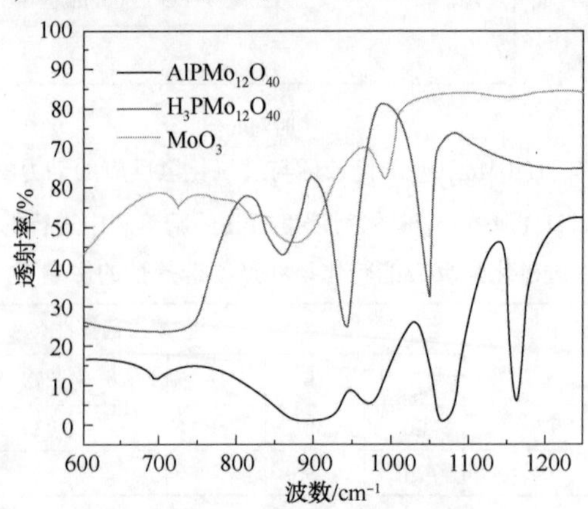

图 11-7 在氧化脱硫反应中所用钼催化剂的 FTIR 光谱图

在 FTIR 光谱图中观察到的主要吸收带列在表 11-4 中，除了它们对应的归属外，所展示的数据与文献[66]相一致。

表 11-4　在 $H_3PMo_{12}O_{40}$、$AlPMo_{12}O_{40}$ 以及 MoO_3 催化剂的 FTIR 谱图中观察的主要吸收带　　cm^{-1}

催化剂	ν(P—O)	ν(Mo—O)	ν(Mo—Oc—Mo)	ν(Mo—Oe—Mo)
$H_3PMo_{12}O_{40}$	1056	955	880	732
$AlPMo_{12}O_{40}$	1064	975	899	694
MoO_3	—	992	875	723

3.4.2　钼化合物催化氧化脱硫反应试验

这项工作的主要目标是开发一种具有前景的汽油脱硫方法——通过一个氧化工艺和随后的被氧化产物转移至水相而不需要加相转移剂。试验在一个 50mL 装配有取样器和回流冷凝器的三颈玻璃反应器中进行，反应体系压力为常压，使用异辛烷作模型汽油化合物，催化剂和氧化剂都在甲腈(CH_3CN)溶液中。将固体催化剂(如 MoO_3)或可溶性催化剂(如 $H_3PMo_{12}O_{40}$或 $AlPMo_{12}O_{40}$)在 60℃下加入含有异辛烷、乙腈和过氧化氢[30%(质)]的两相混合物中，搅拌混合体系，加热 2h。定期取样并用气相色谱分析其组成含量。

杂多酸盐(如 $AlPW_{12}O_{40}$)被描述为具有好的抗水性。Lewis 酸对缩合反应是一种合适的催化剂，在缩合反应中会产生水[67]。但是，在汽油氧化脱硫工艺中使用该盐的同类物(如 $AlPMo_{12}O_{40}$)作催化剂仍然是一个新生事物，在本文中将是首次被介绍。

在此，我们希望开发磷钼酸铝($AlPMo_{12}O_{40}$)的一种新的催化应用，即一种对在甲腈溶液中以过氧化氢作氧化剂的汽油氧化脱硫反应有效的、易于得到的、价廉的、可以循环使用的催化剂。甲腈对硫砜具有高的可萃取性，但沸点较低(约 82℃)，因此这些硫砜可以通过蒸馏进行分离。而且，经过此过程后，这些使用过的催化剂可以回收和重新使用。

DBT 是被用作为异辛烷中的含硫模型化合物，见图 11-8。这种新的方案规避了相转移催化剂的使用，而使用相转移剂通常会引起与传质速率相关的限制。

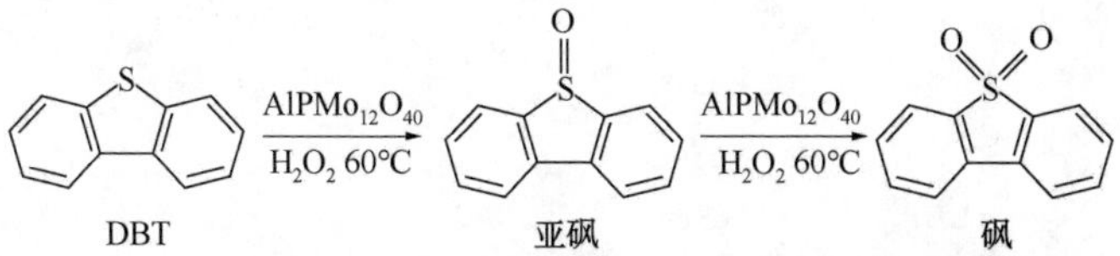

DBT　$\xrightarrow[H_2O_2\ 60℃]{AlPMo_{12}O_{40}}$　亚砜　$\xrightarrow[H_2O_2\ 60℃]{AlPMo_{12}O_{40}}$　砜

图 11-8　$AlPW_{12}O_{40}$催化的 DBT 与过氧化氢的氧化脱硫反应

我们首先考察在均相及非均相催化剂用量为5%(摩)的情况下模型汽油样品(异辛烷)的氧化脱硫反应，见表11-5。DBT氧化反应的一般式如图11-8所示。

表11-5 在异辛烷/甲腈和过氧化氢氧化剂组成的两相混合物中以DBT为含硫模型化合物使用不同催化剂的氧化脱硫过程[a]

试验编号	催化剂	转化率[b]/%
1	-	<5
2	$H_3PMo_{12}O_{40}$	76
3	$AlPMo_{12}O_{40}$	100
4[c]	MoO_3	56
5	$H_3PW_{12}O_{40}$	5
6	$AlPW_{12}O_{40}$	—

[a] 反应条件：DBT(3.19mmol)，催化剂(0.1595mmol，5mol%)，过氧化氢[2mL，30%(质)，17.6mmol]，60℃，异辛烷/甲腈(20mL)，3h；

[b]：用气相色谱分析；

[c]：固体催化剂。

在反应中，未加催化剂时，DBT被氧化为硫砜的转化率低于5%，相反，在杂多酸及杂多酸盐存在下，DBT被氧化为亚硫砜(反应初始阶段检测到)，最终被氧化成硫砜，反应结束时仅检测到硫砜。

显然，一方面，由表11-5可知，钼杂多酸催化剂较钨杂多酸催化剂更加活泼。这表明钼杂多酸催化剂的氧化还原活性位较钨杂多酸催化剂更有效。特别值得注意的是，仅有$AlPMo_{12}O_{40}$催化剂在反应2h后可以将异辛烷中的DBT完全脱除。

另一方面，令人惊奇的是用铝离子完全替代杂多酸中的氢离子得到$AlPMo_{12}O_{40}$，对催化剂的酸性有了重大改善。表11-5给出的值得关注的结果显示铝离子在氧化脱硫反应中起了关键作用。

本方案另一个值得注意的优势是它避免了相转移剂的使用，如图11-9所示。

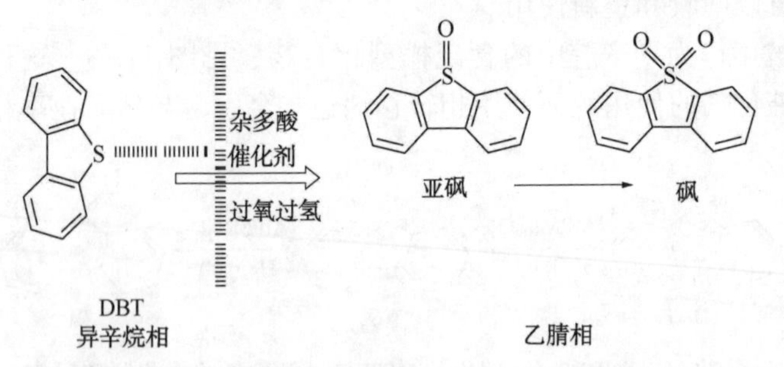

图11-9 没有相转移剂存在下异辛烷相中DBT与极性相中杂多酸催化剂和氧化剂之间可能存在的相互作用

杂多酸在非极性溶剂如异辛烷中是完全不溶的，因此，我们可以推测当 DBT 分子处于界面区域时，会通过硫原子与杂多酸进行络合。另一种可能性是过氧化氢与 DBT 在两相混合物界面区域能发生相互作用。在该区域，钼杂多酸可能通过络合过氧化氢将其氧原子转移至 DBT 上，见图 11-10[68]。

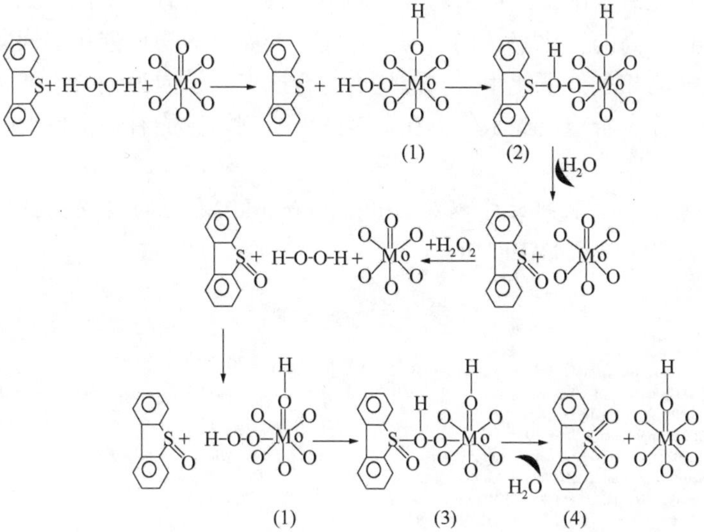

图 11-10 无相转移剂的钼杂多酸催化的氧化脱硫反应的可能机理

在该无相转移剂过程中，可以避免传统工艺中通常存在的传质限制，但是，值得注意的是仍然需要对其反应机理做更深入的研究，以弄清杂多酸在氧化脱硫反应中的作用。

4 结论

本工作总结了我们近期在 $H_3PMo_{12}O_{40}$ 及其盐作催化剂下环境友好的 H_2O_2 作氧化剂的氧化反应以及酯化反应方面所取得的进展。我们发现这些催化剂在酯化反应以及氧化反应中是通用的高活性的双功能催化剂。考察了磷钼杂多酸催化剂($H_3PMo_{12}O_{40}$)在油酸与不同醇于 60℃ 反应时的性能，可以达到 90% 以上的酯产率。而且，研究了 $H_3PMo_{12}O_{40}$ 催化的脂肪酸(C_{12} ~ C_{18})与乙醇的酯化反应，发现脂肪酸的碳链长度以及存在的双键不影响酯的产率。

研究了钼化合物在两相体系中(如异辛烷/乙腈体系)催化过氧化氢氧化二苯并噻吩(DBT)成为二苯并硫砜(DBTO)的反应。对钼杂多酸及其盐与钨杂多酸及其盐的催化活性进行了比较，值得注意的是 $AlPMo_{12}O_{40}$ 催化剂是最有效的催化剂，在 2h 内达到 100% 的 DBT 脱除。该高效的过程避免了相转移剂的使用。

最后，研究了第二个氧化过程，我们发现$H_3PMo_{12}O_{40}/H_2O_2$体系对莰烯的氧化反应也是高效的，可将莰烯选择性地氧化成相应的环氧和烯丙基产物，且转化率高达80%以上。过氧化氢作为一种环境友好型氧化剂被应用于莰烯的氧化反应以及氧化脱硫反应。

因此，可以总结出虽然提出的方法还不完善，但具有几个优点如对目标产物的高选择性以及高的转化率。仍然需要开发一个简单的均相催化剂回收和再使用工艺以及在非均相条件下使用这些催化剂的合成工艺，因为钼杂多酸可以用于更加广的领域。作者希望借此工作，在杂多酸催化剂领域能有一个重大的进步。

致谢

衷心感谢Vicosa联邦大学以及Arthur Bernardes基金的财政支持！并特别感谢CAPES，CNPq以及FAPEMIG。

参 考 文 献

[1] Ferreira P，Fonseca IM，Ramos AM，Vital J，Castanheiro JE(2011) Catal Commun 12：573.
[2] (a) Hill CL(1998) Chem Rev 98：1-387；(b) Pope MT(2004) In：Wedd AG(ed) Comprehensive coordination chemistry Ⅱ，vol 4. Elsevier，Oxford，pp 635-640.
[3] Timofeeva MN(2003) Appl Catal A 256：19.
[4] Kozhevnikov Ⅳ(2002) Catalysts for fi ne chemicals，catalysis by polyoxometalates，vol 2. Wiley，Chichester.
[5] Cardoso AL，Augusti R，da Silva MJ(2008) J Am Oil Chem Soc 85：555.
[6] Firouzabadi H，Iranpoor N，Jafari AA(2005) J Mol Catal A 227：97.
[7] Mizuno N，Kamata K，Yamaguchi K(2010) Top Catal 53：876.
[8] Misono M(2005) Catal Today 100：95.
[9] Anastas PT，Bartlett LB，Kirchhoff MM，Williamson TC(2000) Catal Today 55：11.
[10] Misono M(2001) Chem Commun 13：1141.
[11] Kim Y，Kim H，Lee J，Sim K，Han Y，Paik H(1997) Appl Catal A 155：15.
[12] Keigo K，Syuhei Y，Miyuki K，Kazuya Y，Noritaka M(2008) Angew Chem Int Ed 47：2407.
[13] Kozhevnikov Ⅳ，Matveev KI(1983) Appl Catal 5：135.
[14] Neumann R(2010) Inorg Chem 49：3594.
[15] Ishii Y，Yamawaki K，Ura T，Yamada H，Yoshida T，Ogawa M(1988) J Org Chem 53：3581.
[16] Misono M(2002) Top Catal 21：89.
[17] Murphy EF，Mallat T，Baiker A(2000) Catal Today 57：115.
[18] Torborga C，Beller M(2009) Adv Synth Catal 351：3027.
[19] (a) Gallezoti P(2007) Catal Today 121：76-91；(b) Bhatia SP，McGinty D，Letizia CS，Api AM(2008) Food Chem Toxicol 46：237.
[20] Gavrilov KN，Benetsky EB，Grishina TB，Tatiana B，Zheglov SV，Rastorguev EA，Petrovskii PV，Davankov VA，Macaev FZ(2007) Tetrahedron-Asymmetry 18：2557.
[21] Robles-Dutenhefner PA，Rocha KAS，Sousa EMB，Gusevskaya EV(2009) J Catal 265：72.
[22] (a) Simões MMQ，Silva AMS，Tomé AC，Cavaleiro JAS，Tagliatesta P，Crestini C(2001) J Mol Catal A 172：33；(b) Santos ICMS，Simões MMQ，Pereira MMMS，Martins RRL，Neves MGPMS，Cavaleiro JAS，Cavaleiro AMV(2003) J Mol Catal A 195：253.
[23] Cornell CN，Sigman MS(2007) Inorg Chem 46：1903.
[24] de Oliveira AA，da Silva ML，da Silva MJ(2009) Catal Lett 130：424.
[25] Roussel M，Mimoun H(1980) J Org Chem 45：5387.
[26] (a) Gomes MFT，Antunes OAC(1997) J Mol Catal A 121：145；(b) Gusevskaya EV，Gonçalves JA(1997) J Mol Catal 121：131；(c) Allal BA，El Firdoussi L，Allaoud S，Karim A，Castanet Y，Mortreux A(2003) J Mol Catal 200：177.
[27] (a) Babich Ⅳ，Moulijn JA(2003) Fuel 82：607；(b) Yazu K，Yamamoto Y，Furuya T，Miki K，Ukegawa K(2001) Energy Fuels 15：1535.
[28] Song CS，Ma XL(2004) Int J Green Energy 1：167.
[29] Song CS，Ma XL(2003) Appl Catal B Environ 41：207.
[30] (a) Lanju C，Shaohui G，Dishun Z(2007) Chin J Chem Eng 15：520；(b) De Filippis P，Scarsella M(2003) Energy Fuels 17：1452；(d) Chen LJ，Guo SH，Zhao DS(2005) J Fuel Chem Technol 33：247.
[31] Zhao DS，Li FT，Sun ZM，Shan HD(2009) J Fuel Chem Technol 37：194.
[32] Lu L，Cheng S，Gao J，Gao G，He M(2007) Energy Fuels 21：383.
[33] Stanger KJ，Angelici RJ(2006) Energy Fuels 20：1757.
[34] Campos-Martin JM，Blanco-Brieva G，Fierro JLG(2006) Angew Chem Int Ed 45：6962.
[35] Hirai T，Shiraishi Y，Ogawa K，Komasawa Ind I(1997) Eng Chem Res 36：530.
[36] (a) Prasad VVDN，Jeong KE，Chae HJ，Kim CU，Jeong SY(2008) Catal Commun 9：1966-1969；(b) Jin C，Li G，Wang X，Wang Y，Zhao L，Sun D(2008) Microporous Mesoporous Mater 111：236；(c) Gregori F，Nobili I，Bigi F，Maggi R，Predieri G，Sartori G(2008) J Mol Catal

A Chem 286: 124; (d)Gómez-Bernal H, Cedeño-Caero L, Gutiérrez-Alejandre A(2009)Catal Today 142: 227.
[37] (a)Caero LC, Hernandez E, Pedraza F, Murrieta F(2005)Catal Today 107-08: 564; (b)Yan X-M, Mei P, Lei J, Mi Y, Xiong L, Guo L (2009)J Mol Catal A Chem 304: 52.
[38] (a)Kong LY, Li G, Wang XS, Wu B(2006)Energy Fuels 20: 896; (b)Si X, Cheng S, Lu Y, Gao G He M-Y(2008)Catal Lett 122: 321.
[39] (a)Te M, Fairbridge C, Ring Z(2001)Appl Catal A 219: 267; (b)Fedorova EV, Zhirkov NP, Tarakanova AV, Ivanov AA, Senyavin VM, Anisimov AV, Tulyakova EV, Surin SA(2002)Pet Chem 42: 253; (c)Sharipov AK, Nigmatullin VR(2005)Pet Chem 45: 371.
[40] (a)Jin AH, Li BS, Dai ZJ(2010)Pet Sci Technol 28: 700-711; (b)Yazu K, Makino M, Ukegawa K(2004)Chem Lett 33: 1306.
[41] Hao L, Shen BX, Zhou XL(2005)Pet Sci Technol 23: 991.
[42] (a)Campos-Martin JM, Blanco-Brieva G, Fierro JLG, Capel-Sanchez MC(2004)Green Chem 6: 557; (b)Huang D, Wang YJ, Yang LM, Luo GS(2006)Ind Eng Chem Res 45: 1880; (c)Huang D, Zhai Z, Lu YC, Yang LM, Luo GS(2007)Ind Eng Chem Res 46: 1447; (d)Jiang X, Li H, Zhu W, He L, Shu H, Lu J(2009)Fuel 88: 431.
[43] (a)De Filippis P, Scarsella M, Verdone N(2010)Ind Eng Chem Res 49: 4594; (b)Cavani F(1998)Catal Today 41: 73.
[44] González-García O, Cedeño-Caero L(2009)Catal Today 148: 42.
[45] Keigo Kamata, Tomohisa Hirano, Noritaka Mizuno(2009)Chem Commun 3958-3960.
[46] Komintarachat C, Trakarnpruk Ind W(2006)Eng Chem Res 45: 1853.
[47] Sachdeva TO, Pant KK(2010)Fuel Process Technol 91: 1133.
[48] Wesseler J(2007)Energy Policy 35: 1414.
[49] Helwani Z, Othman MR, Aziz N, Kim J, Fernando WJN(2009)Appl Catal A 363: 1.
[50] Kawashima A, Matsubara K, Honda K(2008)Bioresour Technol 99: 3439.
[51] Bozbas K(2008)Renew Sustain Energy Rev 12: 542.
[52] Apostolakou AA, Kookos IK, Marazioti C, Angelopoulos KC(2009)Fuel Process Technol 90: 1023.

第12章 多金属氧酸盐在电化学/电催化中的应用

B. Viswanathan

1 前言

多金属氧酸盐(POM)是一大族独立的分子，自组装的纳米尺寸阴离子金属氧团簇体系，由 M=Mo^{vi}，V^{v}，Nb^{v}，Ta^{v}等[1]的边缘和拐角共轭 MO_6八面体组成。它们在结构、大小、高相对分子质量、丰富的氧化还原性、光化学、电子和质子转移/储存能力方面具有通用性质，同时具有良好的热稳定性和晶格氧的不稳定性。它们已经在多学科领域得到应用，如材料[2]、纳米技术[3]、医学[4]、表面[5]、催化[6]、胶体科学[7]、电子材料[8]、传感器[9]和磁性[10]。这些应用是基于产生多电子转移产生缺陷位的可能性引起的。

历史上，磷钼酸盐在1826年首次由 Berzelius 报道，从那时起，已经报道了各种杂多阴离子。一个简单的分类见表12-1。

表12-1 基于簇类型的杂多阴离子分类

类型	中心组分	HPA类型	分子式
M_3O_{13}	XO_4	Keggin	$X^{+n}M_{12}O_{40}{}^{(8-n)-}$
	XO_4	Dawson	$X_2{}^{+n}M_{18}O_{62}{}^{(16-2n)-}$
	XO_6	Waugh	$X^{+n}M_9O_{32}{}^{(10-n)-}$
M_2O_{10}	XO_6	Anderson	$X^{+n}M_6O_{24}{}^{(12-n)-}$
M_2O_9	XO_{12}	Silverton	$X^{+n}M_{12}O_{42}{}^{(12-n)-}$

在可用的多金属氧酸盐中，Keggin 类型受到很多关注。Keggin 型 POM 的盐可以分为A族(含有小的金属离子，如 Na^+)和B族(含有大量的金属离子，如

Cs^{+})。A 族盐具有的特征为：①低表面积；②在水中的高溶解度；③在体相中吸收极性分子的能力。B 族盐具有的特征为：①高表面积；②不溶于水；③不吸收分子。

Keggin 型 POM 是三种结构的组合，即具有一级、二级和三级结构[11]。在图 12-1 中，展示出了 Keggin 型 POM 的层次结构。

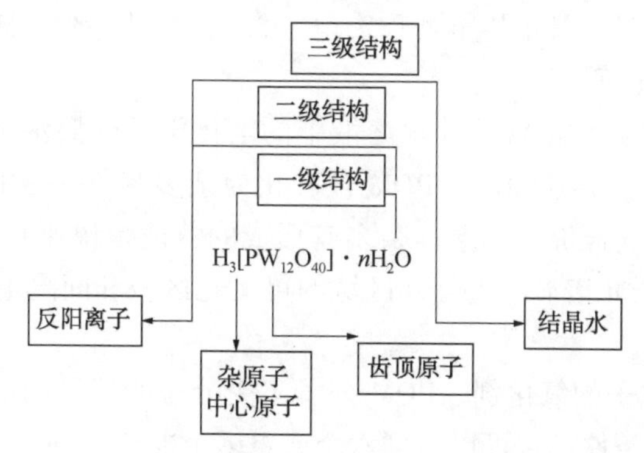

图 12-1 Keggin 型 POM 的一级、二级和三级结构

多功能和结构移动等重要特性使得 POM 成为催化应用的独特材料。催化反应可以在均相和多相体系中进行。在较早的年份，POM 已经在溶液和固态中用作酸和氧化催化剂。事实上，已经开发了使用 POM 作为催化剂的许多工业过程[11]。已经将 POM 用于各种反应，例如从相应的羰基化合物形成羧酸，以及用于醇、醛和羧酸的脱氢形成 C ═C 和C ═O键[12]。还有一些气相氧化反应如甲基丙烯醛和甲烷的氧化也被开发为工业过程[13]。

基于 POM 的层次结构，可以证明固体 POM 有三种完全不同的催化模式。这些在图 12-2 中示出。

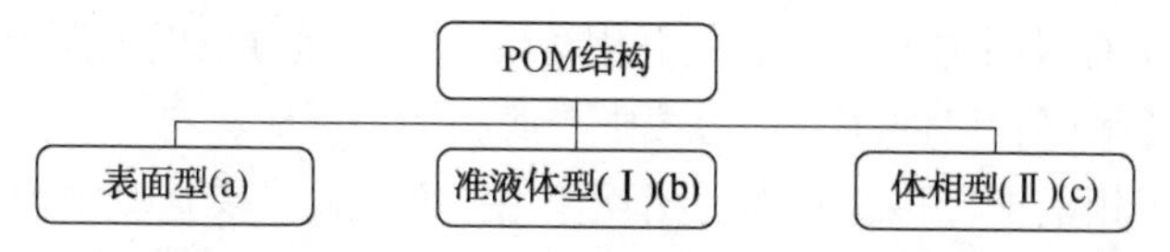

图 12-2 固体 POMs 的三种类型催化：(a)表面型，(b)准液体型(Ⅰ)，(c)体相型(Ⅱ)

POM 是很有应用前景的固体酸，可以替代环境有害的液体酸催化剂如硫酸[14]。液体酸具有腐蚀性，产生大量废物；使用“耐水”固体酸催化剂代替液体催化剂对于开发环境友好的工艺是有利的。然而，应该记住，高酸度可能导致不期望的副反应，并且由于形成大量的副产物而导致快速失活。除了利用固体酸的各种优点外，催化反应可以在更温和的条件下进行。此外，POM 的摩尔催化活性比无机酸的摩尔催化活性高 $10^2 \sim 10^3$倍。

原则上，POM 和普通无机酸的均相催化机理相同。然而，由于质子在 POM

的封装环境中，所以适于控制质子转移反应。

含有电化学惰性杂原子的 POM 表现出对电催化有吸引力的氧化还原性质。附加原子在 d^0或 d^1电子配置中以最高的氧化态存在。电子被附加离子所接受，如果它们相同，则电子通过快速电子跃迁或通过桥接氧离子在结构框架上离域。给定金属离子接受电子的可能性取决于其性质。在具有大量金属电子的 POM 簇的文献中有许多实例，因此甚至被称为电子储层[1]，因此 POM 可以通过保留几何形状进行电化学还原。

Keggin 型 POM 在水溶液或非水溶液中的电化学研究揭示了可逆的单电子或双电子还原步骤[12]。在还原时，POM 被转化为杂多蓝色——由于间歇性电荷转移而为强烈蓝色的混合价态体系。杂多蓝形成的特征是快速和可逆的还原过程。减少的 POM 的电子光谱显示近红外区域的可见光区域和间隔电荷转移(IVCT)带中的增强的 d-d 带。

POM 是许多电子的氧化剂。POM 分子不受分解所接受的电子的限制数量取决于其组成和还原条件，它可以达到六个或更多个电子[15]。

POM 阴离子的氧化还原过程可以通过几种电化学方法来进行研究。通过其组成的不断变化，可以选择其氧化还原电位来跨越范围。在溶液中，含有 Mo 和 V 的 POM 的还原电位高，因为这些离子容易被还原。氧化能力通常按照含 V→Mo→W 的 POM 的顺序降低。杂原子的性质影响 POM 的总电荷。

2 POMs 的电催化应用

POMs 的特征如其大多数氧化还原态的高稳定性，可调节的氧化还原电位而不影响其结构和多电子转移的可能性使得 POM 作为用于间接电化学过程的氧化还原催化剂(触媒)是有吸引力的。在间接电化学反应中，通过电极表面上的非均相氧化还原步骤来激活触媒，以便在大量溶液中与底物均匀反应，再生失活的触媒。电极和衬底之间的多相电子转移有时因为相互作用差而很慢。在这些情况下，电极反应仅发生在高过电位。电催化剂可以使活化能最小化，因此允许这样的电极反应在接近平衡电位的情况下仍以高电流密度发生，或者甚至显著地低于平衡电位。此外，合适设计的电催化剂不仅可以改善反应性，而且可以改善产物选择性。同时，也可以避免电极表面上的钝化或成膜。因此，电催化方法对于制备电解传感器和电化学传感器的开发是很重要的。大量有机和无机化合物，包括生物分子在内的金属络合物已经成功地用作电催化剂。然而，高选择性和长时间稳定的氧化还原催化剂的数量仍然有限。在这个意义上，POMs 及其过渡金属取代的衍生物有可能弥补这一差距。POMs 倾向于在诸如 Hg，Au，Ag，玻璃碳和高取向热解石墨(HOPG)的各种电极基底上的水溶液中自发吸附。Toth 和 Anson[16]评估了使用$(Fe^{III}H_2O)XW_{11}O_{39}{}^{n-}$，其中 X=Si 或 Ge($n$=5)P，As($n$=4)，将一氧化氮和亚硝酸盐电化学还原为氨，发现催化剂具有长期活性和长期耐久性。Rong 和 Pope[17]报道了 $Ru^{V}(O)PW_{11}O_{39}{}^{4-}$对亚砜转化为砜的电催化氧化，电流效率大于 90%。Rong 和 Anson[18]发现苄基乙醇可以通过电化学生成的$(CrO)PW_{11}O_{39}{}^{4-}$缓慢氧化成醛。Steekhan 和 Kandzia[19]报道了苯乙烯衍生物可在多相体系中由 $RuSiW_{11}O_{39}{}^{5-}$催化电化学裂解成苯甲醛。

2.1 电催化还原：析氢反应

已经使用 POMs 作为还原电催化剂均匀溶解在电解质溶液中和附着在电极表面上。Keita 和 Nadjo[20]已经报道 $SiW_{12}O_{40}{}^{4-}$可以催化酸性水溶液和有机溶液中的析氢反应和氧还原。氢析出反应的反应物种是两个或四个电子还原物质，四个电子还原物质更有活性。对于氧还原，第一种电子物质是活性的。

2.2 过氧化氢的安培测量传感器

POM 也被用作过氧化氢还原和测定的电催化剂。H_2O_2传感器具有生物学意义。通过使用四乙氧基硅烷、聚乙二醇、苄基乙基醚和 $H_3PW_{12}O_{40}$形成的溶胶-凝胶法将 $H_3PW_{12}O_{40}$固定在 Pt 电极上。改性电极的电化学行为用循环伏安法表征，发现它们显示出三个双电子氧化还原电偶，经过几次运行以后电极仍然稳定。

2.3 POMs 在电化学甲醇氧化中的作用

在过去的几年里，POMs 在电催化领域的研究一直是技术上非常重要的课题。Nakajima 和 Honma[21,22]采用 POM 配位的 Pt 催化剂进行甲醇氧化。

Chojak 等已经利用层层组装法将 Ru 稳定的 Pt 纳米粒子与 POM 连接起来形成电催化网络膜。由于存在来自 $H_3PW_{12}O_{40}$的钨酸盐单元，其可以提供另外的能够促进 Pt 上的中间体(CO_{ads})氧化的-OH 基团，因此发现其对甲醇氧化有效。Pan 等[24]利用 POM 的化学吸附能力来修饰碳纳米管(CNTs)与 POMs 形成 POM-CNT 复合材料。Pt 和 Pt-Ru 纳米颗粒在 POM-CNT 复合材料上电化学沉积，并用作甲醇氧化的电催化剂。当与不含 POM 的电催化剂相比时，观察到含有 POM 的催化剂的高比活性。Keita 等已经利用 Mo^{V}-Mo^{VI}混合的多金属氧酸盐用于制备 POM 改性的 Pt 和 Pd 纳米颗粒，并表明它们是用于甲醇和乙醇氧化的高效电催化剂。此外，发现 Pt-POM 复合材料在甲醇氧化过程中耐中毒。Seo 等[26]报道，POM 改性的 Pt/CNT 催化剂比不含 POM 的催化剂高出 50%的质量活性和稳定性。Ferrel 等[27]用 POM 修饰了 Pt/C，发现对甲醇氧化有更高的性能。这归因于用高度导电的 POM 改性时 Pt/C 中电荷转移的阻力降低。由于其电化学氧化还原性质和氧化能力，POM 可以是潜在的氧化剂。它们已被证明是对各种氧化反应有效的催化剂。表 12-2 给出的数据比较了 Pt/C 与硅钨酸(STA)改性的其他电极的活性[28]。

表 12-2 不同电极对甲醇氧化的电催化活性的比较[28]

催化剂	EAS/(m^2/g)	起始电位/V	I_f/I_b	质量活性/(mA/gPt)	比活性/(mA/cm^2Pt)
Pt/C	23.3	0.41	0.80	191	0.81
Pt/STA-C	33.0	0.31	1.11	37	1.12
Pt-Ru/C	17.2	0.30	0.91	204	1.18
Pt-Ru/STA-C	25.6	0.24	1.05	53	1.96
Pt-Ru/C(J.M.)	22.5	0.25	0.95	271	1.20

表 12-3 中的数据显示的是:

1) Pt/STA 上甲醇氧化的起始电位比 Pt/C 电极低 100mV，比 Pt-Ru/C 电极低 60mV，表明 STA 电极具有更好的电催化活性。

2) 质量活性遵循 Pt-Ru/STA-C>Pt/STA-C>Pt-Ru/C(J.M.)>Pt-Ru/C>Pt/C 的顺序。

3) I_f/I_b的值表明含有 STA 的系统能有效去除这些催化剂上的中毒物质。

表 12-3 各种电极的比容量

电极材料	比电容/(F/g)	电极材料	比电容/(F/g)
0%RuO_2(only Vulcan XC_{72}R)	23	20%RuO_2/STA-C	453
20%RuO_2/C	200	40%RuO_2/STA-C	557
10%RuO_2/STA-C	325		

2.4 Pt/STA-C 电化学氧还原反应

Kulesza 等[29]利用 POMs 在金属表面的化学吸附能力在 Pt 表面上形成 POMs 的阴离子单层，并使用层层组装法固定在超薄聚苯胺膜内。所形成的含有 POMs 的网络膜有希望用于氧还原反应的电催化剂。Giordano 等[30]采用 POMs 作为氧还原的表面促进剂。Lu 等[31]将 $H_3PW_{12}O_{40}$溶液与 Pt/C 混合，将得到的浆料涂布在玻碳电极上，并用作酸溶液中氧还原反应的电极。与 Pt/C 电极相比，活性提高约 38%。Karnicka 等[32]已经在电极上制备了导电聚合物、POMs 和 Pt 金属颗粒的多层网络膜，以结合这些材料的诱人的物理化学性质和反应性。Wlodarczyk 等[33]通过浸涂法，用 POM 的超薄膜涂覆在玻璃碳上的官能化的 Pt 纳米颗粒上。

所得电极用于在酸性溶液中电还原分子氧。与玻璃碳上的裸铂纳米颗粒相比，发现其活性增强。将 POM 功能化 Pt 纳米粒子的概念扩展到功能化全氟磺酸-稳定的碳载 Pt 纳米粒子。发现这些电极的 ORR 活性比常规电极好。Kurys 等[34]在 PAni-$H_3PW_{12}O_{40}$-V_2O_5复合电极上获得了增强的 ORR 活性。在图 12-3 中，展示出了在氧饱和的 0.5mol/L H_2SO_4下 Pt/STA-C 和 Pt/C 电极的活性[28]。可以看出，Pt/STA-C 上氧还原的半波电位相对于 Pt/C 中的更为正。Pt/STA-C ($7.6mA/cm^2$)的比活性大于 Pt/C 的比活性($4.25mA/cm^2$)。

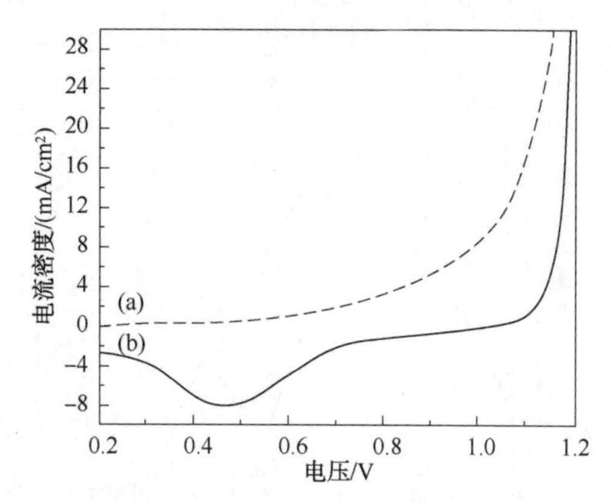

图 12-3 (a)Pt/C 和(b)Pt/STA-C 在 0.5mol/L 硫酸中以 5mV/s 的扫描速率饱和的 O_2中线性扫描伏安图[32]

2.5 POMs 作为电化学超级电容电极

由于 POMs 在典型溶剂中的溶解度使得它们作为用于固态应用的活性化合物被忽略。将 POMs 整合到导电聚合物基体中以形成混合材料是利用其电化学活性的有效方式。通过将它们锚定在导电聚合物中，POM 簇的可逆氧化还原化学可以与导电聚合物的可逆氧化还原化学组合。固定在导电聚合物网络上的 POMs 作为锂可充电电池和超级电容器的电极材料被检测[35]。使用 POMs 和质子交换膜制备具有不对称构型的廉价电化学电容器系统。所制备的电极的比电容为 112F/g[36]。通过单体的化学气相传输，制备的掺杂 10-钼-2-钒磷酸的聚吡咯，显示比电容为 33.4F/g[37]。在酸性电解质膜电化学电容器电池中化学合成的聚苯胺掺杂磷钼酸材料的循环性能显著改善[38]。Keggin 型多金属氧酸盐被有效地掺杂(3,4-亚乙基二氧噻吩)(PEDOT)以通过电沉积形成有机/无机杂化膜。在 PEDOT 上通过 POM 层层组装法产生的其他系统也与碳或铟锡氧化物导电玻璃电极相连接，也显示出 $0.6mF/cm^2$的电容[39]。用 H_2O_2制备的掺杂聚苯胺的磷钼酸的比电容值为 168F/g，采用类似策略制备的掺杂 PEDOT 的磷钼酸的比电容为 130F/g[40]。然而，含聚合物的 POM 电极由于聚合物发生降解而不适合长期应用。因此，将 POM 锚定在碳网络上的想法将是用于增强超级电容器应用的电极的循环稳定性的理想策略。

图 12-4 显示了电流密度为 mA/cm^2时，在 $1.0mol/LH_2SO_4$中 0.0~0.7V 的电势范围内，各种复合材料中存在 RuO_2时典型的充放电行为。在 RuO_2/STA-C 中，随着 RuO_2增加，复合材料的放电曲线计算的绝对斜率值降低。使用以下表达式计算每种复合材料的比电容：

$$C(F/g)=I(dt/mdV)$$

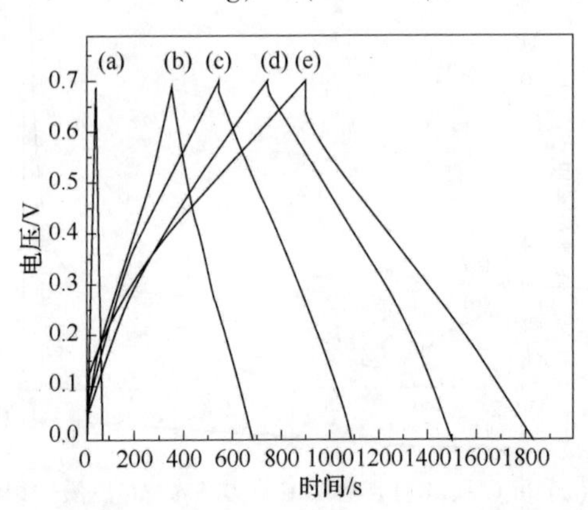

图 12-4 (a)Vulcan XC 72R，(b)20%RuO_2/C，(c)10%RuO_2/STA-C，(d)20%RuO_2/STA-C 和(e)40% RuO_2/STA-C 在 $1.0mol/LH_2SO_4$溶液中在 $3mA/cm^2$的 0.0~0.7V 之间的恒电流充放电测量结果[28]

其中，I 是用于充电放电的电流，dt 是放电循环所用的时间，m 是活性电极的质量，dV 是放电的电压区间。表 12-3 给出了各种电极的计算比电容值。

表 12-3 中给出的数据表明，含有 POM 的 RuO_2系统比单纯的 RuO_2/C 系统好，并且这些系统显示出长期稳定性或寿命周期。

3 结论

众所周知，由于中间环境的调制和调优的可能性，生物电子转移过程是较容易的。这导致合适的氧化还原电位条件以影响下行路径中的电子转移。任何能够模拟生物系统的合成系统都应该能够根据氧化还原电位进行调整，同时对物种的性质和环境的影响最小。这在 POM 中似乎是可能的。

在图 12-5 中，表示被放大了氧化还原电位的相似性。我们在早期的出版物[41]中考虑了这些极好的可能性。看起来 POM 的电化学应用处于起飞阶段，不久的将来将会有许多激动人心的应用。

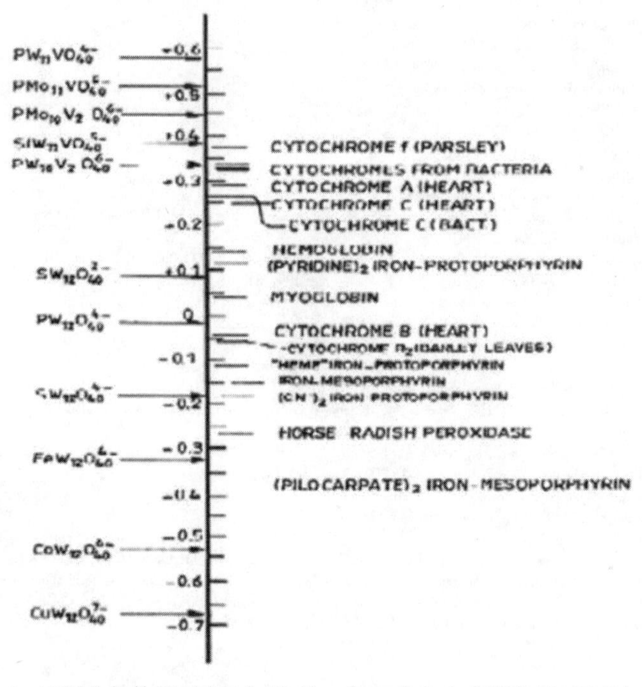

图 12-5　不同生物体系(标度右侧)的 Fe^{2+}/Fe^{3+} 和杂多阴离子(标度左侧)的氧化还原电位(以伏特为单位)(文献[41]收集值)

似乎复杂的生物电化学反应可以在实验室中由杂多阴离子通过适当调节由置换或环境改变引起的簇物质的电子能级而被模拟。这可能提供了研究生物相关性的各种化学转化的途径。这些系统也有可能导致一些设备可以模仿一些自然的过程。这种比较的水平以及这些系统与自然过程平行的程度是等待想象和执行的问题。

致谢

感谢印度政府科学技术部对国家催化研究中心的支持。

参 考 文 献

[1] Pope MT(1983)Heteropoly and isopoly oxometalates. Springer, Berlin.
[2] Khan M(2000)J Solid State Chem 152: 105.
[3] Long D, Cronin L(2006)Chem Eur J 12: 3698.
[4] Na H, Peng J, Han ZG, Yu X, Dong BX(2005)J Solid State Chem 178: 3735.
[5] Errington RJ, Petkar SS, Horrocks BR, Houlton A, Lie LH, Patole SN(2005)Angew Chem Int Ed 44: 1254.
[6] Vasylyev MV, Neumann R(2004)J Am Chem Soc 126: 884.
[7] Liu T, Diemann E, Li HL, Dress AWM, Muller A(2003)Nature 426: 59.
[8] Chaidogiannos G, Velessiotis D, Argitis P, Koutsolelos P, Diakoumakos CD, Tsamakis D, Glezos N(2004)Microelectron Eng 73-74: 746.
[9] Liu S, Volkmer D, Kurth DG(2004)Anal Chem 76: 4579.
[10] Luban M, Borsa F, Bud'Ko S, Canfield PC, Jun D, Jung JK, Kogerler P, Mentrup D, Nuller A, Modler R, Procissi D, Suh BJ, Torikachvili M(2002)Phys Rev B Condens Matter 66: 1.
[11] Okuhara T, Mizuno N, Misono M(1996)Adv Catal 41: 113.
[12] Pope M, Muller A(1991)Angew Chem Int Ed Engl 30: 34.

[13] (a)Misono M(1987)Catal Rev Sci Eng 29：269；(b)Mater Chem Phys 17：103.
[14] Kozhevnikov IV(1998)Chem Rev 98：171.
[15] Pope M，Popaconstantinou E(1967)Inorg Chem 6：1147.
[16] Toth JE，Anson FC(1989)J Am Chem Soc 111：2444.
[17] Rong C，Pope MT(1992)J Am Chem Soc 114：2932.
[18] Rong CY，Anson FC(1996)Inorg Chim Acta 242：11.
[19] Steckhan E，Kandzia C(1992)Synlett 139.
[20] Keita B，Nadjo L(1987)J Electroanal Chem 217，287；227，77.
[21] Sadakane M，Steckhan E(1998)Chem Rev 98：219.
[22] Nakajima H，Honma I(2004)Electrochem Solid State Lett 7：A135.
[23] Chojak M，Mascetti M，Wlodarczyk R，Marassi R，Karnicka K，Miecznikowski K，Kulesza PJ(2004)J Solid State Electrochem 8：854.
[24] Pan D，Chen J，Tao W，Nie L，Yao S(2006)Langmuir 22：5872.
[25] Keita B，Zhang G，Dolbecq A，Mialane P，Secheresse F，Miserque F，Nadjo L(2007)J Phys Chem C111：8145.
[26] Seo M，Choi SM，Kim HJ，Cho BK，Kim WB(2008)J Power Sources 179：81.
[27] FerrellIII J，Kuo MC，Turner JA，Herring AM(2008)Electrochim Acta 53：4927.
[28] Kishore S(2008)PhD thesis，Indian Institute of Technology，Madras.
[29] Kulesza P，Chojak M，Karnicka K，Miecznikowski K，Palys B，Lewer A(2004)Chem Mater 16：4128.
[30] Giordano N，Hocevar S，Staiti P，Arico AS(1996)Electrochim Acta 41：397.
[31] Lu Y，Lu T，Liu C，Xing W(2005)J New Mater Electrochem Syst 8：251.
[32] Karnicka K，Chojaka M，Miecznikowskia K，Skunika M，Baranowskaa B，Kolarya A，Piranskaa A，Palysa B，Adamczykb L，Kulesza PJ (2005)Bioelectrochemistry 66：79.
[33] Wlodarczyk R，Chojak M，Miecznikowski K，Kolary A，Kulesza PJ，Marassi R(2006)J Power Sources 159：802.
[34] Kurys Y，Netyaga NS，Koshechko VG，Pokhodenko VD(2007)Theor Exp Chem 43：334.
[35] Gallegos A，Cantu M，Pastor NC，Romero PG(2005)Adv Funct Mater 15：1125.
[36] Yamada A，Goodenough JB(1998)J Electrochem Soc 145：737.
[37] White A，Slade RCT(2003)Synth Met 139：123.
[38] Romeo PG，Chojak M，Cuentasgallegos K，Asenso JA，Kulesza PJ，Casan-pastor N，LiraCantu M(2003)Electrochem Commun 5：149.
[39] Skunik M，Baranowska B，Fattakhova D，Miecznikowski K，Chojak M，Kuhn A，Kulesza PJ(2006)J Solid State Electrochem 10：168.
[40] Vaillant J，Lira-Cantu M，Cuentas-Gallegos K，Casan-Pastor N，Gomez Romero P(2006)ProgSolid State Chem 34：147.
[41] Rajeswari J，Viswanathan B，Varadarajan TK(2005)Bull Catal Soc India 4：109.